U0430565

卓越工程师教育培养计划配套教材

飞行技术系列

飞机飞行力学

匡江红 王秉良 吕鸿雁 编

清华大学出版社
北京

内容简介

本书共分10章，讲述了飞行性能计算的原始数据，飞机的基本飞行性能，飞机的机动飞行，飞机的续航性能，起飞和着陆性能，飞机的纵向稳定性和操纵性，飞机的侧向稳定性和操纵性，基本飞行技术，特殊情况下的飞行和不对称动力飞行。

本书在内容的广度和深度上，兼顾知识的系统性、逻辑性，力求结构合理、理论性和实用性并重。通过对本书的学习，不仅能了解飞行力学的基本原理，而且能学习到飞机操纵的方法和要领。

本书可以作为飞行技术及民航交通运输专业的教科书，也可作为航空爱好者的参考书。

图书在版编目(CIP)数据

飞机飞行力学/匡江红，王秉良，吕鸿雁编. —北京：清华大学出版社，2012.5（2020.1重印）
（卓越工程师教育培养计划配套教材——飞行技术系列）
ISBN 978-7-302-28290-7

Ⅰ. ①飞… Ⅱ. ①匡… ②王… ③吕… Ⅲ. ①飞机－飞行力学－高等学校－教材 Ⅳ. ①V212.1

中国版本图书馆CIP数据核字(2012)第041685号

责任编辑：庄红权
封面设计：常雪影
责任校对：刘玉霞
责任印制：杨 艳

出版发行：清华大学出版社
网　　址：http://www.tup.com.cn，http://www.wqbook.com
地　　址：北京清华大学学研大厦A座　　**邮　　编**：100084
社 总 机：010-62770175　　**邮　　购**：010-62786544
投稿与读者服务：010-62776969，c-service@tup.tsinghua.edu.cn
质量反馈：010-62772015，zhiliang@tup.tsinghua.edu.cn

印 装 者：北京富博印刷有限公司
经　　销：全国新华书店
开　　本：185mm×260mm　**印　　张**：13.25　**字　　数**：310千字
版　　次：2012年5月第1版　**印　　次**：2020年1月第6次印刷
定　　价：35.00元

产品编号：046426-02

卓越工程师教育培养计划配套教材

总编委会名单

卓越工程师教育培养计划配套教材

——飞行技术系列编委会名单

序言

我国“十二五”发展规划的重点建设目标之一，是根据国民经济发展对民航业的要求，不断扩充与优化配置航线和飞机等资源。在民航业持续快速发展的同时，必然会使飞行专业技术人才高度匮乏。在《中国民用航空发展第十一个五年规划》中，中国民用航空局对未来20年全行业人才需求进行了预计分析，其中，“十二五”期间需增加飞行员16 500人。因此，飞行技术人才的培养是推动或阻碍民航发展的关键。

与其他本科专业相比，飞行技术专业的学生除了学习掌握飞行原理、飞机系统、航空动力装置、航空气象、空中领航、机载设备、仪表飞行程序设计、空中交通管制等飞行技术的专业知识外，还需具备一定的管理能力和较高的英语水平。并且，飞行技术专业人才的培养多采用学历教育与职业教育同步实施的模式，要求同时取得学历、学位证书和职业技能证书(飞行驾驶执照)后，才有资格担任民航运输机副驾驶员。

飞行技术人才培养具有专业性强、培养难度大和成本高的特点。伴随着大型民用运输机的生产与发展，必然要求提高飞行员的学历层次。国内设置飞行技术本科专业的高等院校仅有中国民航飞行学院、中国民航大学、北京航空航天大学、南京航空航天大学、上海工程技术大学等几所。而且，培养学士学位飞行技术人才的历史仅二十多年，尽管积累了一定的培养经验，但适用的专业教材相对较少。

在飞行技术专业的学科建设中，上海工程技术大学飞行学院和航空运输学院秉承服务国家和地区经济建设的宗旨，坚持教学和科研相结合、理论和实践相结合。2010年，上海工程技术大学飞行技术专业被列为教育部卓越工程师教育培养计划的试点专业，上海工程技术大学被列为教育部卓越工程师教育培养计划的示范单位。为满足飞行技术专业卓越工程师教育培养的需要，上海工程技术大学从事飞行技术专业教学和研究的骨干教师以及航空公司的业务骨干合作编写了“卓越计划”飞行技术系列教材。

“卓越计划”飞行技术系列教材共20本，分别为《运输机飞行仿真技术及应用》、《飞行人因工程》、《机组资源管理》、《飞行运营管理》、《民用航空法概论》、《空中交通管理基础》、《飞机系统》、《航空动力装置》、《飞机空气动力学》、《飞机飞行力学》、《飞行性能与计划》、《仪表飞行程序设计原理》、《航空机载电子设备》、《航空气象》、《空中领航》、《陆空通话》、《飞行专业英语(阅读)》、《飞行专业英语(听力)》、《飞行基础英语(一)》、《飞行基础英语(二)》等。

系列教材以理论和实践相结合作为编写的理念和原则，具有基础性、系统性、应用性等特点。在借鉴国内外相关文献资料的基础上，坚持加强基础理论，对基本概念、基础知识和基本技能进行详细阐述，能满足飞行技术专业卓越工程师教育培养的教学目标和要求。同时，强调理论联系实际，体现“面向工业界、面向世界、面向未来”的工程教育理念，实践上海工程技术大学建设现代化特色大学的办学思想，凸显飞行技术的专业特色。

系列教材在编写过程中，参阅了大量的中外文参考书籍和文献资料，吸收和借鉴了现有部分教材的优势，参考了航空运输企业的相关材料，在此，对国内外有关作者和企业一并表示衷心的感谢。

受编者水平和时间所限，书中难免有错误和遗漏之处，敬请读者提出宝贵意见，不足之处还请同行不吝赐教。

上海工程技术大学　汪泓

2012 年 1 月

前言

目前，国内开设飞行技术、民航交通运输等相关专业的院校，一般都将“飞行力学”作为一门必修的专业课程，但是适用于本、专科学生的相关教材却极其匮乏，使得教学过程中遇到了诸多障碍。

鉴于此，本书充分利用上海工程技术大学航空运输学院多年的教学积累，对飞行力学教材进行了整理和编写。本书针对飞机这种特定的飞行器，讲述了飞行性能计算的原始数据，飞机的基本飞行性能，飞机的机动飞行，飞机的续航性能，飞机的起飞和着陆性能，飞机的纵向稳定性和操纵性，飞机的侧向稳定性和操纵性，飞机基本飞行技术，特殊情况下的飞行以及不对称动力飞行。本书的编写力求结构合理、理论性和实用性并重，注重从基本力学理论出发，系统地介绍飞机的飞行性能和操纵原理。本书各章均给出了习题，用作启发学生思考和引导学生在课堂上与教师协同学习的主动性，也可用作课外作业。另外每章后面给出相应的拓展阅读材料，拓展学生的视野，引导学生思考。

考虑到我国现有的民航运输机大部分为波音和空客公司产品，飞机附带的手册和机上设备均使用英制单位，因此本书中部分图表采用了英制单位。为了便于同国际单位对比，本书附录A中给出了常用英制单位与国际单位的换算关系。

本书作为卓越工程师教育培养计划飞行技术专业建设项目内容，由上海工程技术大学组织编写，校长汪泓教授给予了极大的支持，亲自组织业内专家审阅，并提出许多宝贵的意见和建议。本书的编写得到了上海工程技术大学航空运输学院和飞行学院领导的大力支持，上海航空公司徐宝纲一级飞行员给予了很多的指导，在此一并表示衷心的感谢。本书由上海工程技术大学飞行学院匡江红统稿，由匡江红、王秉良和吕鸿雁共同编写。在编写过程中参考了相关的飞行原理教材以及上海工程技术大学航空运输学院自编讲义。

因此，本书既可作为飞行技术、民航交通运输等相关专业本、专科的教材，亦可作为民航企业的培训教材。

由于编者水平有限，书中难免有错漏之处，恳请广大专家和读者给予批评指正。

编　者

2012年2月

主要符号表

符号	定义
a	升力系数曲线斜率
A	升致阻力因子
b	弦长
b_{a}	几何平均弦长
b_{A}	平均空气动力弦弦长
C	声速
C_0, C_H	标准大气海平面处的声速,高度 H 处的声速
C_x, C_y, C_z	飞机的阻力系数、升力系数和侧力系数
$C_{y\max}$	最大升力系数
C_{x0}	零升阻力系数
f	弯度,摩擦系数
$\boldsymbol{F}$	作用在飞机上的合力
g	重力加速度
G	重力
H	飞行高度
$H_{\max,\mathrm{d}}$	动升限
k	绝热指数,速度阻滞系数
K	升阻比
K_z	传动比
l	翼展
$l_{下}$	下降距离
$L, L_{上}, L_{巡}, L_{下}$	航程,上升段航程,巡航段航程,下降段航程
m, m_0	质量,飞机起飞质量
$m_{总}, m_{可用}, m_{巡}$	总燃油量,可用燃油量,巡航段的燃油量
$m_{上}, m_{下}$	上升段所用燃油,下降段所用燃油
m_x, m_y, m_z	滚转力矩系数,偏转力矩系数,俯仰力矩系数
$m_x^{\alpha}, m_y^{\beta}, m_z^{\beta}$	横向静稳定度,方向静稳定度,纵向静稳定度
$Ma, Ma_{\max}$	飞行马赫数,飞行限定马赫数
M_x, M_y, M_z	滚转力矩,偏转力矩,俯仰力矩
$M_{枢轴}$	铰链力矩

n	发动机转速
$\boldsymbol{n}, n_x, n_f$	过载,纵向过载,法向过载
n_y	载荷因数
N	反作用力
N_e, N_{ky}	发动机的有效功率,发动机的可用功率
p	压强
$p_{H0}, p_{H\infty}$	高度 H 处气流总压,高度 H 处气流静压
P	发动机的推力或拉力
$P_{ky}, P_{px}, P_{可用满}$	可用推力或拉力,平飞所需推力或拉力,满油门时飞机可用推力
q_{max}	容许的最大动压
q_N	喷气发动机的单位耗油率
q_h, q_k	小时耗油量,千米耗油量
R	空气动力,盘旋半径
Re	雷诺数
S	机翼面积
sfc	活塞式发动机的燃油消耗率
$T_{巡}$	巡航段航时
U	风速
$V, V_{平尾}$	飞行速度,平尾处气流速度
V_{px}, V_{max}, V_{min}	平飞所需速度,平飞最大速度,平飞最小速度
$V_{MD}, V_{抖}, V_s$	最小阻力速度,抖动速度,失速速度
$V_{陡升}, V_{上}, V_{快升}$	陡升速度,上升时的飞行速度,快升速度
$V_{离}, V_R, V_{接地}$	起飞离地速度,抬前轮速度,接地速度
$V_{下}$	下降时的飞行速度
$V_y, V_{ymax}, V_{y下}$	上升率,最大上升率,下降率
V_i, V_c, V_e	指示空速,校正空速,当量空速
w	地速
X, Y, Z	飞机的阻力、升力和侧力
X_0, X_i	零升阻力,升致阻力
x_G	重心到翼型前缘的距离
x_F	焦点到翼型前缘的距离
α	迎角
α_0	零升迎角
β	侧滑角
ϕ	机翼安装角
φ_P	发动机推力与飞机机身纵轴之间的夹角

ρ	密度
ρ_0,ρ_H	海平面标准大气密度,飞行高度 H 处的空气密度
θ	航迹倾角,上升角,下降角
γ	坡度
χ	后掠角
ψ	上反角
ε	下洗角
$\delta_{舵},\delta_x,\delta_y$	升降舵偏角,副翼偏转角度,方向舵偏转角度
ω	旋转角速度
η	螺旋桨效率
ΔP	剩余推力

CONTENTS

目录

第 1 章　飞行性能计算的原始数据 …… 1

1.1　机翼的外形及几何参数 …… 1

1.2　飞机的重心 …… 4

1.3　飞机的坐标轴系 …… 5

1.4　性能计算的原始数据 …… 7

1.5　发动机特性 …… 9

1.5.1　喷气发动机 …… 9

1.5.2　活塞式发动机 …… 11

本章小结 …… 12

思考与练习 …… 12

拓展阅读 …… 13

第 2 章　飞机的基本飞行性能 …… 15

2.1　垂直平面内的质心运动方程 …… 15

2.2　飞机的定常直线水平运动(平飞) …… 16

2.2.1　平飞运动方程 …… 16

2.2.2　平飞所需速度 …… 17

2.2.3　平飞所需推力 …… 17

2.3　飞机平飞性能 …… 21

2.3.1　确定飞机平飞性能的简单推力法 …… 21

2.3.2　飞机的平飞性能 …… 21

2.4　上升 …… 24

2.4.1　定常直线上升的运动方程 …… 24

2.4.2　定常直线上升时的上升性能 …… 25

2.4.3　飞机的静升限 …… 27

2.4.4　稳定风场对上升性能的影响 …… 27

2.5　下降 …… 28

2.5.1 定常直线下降的运动方程 …… 28
2.5.2 定常直线下降时的下降性能 …… 28
2.5.3 下降性能的主要影响因素 …… 29
本章小结 …… 30
思考与练习 …… 30
拓展阅读 …… 32

第3章 飞机的机动飞行 …… 33

3.1 飞机在垂直平面内的机动飞行 …… 33
3.1.1 平飞加、减速 …… 33
3.1.2 跃升和俯冲 …… 35
3.1.3 机动飞行的过载 …… 37
3.2 飞机在水平平面内的机动飞行 …… 39
3.2.1 盘旋运动方程 …… 39
3.2.2 盘旋时的过载 …… 40
3.2.3 盘旋性能 …… 41
本章小结 …… 43
思考与练习 …… 43
拓展阅读 …… 43

第4章 飞机的续航性能 …… 46

4.1 续航性能的基本关系式 …… 46
4.2 喷气式飞机续航性能的计算 …… 49
4.2.1 等高等速巡航时的续航性能 …… 49
4.2.2 喷气式飞机的最佳续航性能 …… 52
4.3 活塞式螺旋桨飞机的续航性能分析 …… 53
4.3.1 飞行条件的改变对平飞航时的影响 …… 54
4.3.2 飞行条件的改变对平飞航程的影响 …… 55
本章小结 …… 56
思考与练习 …… 56
拓展阅读 …… 57

第5章 起飞和着陆性能 …… 59

5.1 飞机的起飞 …… 59
5.1.1 地面滑跑 …… 60
5.1.2 离地 …… 62
5.1.3 加速上升阶段 …… 62
5.1.4 飞机的起飞性能 …… 63
5.2 飞机的着陆 …… 66

5.2.1 下降 …… 67
5.2.2 拉平 …… 68
5.2.3 平飘 …… 68
5.2.4 飘落接地 …… 69
5.2.5 着陆滑跑 …… 69
5.2.6 飞机的着陆性能 …… 69
本章小结 …… 73
思考与练习 …… 73
拓展阅读 …… 74

第6章 飞机的纵向稳定性和操纵性 …… 76

6.1 飞机的纵向平衡 …… 77
6.2 飞机的纵向稳定性 …… 81
6.2.1 稳定性概念及条件 …… 81
6.2.2 飞机的纵向静稳定性 …… 82
6.2.3 飞机的纵向动稳定性 …… 85
6.2.4 影响飞机纵向稳定性的因素 …… 87
6.3 飞机的纵向操纵性 …… 88
6.3.1 直线飞行中改变迎角操纵的基本原理 …… 88
6.3.2 舵面平衡曲线 …… 89
6.3.3 驾驶杆的杆力 …… 91
6.3.4 曲线飞行中改变迎角的原理 …… 92
6.3.5 调整片 …… 93
6.3.6 影响飞机纵向操纵性的主要因素 …… 94
本章小结 …… 95
思考与练习 …… 95
拓展阅读 …… 97

第7章 飞机的侧向稳定性和操纵性 …… 99

7.1 侧滑 …… 99
7.2 飞机的侧向平衡 …… 100
7.3 飞机的侧向静稳定性 …… 101
7.3.1 飞机侧向静稳定性的判据 …… 101
7.3.2 飞机的横向静稳定性 …… 101
7.3.3 飞机的方向静稳定性 …… 106
7.4 飞机的侧向动稳定性 …… 108
7.4.1 侧向阻尼力矩 …… 108
7.4.2 飞机的侧向动稳定性 …… 110
7.4.3 飞机的侧向动不稳定 …… 111

7.4.4 影响飞机侧向稳定性的因素……………………………………………… 112
7.5 飞机的侧向操纵性 ………………………………………………………………… 112
7.5.1 飞机的方向操纵性(飞机无滚转)……………………………………… 113
7.5.2 飞机的横向操纵性(无侧滑)…………………………………………… 114
7.5.3 影响飞机侧向操纵性的因素……………………………………………… 115
本章小结……………………………………………………………………………… 116
思考与练习…………………………………………………………………………… 117
拓展阅读……………………………………………………………………………… 118

第8章 基本飞行技术………………………………………………………………… 120

8.1 滑行 ……………………………………………………………………………… 120
8.1.1 滑行阶段运动分析…………………………………………………………… 120
8.1.2 滑行阶段的操纵……………………………………………………………… 121
8.2 平飞、上升和下降…………………………………………………………………… 121
8.2.1 平飞操纵原理………………………………………………………………… 121
8.2.2 飞机上升操纵原理…………………………………………………………… 123
8.2.3 飞机下降操纵原理…………………………………………………………… 124
8.3 盘旋 ……………………………………………………………………………… 125
8.3.1 盘旋操纵原理………………………………………………………………… 125
8.3.2 盘旋中的侧滑………………………………………………………………… 127
8.3.3 螺旋桨副作用对盘旋的影响及修正………………………………………… 128
8.4 起飞技术 ………………………………………………………………………… 129
8.4.1 地面滑跑……………………………………………………………………… 129
8.4.2 离地…………………………………………………………………………… 130
8.4.3 加速上升……………………………………………………………………… 131
8.5 着陆技术 ………………………………………………………………………… 131
8.5.1 着陆阶段的操纵……………………………………………………………… 131
8.5.2 着陆中常见的偏差及修正…………………………………………………… 133
8.5.3 着陆目测……………………………………………………………………… 135
8.6 风对起飞、着陆的影响及修正……………………………………………………… 138
8.6.1 飞机在逆风中起飞、着陆的特点 …………………………………………… 138
8.6.2 侧风对滑跑的影响及修正原理……………………………………………… 139
8.6.3 空中侧风导致的偏流及其修正……………………………………………… 140
8.6.4 侧风情况下的起飞和着陆…………………………………………………… 143
8.7 复飞 ……………………………………………………………………………… 144
本章小结……………………………………………………………………………… 145
思考与练习…………………………………………………………………………… 145
拓展阅读……………………………………………………………………………… 146

第 9 章　特殊情况下的飞行…… 149
9.1　失速和螺旋 …… 149
9.1.1　失速…… 149
9.1.2　螺旋…… 151
9.2　低空风切变 …… 151
9.2.1　风切变的分类…… 152
9.2.2　低空风切变对起飞、着陆的影响 …… 153
9.2.3　如何避免低空风切变的危害…… 154
9.3　积冰条件下的飞行 …… 155
9.4　在湍流中的飞行 …… 157
9.5　进入前机尾流的飞行 …… 161
9.6　特殊情况下的起飞与着陆 …… 163
本章小结…… 167
思考与练习…… 167
拓展阅读…… 168

第 10 章　不对称动力飞行 …… 170
10.1　多发飞机一发或多发停车后飞行性能的变化 …… 170
10.2　不对称动力飞行的操纵原理 …… 172
10.2.1　一发空中停车后飞机的运动 …… 173
10.2.2　典型的不对称动力飞行状态 …… 174
10.3　单发或双发故障时飞机的操纵方法和飞行特点 …… 177
10.3.1　发动机故障时的起飞 …… 177
10.3.2　发动机故障时的上升、平飞和下降…… 178
10.3.3　发动机故障时的着陆和复飞 …… 178
10.3.4　不对称动力转弯 …… 179
本章小结 …… 182
思考与练习 …… 182
拓展阅读 …… 183

附录 A …… 185
A.1　常用英制单位与国际单位的换算…… 185
A.2　国际标准大气的属性…… 185

附录 B　练习题参考答案…… 187

参考文献…… 189

第1章

飞行性能计算的原始数据

关键词

性能计算(performance calculation)
空气动力(aerodynamic forces)
重心位置(center of gravity)
翼型(aerofoil)
空速(air speed)
坐标轴(coordinate axes)
发动机推力(engine thrust)

飞机飞行力学主要分析作用在飞机上的外力和飞机质心运动之间的关系以及作用在飞机上的力矩平衡,分析飞机的飞行性能以及飞机的稳定性和操纵性,因此首先必须知道作用在飞机上的外力,以及这些外力与飞行速度、飞行高度之间的关系。

在正常飞行中,作用在飞机上的外力有飞机所受的重力 G、空气动力 R 以及发动机的推力或拉力 P。各种飞行情况下,G、R、P 的大小及它们的变化规律,就是分析与计算飞行性能所需要的原始数据。

而作用在飞机上的空气动力的大小与机翼的形状有很大的关系,因此本章将介绍飞机机翼的有关几何参数以及飞行性能计算所需要的原始数据。

1.1 机翼的外形及几何参数

机翼的外形会影响到作用在机翼上的空气动力的大小和方向,因此机翼外形对飞机的飞行性能很重要。机翼外形一般指机翼翼型(翼剖面)的几何形状、机翼的平面形状、机翼扭转角和上反角等。

1. 翼型及其几何参数

翼型通常指平行于飞机(机翼)对称平面的机翼剖面,有时也指与机翼前缘相垂直的剖面。翼型的一般形状如图 1.1 所示。

表征翼型形状的主要几何参数有:翼弦、厚度(最大厚度和相对厚度)、最大厚度位置、中弧线、弯度、前缘半径等。

(1) 翼弦是翼型前缘和后缘的连线,其长度称为弦长,用 b 表示。

(2) 厚度是上下翼面在垂直翼弦方向的距离,其中最大厚度用 c 表示。翼型的厚薄程

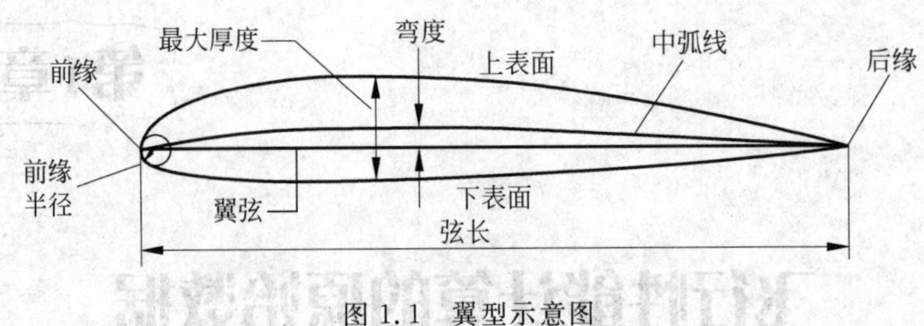

图 1.1　翼型示意图

度常用相对厚度表示，相对厚度（又称为厚弦比）是指翼型的最大厚度与弦长的比值，用$\bar{c}$表示，$\bar{c}=\frac{c}{b}$。

（3）最大厚度位置是指前缘到最大厚度线的弦向距离，用x_c表示；最大厚度的相对位置记为$\bar{x}_c=\frac{x_c}{b}$。

（4）中弧线是翼型厚度中点的连线，对称翼型的中弧线与翼弦重合。

（5）中弧线与翼弦之间的最大距离称为翼型的弯度，用f表示，它反映了翼型的弯曲情况。通常用相对弯度来表示翼型的弯曲程度，它是弯度与弦长的比值，用$\bar{f}$表示，$\bar{f}=\frac{f}{b}$反映了上下翼面外凸程度差别的大小。

（6）前缘半径是翼型轮廓线在前缘处的曲率半径，用r表示。

2. 机翼的平面形状及其几何参数

机翼的平面形状是指飞机平放时机翼在水平平面内的投影形状。按照平面形状的不同，机翼可分为：矩形机翼、椭圆形机翼、梯形机翼、后掠机翼和三角形机翼等，如图 1.2 所示。前 3 种形状的机翼主要用于低速飞机，而后 2 种形状的机翼则主要用于高速飞机。

图 1.2　机翼的平面形状

机翼的平面形状用翼展、展弦比、梢根比、根梢比、后掠角等几何参数表示，如图 1.3 所示。

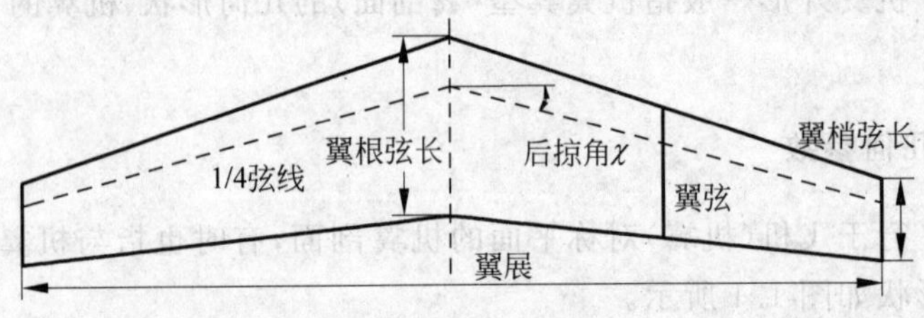

图 1.3　机翼示意图

（1）翼展是指机翼左右两端之间的直线距离，用l表示。

（2）展弦比是翼展与机翼的几何平均弦长的比值，用λ表示。机翼的几何平均弦长为

机翼面积与翼展的比值,用 b_a 表示,$\lambda=\frac{l}{b_a}$。

(3) 梢根比是机翼的翼梢弦长与翼根弦长的比值,用 ξ 表示。

(4) 根梢比为梢根比的倒数,用 η 表示。

(5) 后掠角是机翼沿翼展方向等百分比弦长的连线与机翼对称面法线的夹角,用 χ 表示,通常用 1/4 弦长连线处的夹角表示,记为 $\chi_{0.25}$。

3. 机翼的其他几何参数

(1) 机翼的几何扭转角:机翼上平行于对称面的翼剖面弦线相对于翼根剖面弦线的角度称为机翼的几何扭转角,如图 1.4 所示。若该翼剖面的局部迎角大于翼根剖面的迎角,则扭转角为正,否则为负。

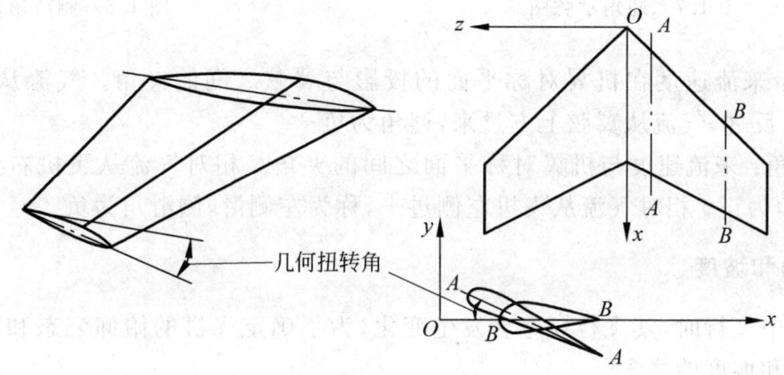

图 1.4　几何扭转角

(2) 机翼安装角:翼根弦与机身轴线之间的夹角(见图 1.5),用 ϕ 表示。

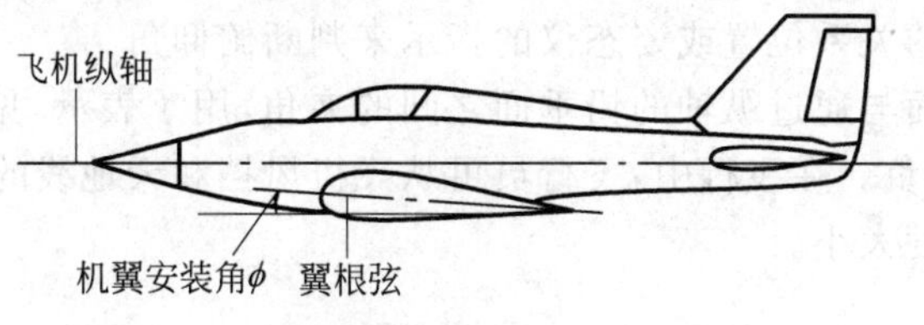

图 1.5　机翼安装角

(3) 机翼的上反角:机翼的底面和垂直于飞机立轴的平面之间的夹角,用 ψ 表示。当机翼有扭转时,则指扭转轴和垂直于飞机立轴的平面之间的夹角。机翼翼尖上翘时,为上反角,反之为下反角,如图 1.6 所示。

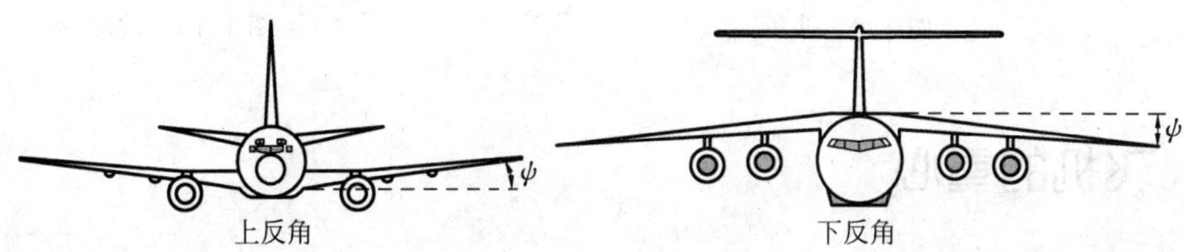

图 1.6　上反角和下反角

4. 气流和机翼之间的相对位置

气流和机翼的相对位置可以用迎角α和侧滑角β来表示，见图1.7和图1.8。

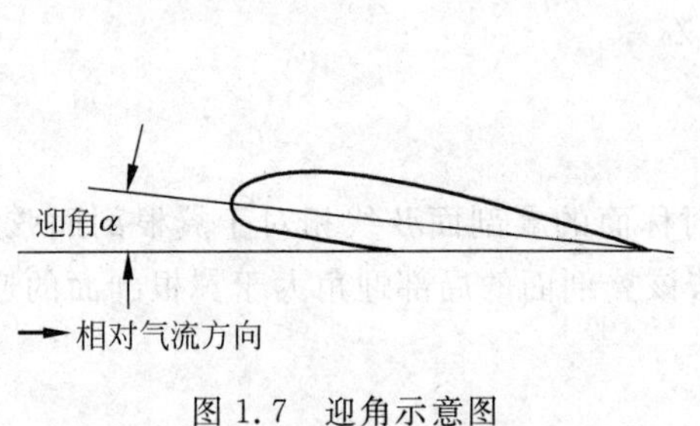

图1.7 迎角示意图

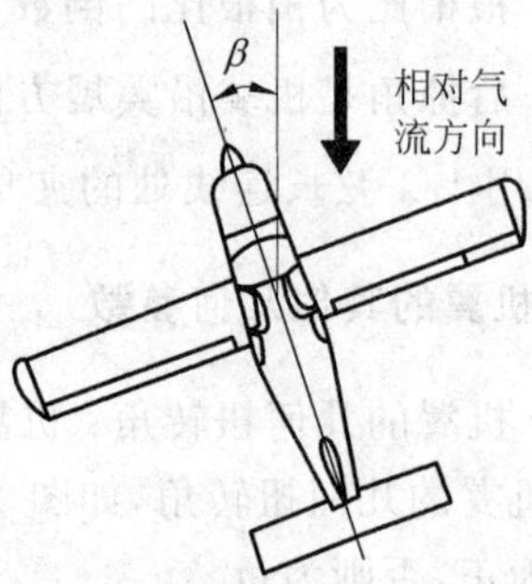

图1.8 侧滑角

(1) 迎角：来流速度在机翼对称平面的投影与翼弦之间的夹角。气流从翼弦下方过来，迎角为正；反之，气流从翼弦上方过来，迎角为负。

(2) 侧滑角：来流速度与机翼对称平面之间的夹角。相对气流从飞机右侧过来，称为右侧滑，侧滑角为正；相对气流从飞机左侧过来，称为左侧滑，侧滑角为负。

5. 俯仰角和坡度

飞机在空中飞行时，其飞行姿态会发生变化，为了确定飞机的俯仰姿态和滚转姿态，需要建立俯仰角和坡度的概念。

将通过飞机重心平行于飞机机身的机体纵轴与水平面之间的夹角称为俯仰角，俯仰角有正负之分：飞机纵轴指向水平面的上方，俯仰角为正，正的俯仰角又称为仰角，如图1.9所示；纵轴指向水平面的下方，俯仰角为负，负的俯仰角又称为俯角。飞行中，飞行员可根据飞机机头与天地线的关系位置或姿态仪的指示来判断俯仰角。

坡度是飞机对称面与通过纵轴的铅垂面之间的夹角，用γ表示，见图1.10。一般规定，右坡度为正，左坡度为负。在飞行中，飞行员可从飞机风挡和天地线的关系位置或姿态仪的指示来判断飞机的坡度大小。

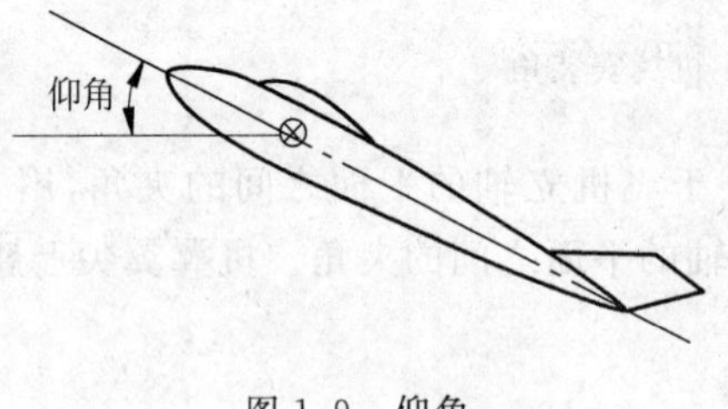

图1.9 仰角

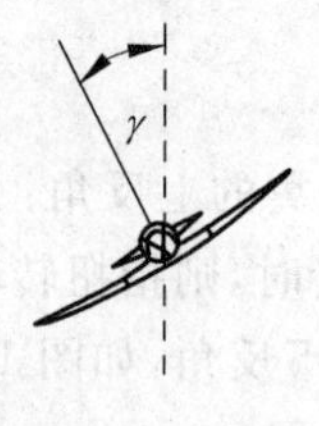

图1.10 坡度

1.2 飞机的重心

飞机重心是飞机各部件、燃料、乘员、货物等所受重力的合力的作用点，也可称为质心。飞机的运动和操纵与飞机重心的位置有着密切的联系。

飞机重心的前后位置，常用重心在某一特定翼弦上的投影到该翼弦前端的距离占该翼弦长度的百分比来表示，如图 1.11 所示。这一特定翼弦，为机翼的平均空气动力弦(MAC)或者标准平均弦(SMC)。

重心位置用公式表示如下：

$$\bar{x}_G = \frac{x_G}{b_A} \times 100\% \tag{1-1}$$

式中，b_A 为平均空气动力弦弦长。

平均空气动力弦(MAC)是一个假想的矩形翼的翼弦。该假想的矩形翼的面积、空气动力特性及俯仰特性与原机翼相同，矩形翼的翼弦与原机翼某处的翼弦长度相等，则原机翼的这条翼弦即为平均空气动力弦，如图 1.12 所示。

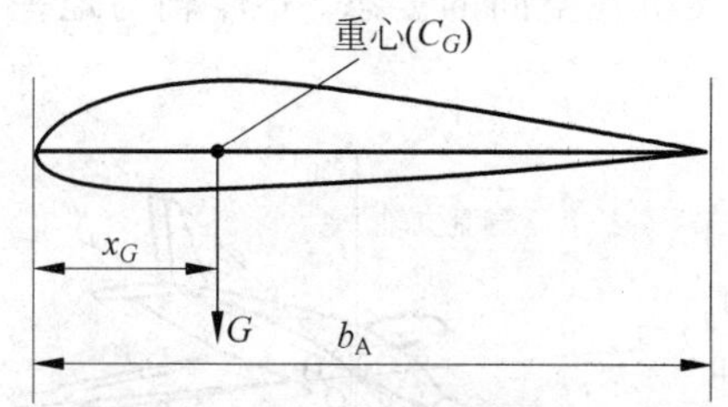

图 1.11　飞机重心位置的表示方法

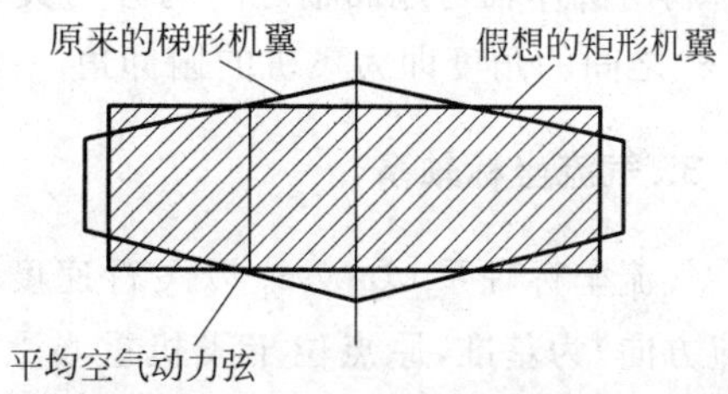

图 1.12　平均空气动力弦

标准平均弦即机翼的几何平均弦，它等于机翼面积与翼展的比值。

飞机的标准平均弦(SMC)或者平均空气动力弦(MAC)一般都可以从各型飞机的技术说明书中查到，也可通过理论计算求得。

1.3　飞机的坐标轴系

为了确定飞机的姿态、运动轨迹、气动力及方向，必须建立坐标轴。在飞行力学中，要用到多种坐标轴系。常用的坐标轴有地面坐标轴系、机体坐标轴系、气流坐标轴系、半机体轴系和航迹坐标轴系等。各轴系三轴间的关系均按右手法则确定。

1. 地面坐标轴系

地面坐标轴系 $Ox_dy_dz_d$ 固定在地面上，原点取在海平面或地面上的某点，如起飞点；轴 Oy_d 方向铅垂向上，轴 Ox_d 和 Oz_d 在水平面内，方向根据需要确定，如图 1.13 所示。地面坐标轴系常用以描述飞机的运动轨迹和姿态，如确定飞机的航迹倾角等。

2. 机体坐标轴系

机体坐标轴系以机体为基准，固连在飞机上，随飞机运动。机体坐标轴系的原点 O 位于飞机重心，纵轴 Ox_t 轴平行于机身，在飞机对称面内，指向前；立轴 Oy_t 轴在飞机对称面内，指向上；横轴 Oz_t 轴垂直于对称面，指向右，如图 1.14 所示。

研究飞机绕各轴的转动，常采用机体坐标轴系。

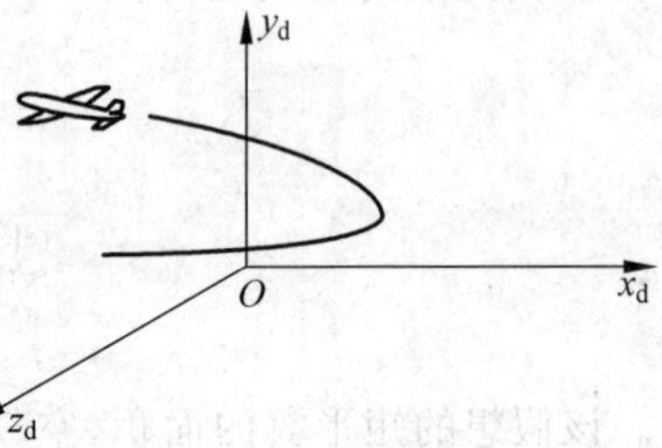

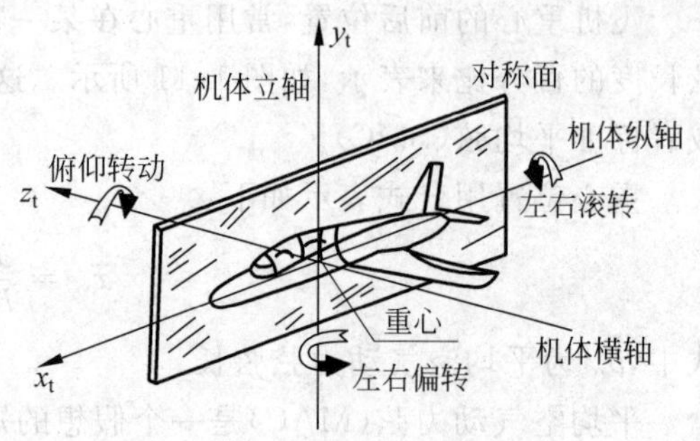

图 1.13　地面坐标轴系

图 1.14　机体坐标轴系

利用机体轴与地面轴之间的方向关系，可以定义飞机在空间的姿态。Ox_t 轴与地平面 Ox_dz_d 之间的角度即为飞机的俯仰角。

3. 气流坐标轴系

气流坐标轴系 $Ox_qy_qz_q$ 以飞行速度方向(或相对气流方向)为基准，原点位于飞机重心上，以气流方向(飞行速度方向)为纵轴，立轴垂直于纵轴，在飞机对称面内，指向上，如图 1.15 所示。作用在飞机上的空气动力如升力、阻力等都是按气流坐标轴系来表示的。飞机的运动轨迹和气流纵轴平行(无风情况下)。

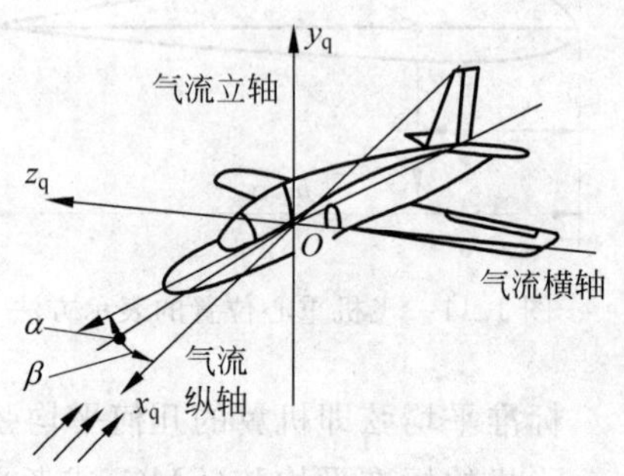

图 1.15　气流坐标轴系

图 1.15 中，α 为飞机的迎角，β 为侧滑角。

4. 半机体轴系

当相对气流方向与飞机对称面不一致时(此时的飞行状态称为侧滑)，有时采用半机体轴 $Ox_by_bz_b$，取相对气流方向在对称面的投影方向为纵轴 Ox_b，立轴 Oy_b 垂直于纵轴并位于对称面内，横轴 Oz_b 垂直于对称面，而原点位于飞机的重心。空气动力实验和计算数据常用半机体轴系给出。无侧滑时，半机体轴系就是气流轴系。

图 1.16 给出了机体坐标轴系、气流坐标轴系和半机体轴系之间的关系。

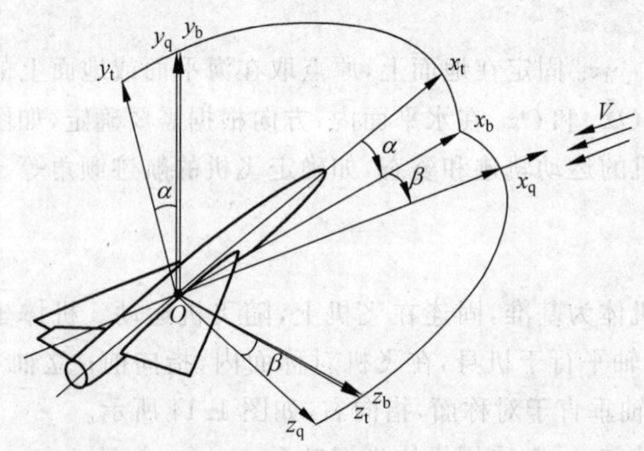

图 1.16　机体坐标轴系、气流坐标轴系和半机体轴系之间的关系

5. 航迹坐标轴系

在描述飞机质心相对于地面的运动，即建立质心运动方程时，常采用航迹坐标轴系 $Ox_h y_h z_h$。其原点 O 位于飞机的重心，纵轴 Ox_h 沿对地速度方向，立轴 Oy_h 在包含 Ox_h 的铅垂平面内，垂直于 Ox_h，指向上，横轴 Oz_h 垂直于铅垂平面，指向右。

由航迹坐标轴系的定义可见，在无风的情况下，飞机对地速度与相对气流速度一致，统称为飞行速度，这时航迹坐标轴系和气流坐标轴系重合。

1.4　性能计算的原始数据

飞行力学主要是分析作用在飞机上的外力和飞机质心运动之间的关系以及作用在飞机上的力矩平衡、飞机的稳定性和操纵性等，因此，首先必须知道作用在飞机上的外力，以及这些外力与飞行速度、飞行高度之间的关系。

在正常飞行中，作用在飞机上的外力有飞机所受的重力 G、空气动力 R、发动机的推力或拉力 P。各种飞行情况下，G、R、P 的大小及它们的变化规律，就是分析与计算飞行性能所需要的原始数据。

1. 飞机所受的重力

通常对于给定的飞机，在各种使用情况下的质量或质量的突然变化(如投弹、扔副油箱等)，都是事先可以确定的。因燃料消耗而引起的质量逐渐变化的规律，则可根据发动机的耗油特性来确定。

在飞行过程中，飞机质量在不断地变化。为了简化计算，在性能计算时，常常把飞机质量当作一个已知的常量。为了使计算较为合理，有时对不同的性能计算问题采用不同的质量。

2. 空气动力

对飞机来说，飞行中作用在飞机上的空气动力 R 取决于飞机的飞行速度、高度和气流与飞机的相对位置。根据空气动力学的处理方法，在气流坐标轴系中将空气动力 R 分解为阻力 X、升力 Y 和侧力 Z，并表示为

$$X = C_x \frac{1}{2}\rho V^2 S \tag{1-2}$$

$$Y = C_y \frac{1}{2}\rho V^2 S \tag{1-3}$$

$$Z = C_z \frac{1}{2}\rho V^2 S \tag{1-4}$$

式中，C_x、C_y、C_z分别称为飞机阻力系数、升力系数和侧力系数；ρ 为飞机飞行高度处大气密度，$\mathrm{kg/m^3}$；V 为飞行速度，m/s；S 为机翼面积，$\mathrm{m^2}$。

升力的方向垂直于来流方向，沿气流立轴；阻力的方向平行于来流方向，沿气流纵轴。当飞机带侧滑飞行时，会产生侧力。产生侧力的主要部件是飞机的垂直尾翼和机身，垂尾产生侧力的原理与机翼产生升力的原理类似。侧力 Z 垂直于升力 Y 和阻力 X，沿气流横轴。

对飞机来说，一般有

$$C_x = f_1(\alpha, \beta, Ma, Re) \tag{1-5}$$

$$C_y = f_2(\alpha, \beta, Ma, Re) \tag{1-6}$$

$$C_z = f_3(\alpha, \beta, Ma, Re) \tag{1-7}$$

式中，α 为飞机迎角，β 为侧滑角，Ma 为飞行马赫数，Re 为雷诺数。

通常飞机主要作无侧滑飞行，此时 $\beta=0, C_z=0, C_x=f_1(\alpha, Ma, Re), C_y=f_2(\alpha, Ma, Re)$ 。

C_x、C_y 通常表示成下列形式：

$$C_y = a(\alpha - \alpha_0)\text{（线性段）} \tag{1-8}$$

$$C_x = C_{x0} + AC_y^2\text{（失速前）} \tag{1-9}$$

式中，a 为升力系数曲线斜率，主要由机翼翼型、机翼平面形状及 Ma 决定；α_0 为零升迎角；C_{x0} 为零升阻力系数；$AC_y{}^2$ 为因升力而导致的阻力系数，称为升致阻力系数。升致阻力是由飞机的诱导阻力和随升力系数变化的压差阻力和激波阻力所组成。

3. 飞机的速度

飞机飞行性能计算中，经常要涉及飞机或气流的速度。飞机的速度有地速、真空速之分。

地速是飞机相对于地面的移动速度。

真空速（一般简称为空速，用 V 表示）是飞机相对于空气的移动速度。无风时，地速等于真空速。

飞机的空速大小是采用空速表测量得到的，利用皮托管感受到的总压和静压之差来测定空速。由于存在测量上的误差，因此根据修正情况的不同，引出基本空速、指示空速、校正空速和当量空速的概念。

(1) 基本空速是皮托式空速表的读数，该表未作任何修正。

(2) 指示空速（又称为表速，用 V_i 表示）是修正了仪表误差后的仪表指示空速。仪表误差修正值要在实验室中确定，许多飞机已在空速表刻度盘刻度中修正了该误差值，因此对大多数飞机而言，指示空速是空速表指针指示的速度。空速表感受到的是动压（$\rho V^2/2$），再转换成速度，所采用的密度是海平面标准大气密度 ρ_0，其值为 1.225kg/m^3。动压不变，空速表的指示就不变。

(3) 校正空速是在指示空速的基础上，修正了位置误差后得到的空速。位置误差是指由总压管、静压管的安装位置引起的空速表指示误差。

(4) 当量空速是修正了所有误差，包括压缩性误差后得到的空速。

本教材中，除非有特殊说明，认为各误差为零，即指示空速等于当量空速。这样真空速 V 与指示空速（表速）V_i 之间的关系为

$$V = \sqrt{\frac{\rho_0}{\rho_H}} V_i \tag{1-10}$$

式中，ρ_H 为飞行高度 H 上的空气密度。

领航计算中需要用真空速，而飞行操纵只需要知道指示空速，以判断飞机所受的空气动力，从而确定飞机的飞行姿态。因此通常用指示空速来表示飞行速度的大小。

1.5　发动机特性

在飞机上广泛使用的航空发动机主要有两种类型：一类是活塞式航空发动机，由它带动螺旋桨或旋翼等推进器旋转产生拉力；另一类是喷气发动机，它以燃气流高速向后喷出而产生的反作用力作为飞机前进的动力，是现代飞机广泛使用的发动机。

1.5.1　喷气发动机

航空喷气发动机一般分为涡轮喷气发动机、涡轮风扇发动机、涡轮螺旋桨发动机、涡轮轴发动机和桨扇发动机等几类，它们的工作原理基本相同。下面以涡轮喷气发动机和涡轮风扇发动机为例，介绍喷气发动机的特性。

1. 涡轮喷气发动机的工作状态

涡轮喷气发动机通常有以下几种工作状态。

(1) 在加力状态时，加力燃烧室喷嘴喷出补充燃料，燃烧后进一步提高燃气温度、增加喷气速度，从而增大发动机的推力。一般使用加力状态后，推力可增加约25%。

(2) 最大状态是发动机处于最大许用转速下的工作状态，此时发动机的推力是非加力状态下的最大推力。飞机在起飞、上升和平飞加速时，都使用这种工作状态。

(3) 额定状态是发动机处于额定转速(约比最大许用转速小3%)下的工作状态，此时发动机的推力是最大状态推力的85%～90%。

(4) 巡航状态是发动机转速约为额定转速的90%时的工作状态，相应的推力约为额定状态推力的80%，这时耗油率最小，常用于飞机作巡航飞行。

(5) 慢车状态是发动机转速约为额定转速的30%的工作状态，推力很小，为最大状态推力的3%～5%，是飞机下降着陆时常用的工作状态。

2. 涡轮喷气发动机的单位耗油率

单位耗油率是描述涡轮喷气发动机经济性能的主要参数。

发动机产生1N推力时单位时间所消耗的燃油量称为单位耗油率，用 q_N 表示，单位为kg/(N·h)，其值一般随飞机的飞行速度、高度和发动机本身的工作状态不同而改变。它是飞机性能分析时描述发动机性能的重要参数。

图1.17为喷气发动机的单位耗油率随飞行速度、高度及发动机转速的变化曲线。

(1) 单位耗油率随飞行速度的变化

由图1.17可见，随着飞行马赫数的增大，单位耗油率不断增加，至某一飞行马赫数后，急剧加大。

(2) 单位耗油率随高度的变化

在 $H\leqslant 11$km时，随着飞行高度的增加，单位耗油率下降，在 $H>11$km时，单位耗油率基本不变。

(3) 单位耗油率随发动机转速的变化

当发动机转速从设计转速下降时，发动机的单位耗油率起先略有下降，在相对转速$\bar{n}=$

0.85 附近达最小值后，随发动机转速的下降而增大。图中虚线部分表示当转速下降至小于 $\bar{n}=0.72\sim0.73$ 时，压气机的喘振裕度小于最小允许值，如果不采取适当的调节措施，发动机不可能稳定工作。

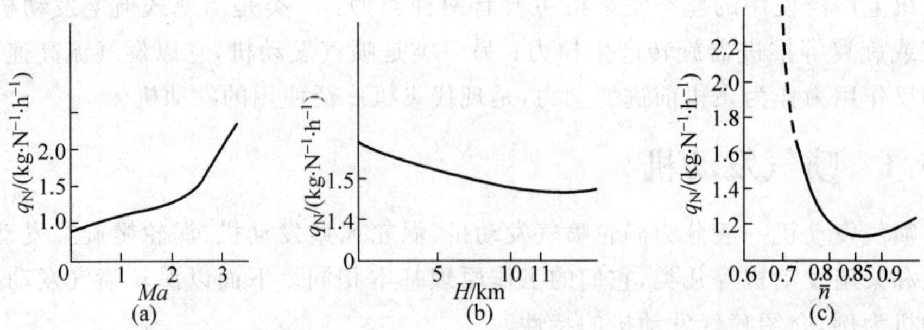

图 1.17 喷气发动机单位耗油率随飞行速度、高度及发动机转速的变化曲线

3. 涡轮喷气发动机的推力特性

涡轮喷气发动机的推力，一般与发动机转速 n、飞行速度 V（飞行马赫数）和飞行高度 H 有关。通常进行飞行性能计算时，发动机推力 P 一般以曲线形式给出，这类曲线包括转速特性、速度特性和高度特性曲线。

所谓发动机的转速特性是指在一定的飞行速度 V 及高度 H 下，发动机的推力 P 与转速的关系，如图 1.18 所示。由图可见，随转速增加，发动机推力急剧增加。

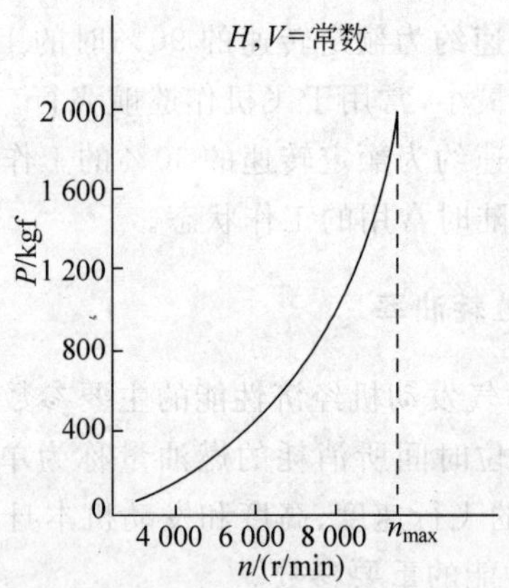

图 1.18 喷气发动机转速特性曲线（1kgf＝9.8N，余同不注）

当发动机转速（即油门的开度）不变时，推力随飞行速度（飞行马赫数）及高度的变化关系，称为涡轮喷气发动机的速度特性和高度特性，如图 1.19 所示。

由图 1.19 可见，随着飞行马赫数的增大，发动机的推力起初略为下降或增加得很缓慢，随后迅速增大，达到某一最大值后，推力随马赫数的增大而减小；而随高度增加，发动机推力减小。

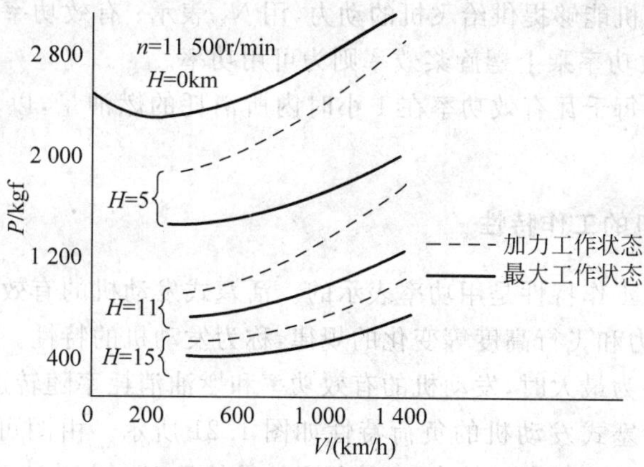

图 1.19　涡轮喷气发动机速度特性和高度特性曲线

4. 涡轮风扇发动机的特性

大型民航运输机多采用涡轮风扇发动机。涡轮风扇发动机与涡轮喷气发动机在结构上的主要区别在于增加了风扇和驱动风扇的低压涡轮。流经风扇的空气只有一部分流过压气机，进入燃烧室和涡轮后由尾喷管排出，这股气流通过的通道称为内涵道；而流经风扇的另一部分空气则通过外通道(外涵道)直接排出或与内涵道的排气混合后一起排出。流经内外涵道的空气质量的比值对发动机的特性有很大影响。

图 1.20 为涡轮风扇发动机的特性曲线。与涡轮喷气发动机相比，两者的变化趋势基本一致，但涡轮风扇发动机的转速特性比较平缓一些，在转速降低时，推力只是平缓地减少，单位耗油率的变化也较小一些。而速度特性和高度特性的变化与涡轮喷气发动机相类似。

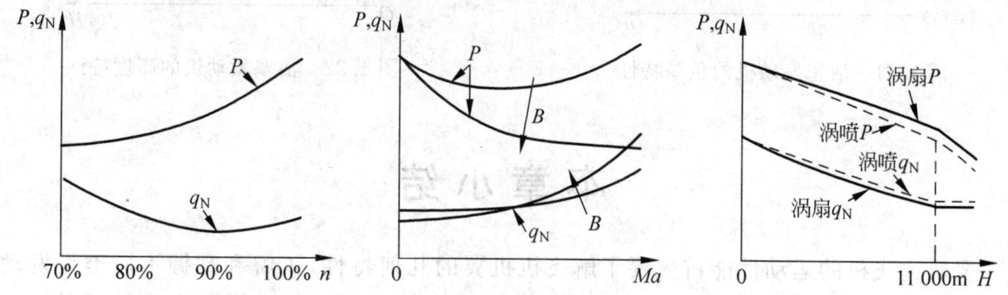

图 1.20　涡轮风扇发动机特性曲线

(注：图中 B 为流经外涵道和内涵道的空气质量的比值)

1.5.2　活塞式发动机

带动螺旋桨旋转产生推进力的活塞式航空发动机，由于其经济性好，目前仍广泛用于小型低速飞机上，如小型公务机、小型多用途运输机等。

1. 活塞式发动机的性能参数

表征活塞式发动机性能的主要参数有可用功率、有效功率和燃油消耗率。

可用功率是发动机能够提供给飞机的动力，用 N_{ky} 表示；有效功率是发动机实际输出功率，用 N_e 表示。有效功率乘上螺旋桨效率则为可用功率。

燃油消耗率是指每千瓦有效功率在 1 小时内所消耗的燃油量，以 sfc 表示，单位为 kg/(kW·h)。

2. 活塞式发动机的工作特性

活塞式发动机的工作特性是用功率表示的。活塞式发动机的有效功率和燃油消耗率随发动机转速、进气压力和飞行高度等变化的规律，称为发动机的特性。

当进气压力保持为最大时，发动机的有效功率和燃油消耗率随转速变化的规律，称为发动机的负荷特性。活塞式发动机的负荷特性如图 1.21 所示。由图可见，在较大转速工作时，有效功率大，但燃油消耗率也较大，经济性差；另外只有一定转速范围内，有效功率才随转速的增大而增大。

在转速保持不变的条件下，发动机有效功率和燃油消耗率随飞行高度变化的规律，称为发动机的高度特性，如图 1.22 所示。由图可见，有效功率随飞行高度升高而减小；燃油消耗率随飞行高度升高而不断增大。

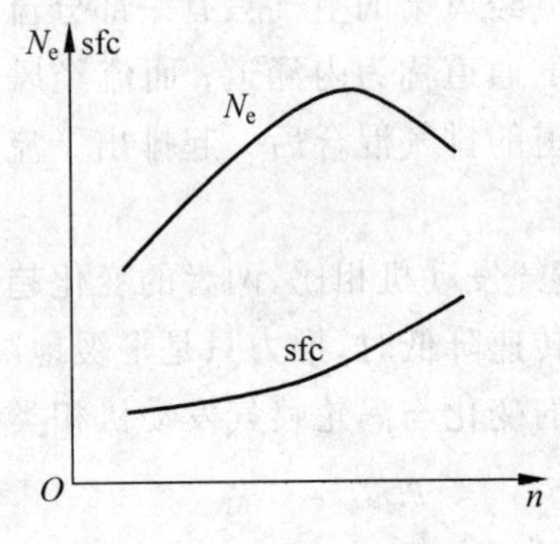

图 1.21　活塞发动机的负荷特性

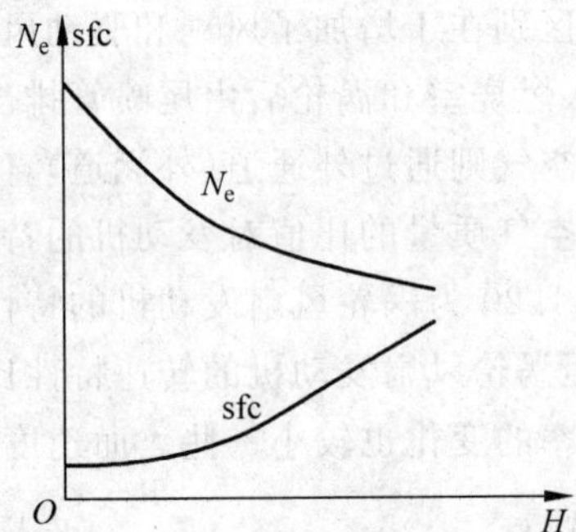

图 1.22　活塞发动机的高度特性

本章小结

要研究飞机的运动性能首先要了解飞机机翼的几何特性，了解和掌握不同类型发动机的推力特性。此外研究飞机的运动性能要用到飞机的坐标轴系，不同的坐标轴系适用于不同的研究内容。要了解各个坐标系的使用场合以及它们之间的转换关系。

思考与练习

一、思考题

1. 什么是平均空气动力弦？与标准(几何)平均弦有何区别？
2. 怎样表示飞机重心的位置？
3. 飞机的 5 个坐标轴系是如何规定的？
4. 作用在飞机上的空气动力有哪些？如何计算？

5. 说明真空速、指示空速、校正空速、当量空速之间的关系。

6. 喷气发动机和活塞发动机的工作特性有何不同？

二、练习题

1. 已知飞机的表速为420km/h，试求8 000m高度处飞机的真空速。（已知8 000m高空空气密度为$\rho=0.526\text{kg/m}^3$，海平面处标准大气密度为1.225kg/m^3。）

拓展阅读

空速的修正

空速的修正包括仪表机械误差修正、位置误差修正和压缩性误差的修正。本文主要介绍位置误差和压缩性误差的来源及修正。

位置误差包括总压误差和静压误差。总压误差有两个来源：一是总压管的位置，如果总压管位于能量减小的附面层内，则总压管测出的总压将小于主流中的总压，从而产生较大的误差；二是由于大迎角时，总压探头相对于飞机运动方向有过大偏斜所造成。为了消除总压管位于附面层内造成的误差，将总压管用支架支撑偏离飞机的表面。通常总压误差经过选择合适的安装位置和良好的总压传感器设计，可以减小到忽略不计的程度。静压误差的来源是飞机的一些部件（主要是机翼）改变了飞机周围的流场，使流过飞机周围气流中的静压不同于迎面未受扰动处气流的静压。同时，飞行中迎角的改变也将改变飞机的绕流情况和飞机表面附近的压力分布，上述原因使静压管测出的气流静压与未受扰动处气流的静压之间存在差别。所以必须通过实践找到一个合适的静压管安装位置，使它能测到最接近未受扰动处气流的静压，并且受飞机迎角变化的影响最小。

位置误差的校准是通过试飞进行的。

压缩性误差的修正值就是当量空速与校正空速的差值。当飞机低速飞行、飞行马赫数较小时，空气的压缩性可忽略不计，可以把空气作为不可压缩流体处理；但是当飞机高速飞行、飞行马赫数大于0.3时，必须计及空气的压缩性，这时需要对压缩性引起的空速误差进行修正。

对高速流动，根据等熵一元流动的能量方程，可得到高度H处气流总压p_{H0}和静压$p_{H\infty}$之比与飞行马赫数Ma之间的关系：

$$\frac{p_{H0}}{p_{H\infty}}=\left(1+\frac{k-1}{2}Ma^2\right)^{\frac{k}{k-1}} \tag{1}$$

式中，k为绝热指数，对空气，$k=1.4$。

由上式可得到总压和静压之差：

$$p_{H0}-p_{H\infty}=p_{H\infty}\left[\left(1+\frac{k-1}{2}Ma^2\right)^{\frac{k}{k-1}}-1\right] \tag{2}$$

校正空速V_c与气流中总压和静压之差的关系为

$$p_{H0}-p_{H\infty}=p_{0\infty}\left\{\left[1+\frac{k-1}{2}\left(\frac{V_c}{C_0}\right)^2\right]^{\frac{k}{k-1}}-1\right\} \tag{3}$$

式中，$p_{0\infty}$为标准大气海平面静压力；C_0为标准大气海平面处的声速。

由上式可整理得到校正空速 V_c 的表达式：

$$V_c = C_0\sqrt{\frac{2}{k-1}\left[\frac{1}{p_{0\infty}}(p_{H0}-p_{H\infty})+1\right]^{(k-1)/k}-1} \tag{4}$$

而由式(2)可得到真空速 V 的表达式：

$$V = C_H\sqrt{\frac{2}{k-1}\left\{\left[\frac{1}{p_{H\infty}}(p_{H0}-p_{H\infty})+1\right]^{(k-1)/k}-1\right\}} \tag{5}$$

C_H 为高度 H 处声速。

由当量空速 V_e 和真空速 V 的关系：

$$\frac{V_e}{V} = \sqrt{\frac{\rho_H}{\rho_0}} = \sqrt{\frac{p_{H\infty}}{p_{0\infty}}\frac{C_0^2}{C_H^2}} = \frac{C_0}{C_H}\sqrt{\frac{p_{H\infty}}{p_{0\infty}}} \tag{6}$$

得到当量空速 V_e 的表达式：

$$V_e = C_0\sqrt{\frac{p_{H\infty}}{p_{0\infty}}}\sqrt{\frac{2}{k-1}\left\{\left[\frac{1}{p_{H\infty}}(p_{H0}-p_{H\infty})+1\right]^{(k-1)/k}-1\right\}} \tag{7}$$

由式(4)和式(7)可导出当量空速 V_e 和校正空速 V_c 的之间关系：

$$V_e = C_0\sqrt{\frac{2}{k-1}\frac{p_{H\infty}}{p_{0\infty}}\left\{\left\{\frac{\left[1+\frac{k-1}{2}\left(\frac{V_c}{a_0}\right)^2\right]^{k/(k-1)}-1}{\frac{p_{H\infty}}{p_{0\infty}}}+1\right\}^{(k-1)/k}-1\right\}} \tag{8}$$

在海平面上，$p_{H\infty}=p_{0\infty}$，$V_c=V_e$，对其他任何高度，两者不相等，需要修正，修正值就是两者之差。

思考题

1. 空速测量中的位置误差是怎么形成的？
2. 如何修正压缩性误差？

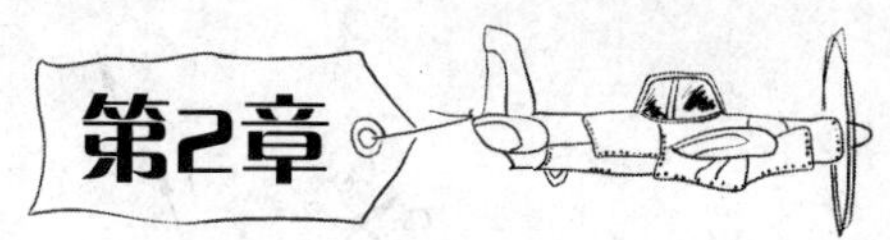

飞机的基本飞行性能

关键词

飞行性能(flight performance)
上升性能(climb performance)
推力曲线(thrust curve)
飞行包线(flight envelop)
陡升速度(speed for steepest climb)
平飞性能(level flight performance)
下降性能(descending performance)

飞机的飞行性能,是指给定的飞机在已知外力(空气动力、发动机推力和重力)作用下的运动特性。通常用来解决飞机能飞多快、多高、多远、多久以及飞机的机动飞行性能、起落特性等问题。

飞机的基本飞行性能是指飞机作定常直线运动的性能,包括平飞性能、上升性能、下降性能。

本章将飞机视为质点,把飞机的质量集中到质心(重心),认为在各种飞行情况下,只要满足力的平衡关系,且绕飞机质心的力矩平衡总可以通过操纵面适当偏转得以解决,同时由操纵引起的附加气动力很小,不致影响原有力的平衡关系。通过对飞机平飞、上升和下降过程进行受力分析,建立飞机的质心运动方程,对飞机的平飞、上升和下降性能进行了分析。

2.1 垂直平面内的质心运动方程

飞机在空中的运动很多时候是典型的二维运动,因此在研究飞机性能和轨迹特性时,常把飞机质心的运动分为在垂直平面内的二维运动和在水平平面内的二维运动两部分。飞机在垂直平面内的运动是指飞机航迹始终位于与其纵向对称面重合的垂直(铅垂)平面内,这时飞机不倾斜,无侧滑,这种飞行状态也称为飞机的纵向运动。

一般在航迹坐标轴系中建立垂直平面内飞机的质心运动方程。

根据牛顿第二定律:

$$\boldsymbol{F}=\frac{\mathrm{d}}{\mathrm{d}t}(m\boldsymbol{V})=m\frac{\mathrm{d}\boldsymbol{V}}{\mathrm{d}t}+\boldsymbol{V}\frac{\mathrm{d}m}{\mathrm{d}t}=\frac{G}{g}\frac{\mathrm{d}\boldsymbol{V}}{\mathrm{d}t} \tag{2-1}$$

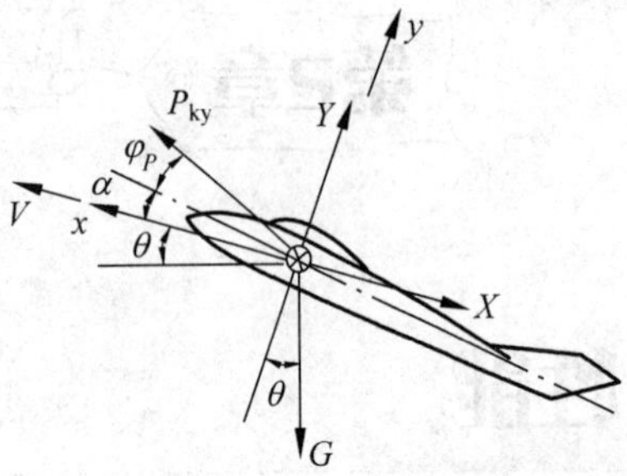

式中，$\boldsymbol{F}$ 为作用在飞机上的合力，N；$\boldsymbol{V}$ 为飞机质心运动速度(真空速)，m/s；m 为飞机质量，kg；G 为飞机所受重力，N；g 为重力加速度，$\mathrm{m/s^2}$。

飞机作纵向运动时，作用在飞机上的外力有气动升力 Y、重力 G、发动机可用推力 P_{ky}(对螺旋桨飞机而言为拉力，以下统一写为推力)和气动阻力 X，这四个力均位于飞机对称平面内。发动机推力一般与飞机机身纵轴之间存在一个夹角 φ_P，而飞机纵轴与飞行速度之间也存在一个夹角，即迎角 α，如图 2.1 所示。

图 2.1　飞机纵向运动的受力分析

由此可写出飞机在垂直平面内的质心运动方程：

$$\frac{G}{g}\frac{\mathrm{d}V}{\mathrm{d}t} = P_{ky}\cos(\alpha+\varphi_P) - X - G\sin\theta \tag{2-2}$$

$$\frac{G}{g}V\frac{\mathrm{d}\theta}{\mathrm{d}t} = Y + P_{ky}\sin(\alpha+\varphi_P) - G\cos\theta \tag{2-3}$$

式中，θ 为航迹倾角，即飞行航迹与地面的夹角，$\theta>0$，飞机作上升运动，$\theta<0$，飞机作下降运动，$\theta=0$，飞机作水平运动；α 为飞机迎角。

对于运动参数不随时间而改变的定常直线运动：$\frac{\mathrm{d}V}{\mathrm{d}t}=0,\frac{\mathrm{d}\theta}{\mathrm{d}t}=0$，质心运动方程可化简为

$$P_{ky}\cos(\alpha+\varphi_P) - X - G\sin\theta = 0 \tag{2-4}$$

$$Y + P_{ky}\sin(\alpha+\varphi_P) - G\cos\theta = 0 \tag{2-5}$$

对于常规布局的飞机，通常 φ_P 不大，飞机飞行时的 α 也不大，可近似认为：$\cos(\alpha+\varphi_P)=1$，$\sin(\alpha+\varphi_P)=0$，则上式简化为

$$P_{ky} = X + G\sin\theta \tag{2-6}$$

$$Y = G\cos\theta \tag{2-7}$$

2.2　飞机的定常直线水平运动(平飞)

飞机的定常直线运动是飞机整个飞行过程中最简单也是最常见的运动形式。飞机作等速直线水平飞行，称为平飞，平飞是飞机的一种主要飞行状态。

2.2.1　平飞运动方程

平飞时，作用在飞机上的外力相互平衡，且 $\theta=0$。略去可用推力 P 的脚注“ky”，飞机平飞时的运动方程可简化为

$$P = X \tag{2-8}$$

$$Y = G \tag{2-9}$$

即飞机在等速直线水平飞行时，升力与重力平衡，推力与阻力平衡，如图 2.2 所示。

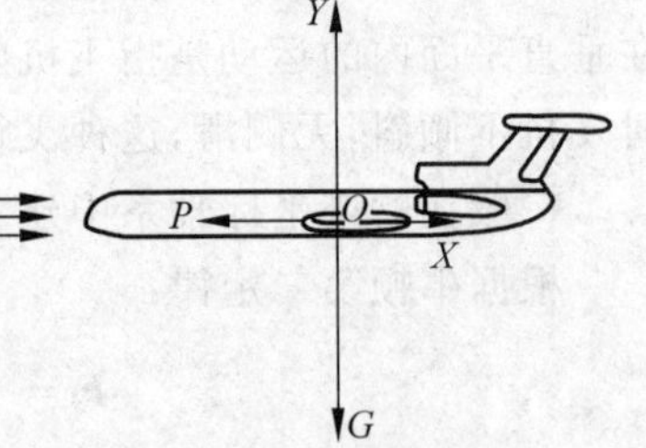

图 2.2　飞机平飞时的受力

例　已知某飞机质量 $m=30\,000\mathrm{kg}$，机翼面积 $S=65\mathrm{m^2}$，最大允许升力系数 $C_{y\max}=1.3$，最大迎角 $\alpha_{\max}=15°$，并假设升力系数 C_y 与迎角 α 之间的关系是线性的。

问：飞机以 80m/s 的表速在 600m 高度平飞时，机翼迎角 α 应取多少？（标准海平面处大气密度为 1.225kg/m^3。）

解 平飞时，$Y=G$，则有

$$C_y\frac{1}{2}\rho V^2S=mg$$

$$C_y=\frac{mg}{\frac{1}{2}\rho V^2S}=\frac{30\,000\times9.8}{\frac{1}{2}\times1.225\times80^2\times65}=1.154$$

$$\alpha=\frac{C_y}{C_{y\max}}\alpha_{\max}=\frac{1.154}{1.3}\times15^\circ=13.3^\circ$$

2.2.2 平飞所需速度

为保持飞机平飞，需要有足够的升力以平衡飞机的重力，产生这一升力需要的飞行速度，称为平飞所需速度。

由

$$Y=G=C_y\frac{1}{2}\rho V^2S \tag{2-10}$$

得到平飞所需速度为

$$V_{px}=\sqrt{\frac{2G}{C_y\rho S}} \tag{2-11}$$

由式(2-11)可见，为保持平飞、满足升力等于重力的条件，平飞时的飞行速度受到飞机质量、机翼面积、空气密度和升力系数的制约。当飞机质量、机翼面积和空气密度一定时，飞机平飞所需速度主要随飞机升力系数即迎角的改变而改变。

2.2.3 平飞所需推力

1. 平飞所需推力计算

维持飞机平飞所需要的推力称为平飞所需推力，用 P_{px} 表示，由飞机动力装置提供。由平飞运动方程知，平飞所需推力等于平飞阻力，即平飞所需推力为飞机平飞时克服阻力所需用的推力。

飞机的气动阻力一般分为零升阻力 X_0 和升致阻力 X_i 两部分，即

$$\begin{aligned}P_{px}&=X=X_0+X_i\\&=C_{x0}\frac{1}{2}\rho V^2S+AC_y^2\frac{1}{2}\rho V^2S\end{aligned} \tag{2-12}$$

式中，C_{x0} 为零升阻力系数，零升阻力主要由摩擦阻力和压差阻力、干扰阻力、激波阻力中不随升力系数变化的部分组成；A 为升致阻力因子。

低速飞行时，飞机的零升阻力系数基本不随迎角而变化。当飞机在同一高度上飞行时，空气密度为常量，机翼面积也是定值，因此零升阻力与飞行速度的平方成正比，如图 2.3 所示(图中速度为表速)。

而升致阻力 X_i 是由飞机的诱导阻力和随升力系数而变化的压差阻力和激波阻力组成，X_i 可表示为

$$X_i = AC_y^2 \frac{1}{2}\rho V^2 S = \frac{A\left(C_y \frac{1}{2}\rho V^2 S\right)^2}{\frac{1}{2}\rho V^2 S} = \frac{AY^2}{\frac{1}{2}\rho V^2 S}$$

平飞时，升力等于重力：$Y=G$，所以有

$$X_i = \frac{AG^2}{\frac{1}{2}\rho V^2 S}$$

低速飞行时，升致阻力因子不随马赫数即飞行速度的变化而变化，因此升致阻力与平飞速度的平方成反比。

将同一飞行速度下的升致阻力和零升阻力相加，就得到了飞机低速平飞时，飞机总阻力随速度变化的规律，如图 2.3 所示。

由图 2.3 可见，当零升阻力和升致阻力相等时，飞机的总阻力最小，对应的速度就是飞机的最小阻力速度 V_{MD}。

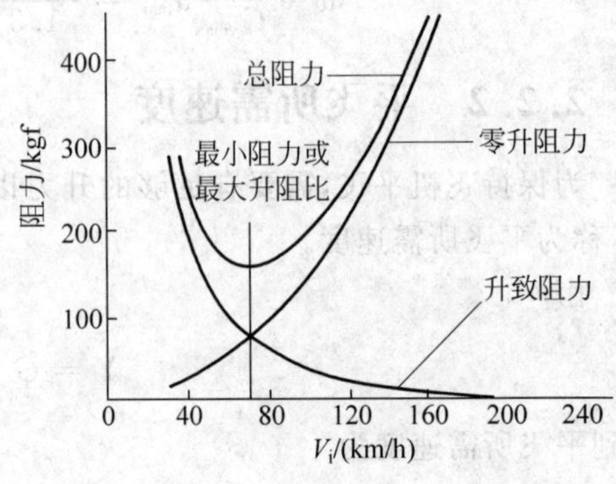

图 2.3　飞机的阻力

另外由平飞运动方程

$$\begin{cases} P = X \\ Y = G \end{cases}$$

得

$$P = X = \frac{Y}{K} = \frac{G}{K} \tag{2-13}$$

式中，K 为飞机的升阻比。

即当飞机的升阻比最大时，飞机的总阻力最小。升阻比最大对应的迎角称为有利迎角，有利迎角下的飞行速度称为有利速度。平飞时，有利速度等于最小阻力速度。

图 2.4 为低速飞行时某飞机平飞所需推力随平飞速度的变化曲线，该曲线称为飞机平飞所需推力曲线(图中速度为表速)。

高速飞行时，必须考虑空气压缩性的影响。图 2.5 为零升阻力系数 C_{x0} 和升致阻力因子 A 随飞行马赫数的变化曲线。由图 2.5 可见，高速飞行时，零升阻力系数 C_{x0} 和升致阻力因子 A 随飞行马赫数的变化而变化。因此高速飞行时平飞推力的变化趋势与低速时有所不同。

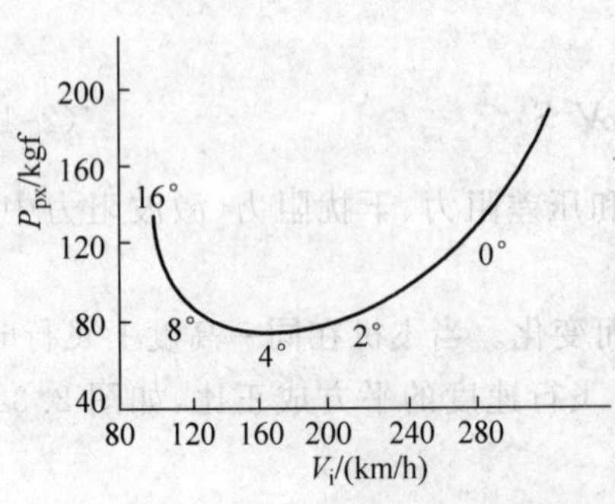

图 2.4　飞机平飞所需推力曲线

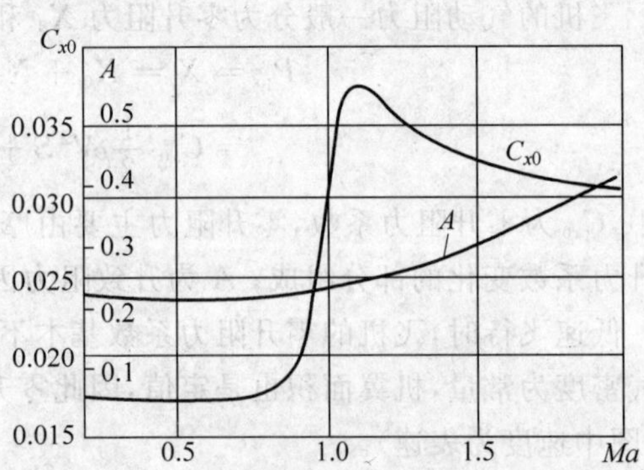

图 2.5　C_{x0} 和 A 随飞行马赫数的变化曲线

2. 平飞所需推力曲线的绘制

可按下述步骤确定给定高度 H 上所受重力为 G 的飞机平飞所需推力曲线。

(1) 给出一系列飞行速度(真空速)或飞行马赫数(可由此算出给定高度上飞机的飞行速度)。

(2) 根据平飞公式计算升力系数，即由

$$G=Y=C_y\,\frac{1}{2}\rho V^2 S$$

得

$$C_y=\frac{2G}{\rho V^2 S}$$

(3) 根据升力系数和飞行速度(或飞行马赫数)的大小，查飞机的极曲线，得到飞机的阻力系数，算出升阻比。

(4) 根据重力和升阻比，计算得到平飞阻力，即为平飞所需推力。

(5) 以飞行速度或马赫数为横坐标，平飞所需推力为纵坐标，绘出平飞所需推力曲线。

图 2.6 即为采用上述方法绘制的平飞所需推力曲线。

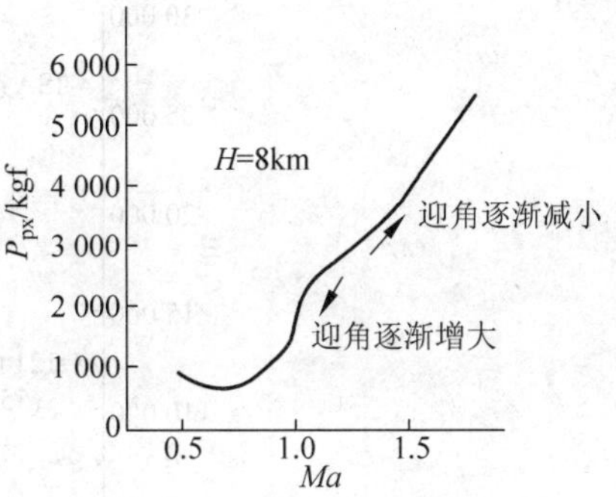

图 2.6 平飞所需推力曲线

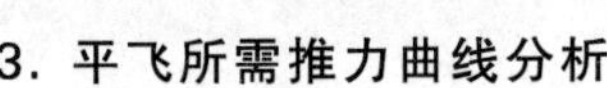

3. 平飞所需推力曲线分析

由图 2.6 可以看出飞机平飞所需推力随飞行速度变化的一般趋势。

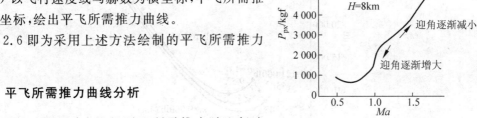

1) 低速和亚声速阶段

在低速和亚声速范围内飞行时，由于飞机升阻比的大小基本上只取决于飞机迎角的变化，因此以有利迎角平飞，升阻比最大，平飞所需推力最小；而以大于或小于有利迎角平飞，所需推力随着升阻比的减小而增加。

2) 跨声速阶段

在跨声速范围内飞行时，随着飞行速度的增加，波阻迅速增大，这使升阻比急剧降低，平飞所需推力约与速度的五次方成正比地急剧增长，这就是为什么在跨声速范围内飞行时，飞机加油门使发动机的推力增加很多，而飞行速度却增加不多的道理。

3) 超声速阶段

在超声速范围内平飞时，因阻力系数随飞行速度的增加而减小，其所需推力随飞行速度加大而增加的程度比跨声速范围内缓和。

对不同的高度以及不同的飞机质量进行计算，可得到不同高度上以及不同飞机质量下的平飞所需推力曲线，见图 2.7 和图 2.8(图中速度为真空速)。

由图 2.7 和图 2.8 可见，平飞所需推力曲线随着高度增加向右移动，即随高度增加，相同表速下飞行(所需推力相同)所对应的真空速增加；而随着飞机质量的增加，平飞所需推力增加，平飞所需推力曲线向上移动。

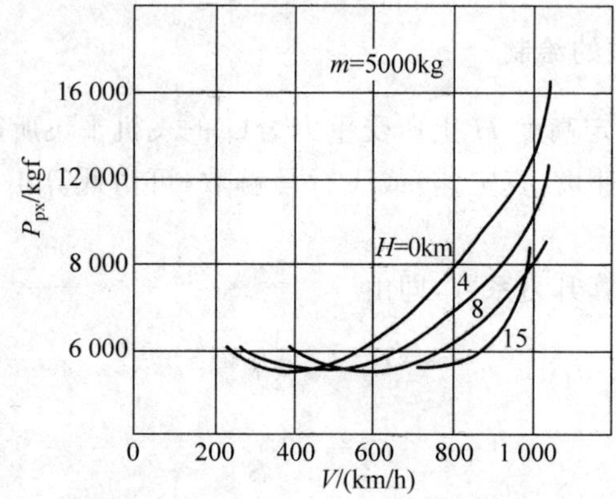

图 2.7　不同高度下平飞所需推力曲线

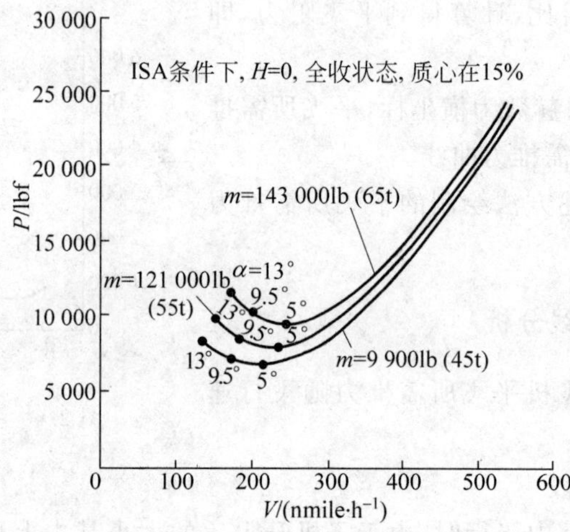

图 2.8　不同质量下平飞所需推力曲线(1nmile＝1 852m,1lbf＝4.54N,全书同)

4. 平飞所需功率

平飞所需功率对活塞式发动机飞机非常重要。对装有螺旋桨的活塞式发动机飞机,在平飞中常用所需功率与可用功率来表达飞行中的平衡关系。

平飞所需推力在单位时间内所做的功就是平飞所需功率,以 N_{px} 表示,它与平飞所需推力 P_{px} 的关系为

$$N_{px} = P_{px} \cdot V_{px} \tag{2-14}$$

式中,V_{px} 为用真空速表示的平飞所需速度。

图 2.9 为平飞所需功率随速度的变化曲线,称为平飞所需功率曲线。

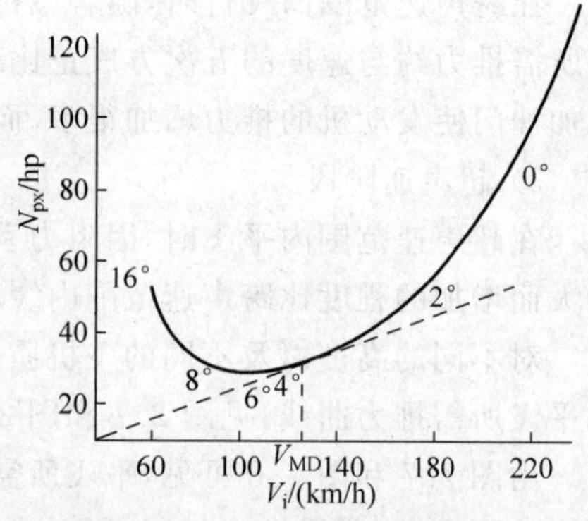

图 2.9　飞机平飞所需功率曲线

(注: hp 为英制功率单位,即马力)

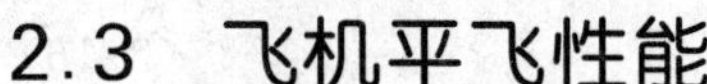

2.3 飞机平飞性能

飞机平飞性能主要包括平飞最大速度、平飞最小速度、平飞速度范围等。平飞是飞机主要的飞行状态，因此平飞性能的好坏直接影响到飞机的总体性能。飞机的平飞性能通常用简单推力法确定。

2.3.1 确定飞机平飞性能的简单推力法

1. 可用推力曲线

第1章中已经介绍过，发动机的可用推力，一般与发动机转速 n、飞行速度 V 和飞行高度 H 有关。发动机可用推力随速度的变化曲线称为可用推力曲线，如图1.19所示。由图可知，随飞行高度的增加，可用推力曲线下移，发动机可用推力减小。

气温也会影响可用推力的大小；当气温升高时，空气密度减小，发动机推力减小，可用推力曲线下移。另外收油门（发动机转速减小）时，发动机推力减小，可用推力曲线也要下移。

2. 简单推力法

把不同高度上的平飞所需推力曲线和相应飞行高度上飞机满油门状态下的可用推力曲线用同一坐标绘制在一张图上得到的图称为平飞推力曲线图，如图2.10所示。根据推力曲线图来确定飞机的基本飞行性能，称为简单推力法。

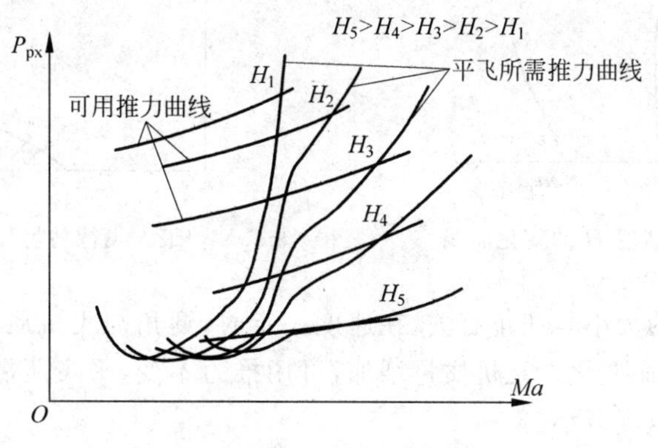

图2.10 平飞推力曲线图

2.3.2 飞机的平飞性能

1. 平飞最大速度 V_{max}

平飞最大速度是指飞机在满油门条件下保持平飞能达到的稳定飞行速度，用 V_{max} 表示。它是衡量一架飞机飞行速度大小的指标，是飞机性能的主要指标之一。

飞机等速直线运动的方程可写为

$$P_{ky} = P_{px} + G\sin\theta \tag{2-15}$$

$$Y = G \tag{2-16}$$

当平飞可用推力 P_{ky} 大于平飞所需推力 P_{px} 时，飞机将上升，$\theta>0$；而当 $P_{ky}<P_{px}$ 时，飞机将下降，$\theta<0$。因此只有当 P_{ky} 与 P_{px} 相等时，航迹倾角 θ 为 0，飞机保持平飞。

在平飞推力曲线上，对应各高度上飞机满油门下的可用推力曲线和平飞所需推力曲线在右方的交点即为平飞最大速度 V_{max}，如图 2.10 所示。在该点上，满油门下的可用推力与所需推力相等。

平飞最大速度可按式(2.17)求得：

$$V_{max} = \sqrt{\frac{2P_{可用满}}{C_x \rho S}} \tag{2-17}$$

由式(2-17)知，影响平飞最大速度的因素有：满油门时飞机的可用推力 $P_{可用满}$、飞机的阻力系数 C_x、空气密度 ρ 和机翼面积 S。除 S 外，其他三个参数均随高度而变化。找出不同高度下的 V_{max}，即可绘制 V_{max}(或 Ma_{max})随高度 H 的变化曲线，如图 2.11 所示。

实际上，在飞机设计中，V_{max} 还要受到其他一些因素的限制。如超声速飞行时，由于气动加热，飞机机体表面温度可能会超过机体材料允许承受能力，这时要限制飞行马赫数，即限定 Ma_{max}；再如低空大速度飞行时，气动载荷过大会造成飞机结构强度受损，这时要限制飞行中的动压不得大于容许的最大动压 q_{max}。

图 2.12 为实际的最大飞行马赫数随高度变化的曲线。

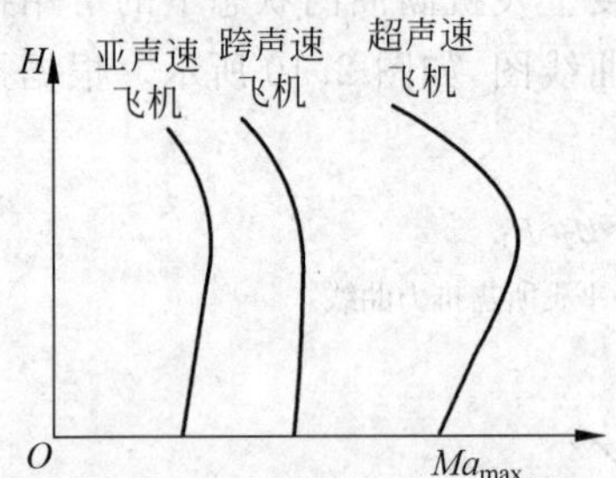

图 2.11 V_{max} 随高度 H 的变化曲线

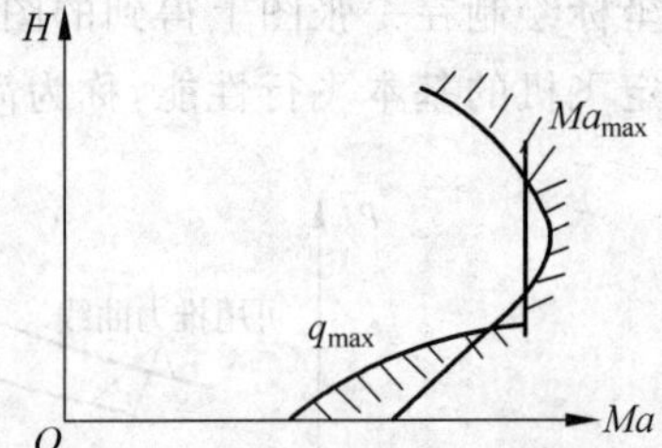

图 2.12 最大飞行马赫数随高度的变化曲线

此外，阻力系数的大小与迎角有关，在速度一定时，迎角与飞机质量有关。因此平飞最大速度还随飞机质量而变化。飞机质量增加，可用推力不变，平飞所需推力增加，所需推力曲线上移，平飞最大速度减小。

而气温不同，空气密度也不同，因此气温也会影响到平飞最大速度。气温升高，密度减小，可用推力减小，导致平飞最大速度减小。

2. 平飞最小速度 V_{min}

平飞最小速度是指飞机在某一高度上平飞能保持的最小稳定速度，用 V_{min} 表示。飞机的起降性能与飞机平飞最小速度有关。因为平飞最小速度越小，飞机起飞、着陆时所需跑道也越短。

平飞最小速度主要受到两个因素的限制：最大升力系数和可用推力。

在低高度下，发动机可用推力足够时，平飞最小速度受到最大升力系数 C_{ymax} 的限制。

由于平飞时 $Y=G$,由式(2-11)可得到

$$V_{min}=\sqrt{\frac{2G}{C_{ymax}\rho S}} \tag{2-18}$$

由此可见,对一定飞行高度,当升力系数等于最大升力系数(相当于迎角等于临界迎角)时,平飞速度最小。

以临界迎角飞行时,机翼呈现显著的气流分离,用与此相对应的平飞最小速度飞行,容易形成失速。即使采用稍小于临界迎角的某一迎角飞行,飞机也会呈现抖动现象,一般不宜用这些迎角平飞。所以最大升力系数对应的平飞最小速度只具有理论意义,并无实用意义。实际上平飞最小速度应由飞行安全条件允许的升力系数来确定,称为允许平飞最小速度,一般为失速速度的 1.1～1.25 倍。

在高空,发动机可用推力大大减小,这时平飞最小速度受到可用推力的限制。在推力曲线上,可用推力曲线和所需推力曲线左边的交点所对应的速度就是平飞最小速度。如图 2.10 中,高度 H_5 处的平飞最小速度即为可用推力曲线与所需推力曲线左边的交点所对应的速度。

找出不同高度的平飞最小速度 V_{min},就可以绘制 V_{min} 随高度 H 的变化曲线,如图 2.13 所示。

由图 2.13 可见,一般情况下,飞机在低空飞行时,平飞最小速度受到最大升力系数的限制,由最大允许升力系数确定;而在高空下,平飞最小速度受可用推力的限制。

3. 平飞速度范围(飞行包线)

各高度下的平飞速度范围介于平飞最大速度和平飞最小速度之间,平飞速度范围随高度变化的曲线称为飞行包线,可由 V_{max}-H 和 V_{min}-H 曲线定出。图 2.14 为考虑了实际飞行限制后的飞行包线。由图 2.14 可见,随飞行高度的增加,飞机平飞速度范围缩小,当达到某个高度时,飞机只能以一个速度平飞。

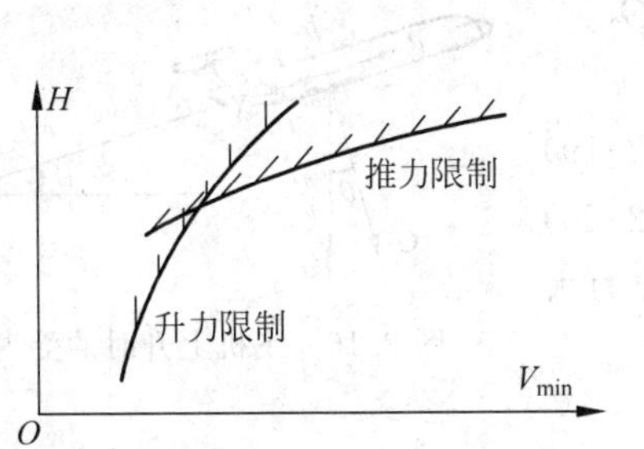

图 2.13 V_{min} 随高度 H 的变化曲线

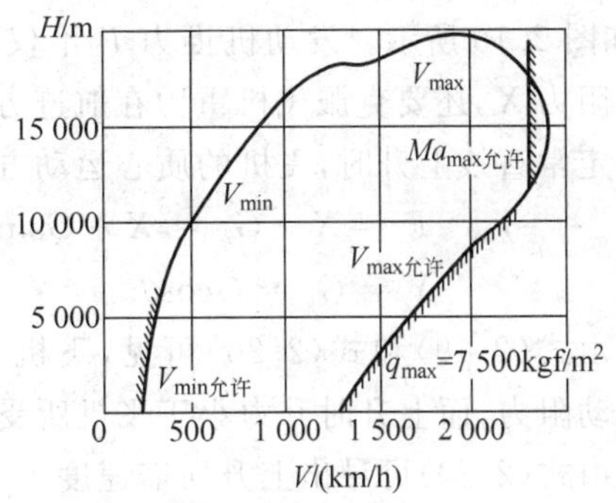

图 2.14 飞行包线

4. 最小阻力速度

平飞时所需动力最小对应的速度称为最小阻力速度,用 V_{MD} 表示。由式(2-13)可知,升阻比最大时,平飞所需动力最小,因此平飞最小阻力速度即为有利速度。

5. 最小功率速度

对螺旋桨飞机，平飞时所需功率最小对应的速度称为最小功率速度，用 V_{MP} 表示。最小功率速度又称为经济速度。

从原点对平飞所需功率曲线引切线，切点所对应的速度即为平飞最小阻力速度，由图 2.15 可见，平飞最小阻力速度大于平飞最小功率速度。

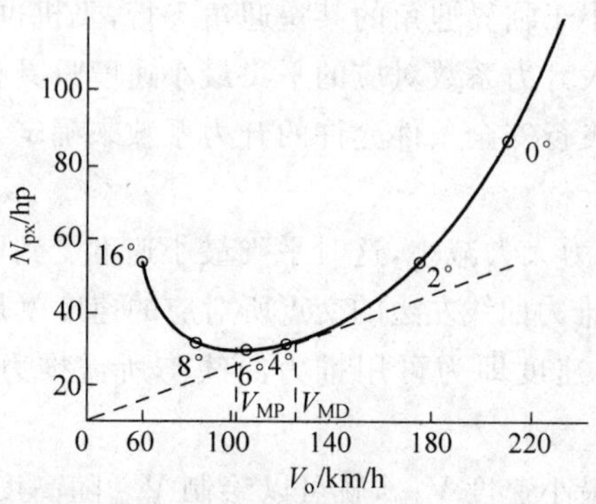

图 2.15　最小阻力速度和最小功率速度

2.4　上升

上升是指飞机沿倾斜向上的轨迹做等速直线飞行，是飞机取得高度的基本方法。

2.4.1　定常直线上升的运动方程

飞机的定常直线上升飞行与平飞不同的是航迹与地面有一个倾角 θ。飞机在空中稳定上升时，受到 4 个力的作用：升力 Y、重力 G、推力 P、阻力 X，如图 2.16 所示。发动机推力 P 不仅要克服直线运动中的阻力 X，还要克服飞机重力在航迹方向的分力 G_2。

定常直线上升时，飞机的质心运动方程为

$$P = X + G_2 = X + G\sin\theta \tag{2-19}$$

$$Y = G_1 = G\cos\theta \tag{2-20}$$

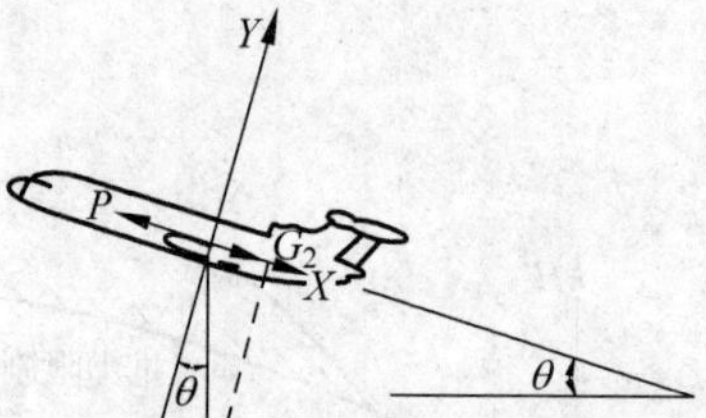

图 2.16　飞机上升时的受力

由式(2-19)和式(2-20)可见，飞机上升所需推力大于气动阻力，而上升时升力小于飞机所受的重力。

由式(2-20)可导出上升所需速度

$$V_{上} = \sqrt{\frac{2G}{C_y \rho S}} \cdot \sqrt{\cos\theta} = V_{px} \cdot \sqrt{\cos\theta} \tag{2-21}$$

由式(2-21)可见，上升速度小于平飞所需速度。

通常，飞机飞行的 θ 不大，例如 B707 飞机的倾角小于 15°，因此可将上升时的阻力 X 用同一高度同一速度下的平飞需用推力来代替，所以，一般可以用平飞推力曲线来研究上升性能问题。

2.4.2　定常直线上升时的上升性能

飞机的上升性能包括上升角、陡升速度、上升率、快升速度等。

1. 上升角

飞机上升轨迹与地平面之间的夹角称为飞机上升角，又称航迹倾角，以 θ 表示。由式(2-19)，可推得

$$\sin\theta = \frac{P-X}{G} = \frac{\Delta P}{G} \tag{2-22}$$

式中，ΔP 为剩余推力。

飞机的上升角大，意味着通过相同的水平距离，飞机上升的高度高，即上升梯度大，说明飞机的越障能力强。

由式(2-22)可知，剩余推力的大小以及飞机质量的大小都会影响飞机的上升角：飞机的剩余推力越大，质量越轻，则飞机的上升角越大。而剩余推力主要取决于可用推力和所需推力即飞行阻力的大小。因此影响上升角的主要因素有飞机质量、飞行高度、气温等。

图 2.17、图 2.18 和图 2.19 分别表示了飞行高度、气温和飞机质量变化对剩余推力 ΔP 的影响。

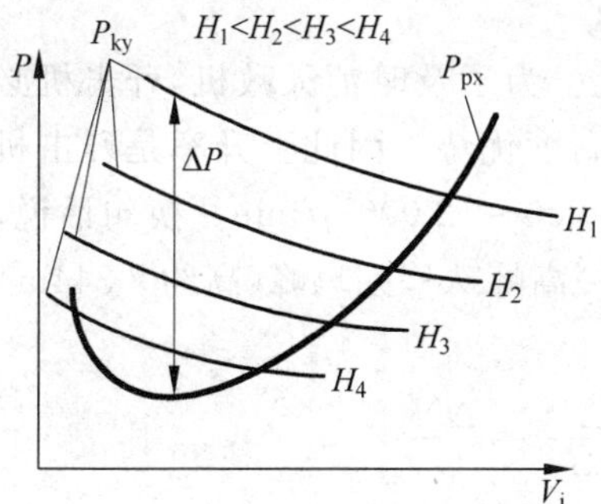

图 2.17　飞行高度对 ΔP 的影响

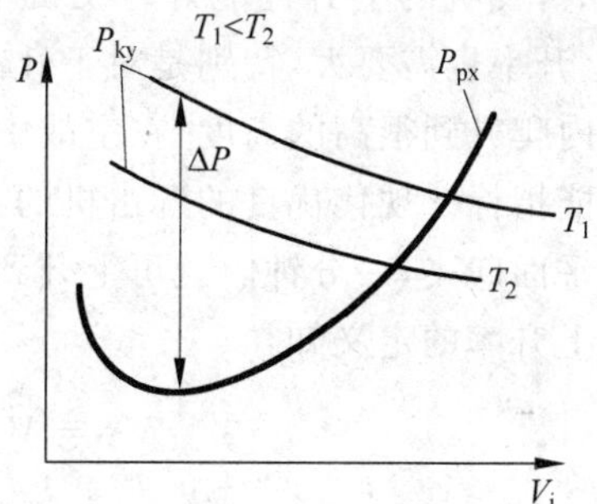

图 2.18　气温对 ΔP 的影响

飞行高度和气温的增加，均使空气密度减小。由图 2.17 和图 2.18 可见，在指示空速不变的情况下，空气密度减小，所需推力曲线不动，可用推力曲线下移，剩余推力减小，上升角和上升梯度减小。

由图 2.19 可见，飞机质量增加，所需推力曲线上移，剩余推力减小，上升角和上升梯度减小。反之，飞机质量减小，上升角和上升梯度增加。

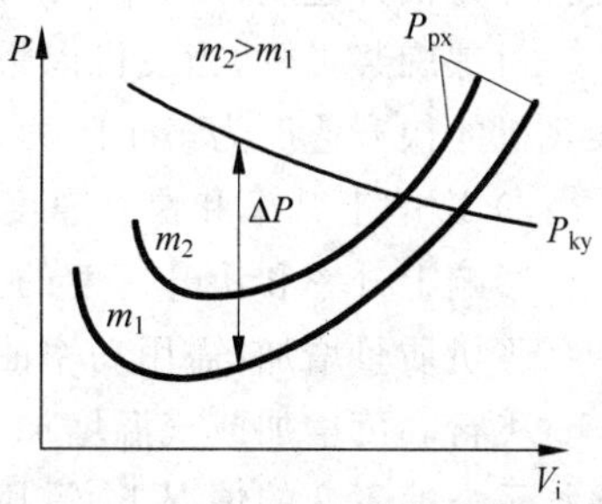

图 2.19　飞机质量对 ΔP 的影响

例　某飞机质量为 90t，在海平面以 415km/h 的速度上升。此时发动机使用额定工作状态，可用推力为 201 880N，而飞机的阻力为 56 428.4N，问飞机的上升角是多少？

解　由式(2-22)，可求得

$$\sin\theta = \frac{P - X}{G} = \frac{201\,880 - 56\,428.4}{90\,000 \times 9.8} = 0.165$$

$$\theta = 9.5°$$

2. 陡升速度

由图 2.17 可见，不同的飞行速度对应不同大小的剩余推力，即具有不同的上升角。最大上升角所对应的飞行速度称为陡升速度，以 $V_{陡升}$ 表示。通常喷气飞机加满油门时，在有利速度附近剩余推力最大，能获得最大的上升角，即喷气飞机的陡升速度为有利速度。而螺旋桨飞机的陡升速度为最小功率速度(经济速度)。

3. 上升率和快升速度

1) 上升率

上升率是指飞机在特定的质量和发动机工作状态下定常直线上升时，单位时间内上升的高度，以 V_y 表示，是飞行速度在铅垂方向的分量，如图 2.20 所示。

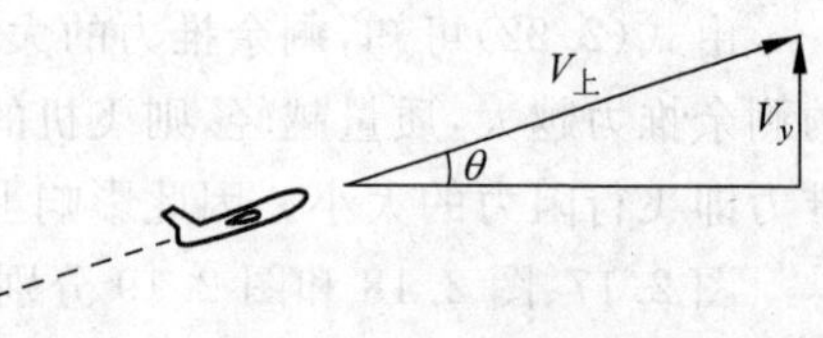

图 2.20　上升率

飞机的上升率大，表示在相同时间内，飞机上升的高度大，飞机的上升性能好。飞机不但要平飞速度大，上升率也需要大，特别是对于歼击机更是如此。为了及时消灭敌机，歼击机必须在很短时间内爬升到很高的高度，在空战中能迅速获得高度优势。因此上升率是歼击机的一项重要性能指标。现代优良的歼击机的上升率可达 9 000～12 000m/min。换句话说，这种飞机从海平面起飞，一分钟内就可上升到超过世界第一高峰珠穆朗玛峰(高约 8 844m)。

由上升率的定义知：

$$V_y = V_{上} \sin\theta = V_{上} \frac{\Delta P}{G} = \frac{\Delta N}{G} \tag{2-23}$$

由式(2-23)可知，飞机的剩余功率越大，质量越轻，则飞机的上升率越大。

2) 快升速度

把推力曲线图上的每一速度下得到的 ΔP 代入，就可以求得该速度下的瞬时上升率。当 $V_{上}$ 与 ΔP 之积为最大时，上升率为最大，称为最大上升率，以 V_{ymax} 表示。此时的飞行速度就称为快升速度，用 $V_{快升}$ 表示。

对螺旋桨飞机，当飞机以最小阻力速度上升时，剩余功率最大，即上升率最大，因此螺旋桨飞机的快升速度为最小阻力速度，其值大于陡升速度。

3) 影响上升率和快升速度的主要因素

影响上升率和快升速度的主要因素有飞机质量、飞行高度和气温等。

飞机质量增加，需用功率曲线上移，剩余功率减小，飞机的上升率减小。

飞行高度增加或气温增加，空气密度减小，使发动机有效功率减小，可用功率曲线下移，在指示空速不变的情况下，需用功率因真空速增大而增大，需用功率曲线上移，剩余功率减小，且位置向较小速度端移动，飞机的上升率减小。

2.4.3　飞机的静升限

升限是一架飞机能飞多高的指标。

随飞行高度的增加，最大上升率逐渐减小，直到某一飞行高度上，最大上升率减小至零，这时飞机不能继续上升，该高度是飞机稳定上升所能达到的最大高度，称为理论静升限，见图 2.21。理论静升限是推力曲线图上可用推力曲线和所需推力曲线相切时所对应的飞行高度。在理论静升限，飞机只能以可用推力曲线和所需推力曲线相切点所对应的速度平飞。

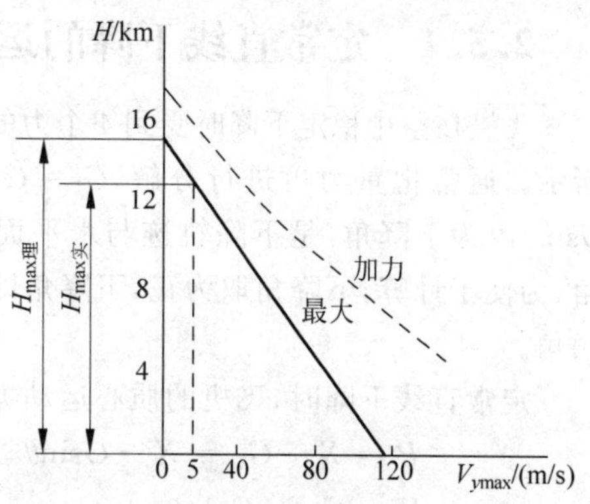

图 2.21　理论静升限和实用静升限

理论静升限是最大上升率等于零或最大剩余推力为零时的飞行高度，实际上理论静升限是不可能达到的。因为高度升高，飞机的上升率降低，每升高 1m 所需要的时间变长，在接近理论静升限的高度上，飞机的上升率接近于零，飞机爬升到理论静升限所需的时间趋于无穷大。所以理论静升限没有什么实际意义。

为此，实用中规定：对螺旋桨飞机，最大上升率 $V_{y\max}$ 为 100ft/min（1ft＝0.305m，全书同）时对应的高度为实用升限；而对高速喷气式飞机，最大上升率 $V_{y\max}$ 等于 500ft/min 时对应的高度为实用升限。飞机性能手册中介绍的都是这种实用升限。

2.4.4　稳定风场对上升性能的影响

在稳定风场中，飞机将完全随风平飘。这时飞机除了相对空气运动外，还随空气一起相对于地面运动。

风对上升性能的影响见图 2.22。由图可见，水平气流不影响飞机的上升率，但影响上升角。顺风使地速增加，上升角减小；逆风使地速减小，上升角增大。

上升气流使上升率增加，上升角增加。而下降气流使上升率减小，上升角减小。

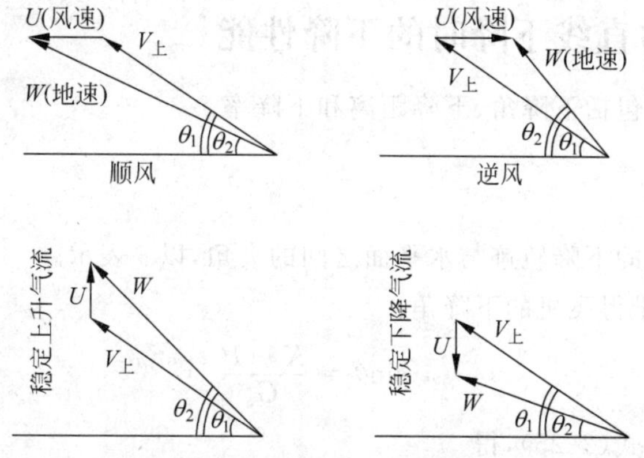

图 2.22　稳定风场对上升性能的影响

2.5 下降

飞机沿倾斜向下的轨迹做等速直线的飞行叫做下降。下降是飞机降低高度的基本方法。

2.5.1 定常直线下降的运动方程

飞机在空中稳定下降时受到 4 个力的作用：升力 Y、重力 G、推力 P 和阻力 X，如图 2.23 所示。通常把重力再进行分解，$G_1=G\cos\theta$，$G_2=G\sin\theta$，θ 为下降角，是下降轨迹与水平面之间的夹角，为便于计算，下降角取为正，下降角即负的航迹倾角。

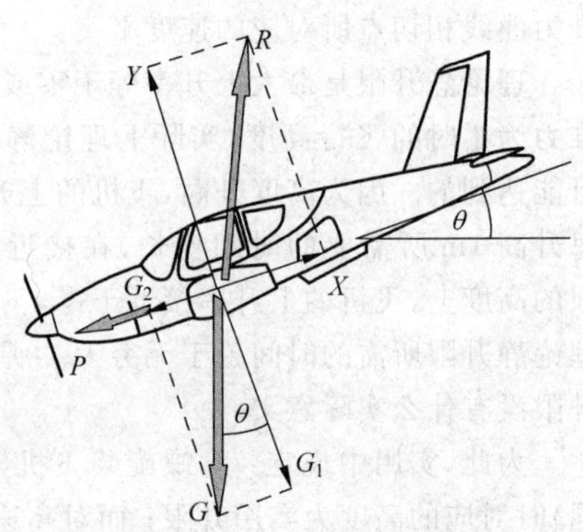

图 2.23 飞机下降时的受力

定常直线下降时，飞机的质心运动方程为

$$P=X-G_2=X-G\sin\theta \tag{2-24}$$

$$Y=G_1=G\cos\theta \tag{2-25}$$

由式(2-24)和式(2-25)知，下降时飞机升力小于平飞升力；发动机的推力小于飞机的阻力。下降根据推力情况可分为三种：零推力下降、正推力下降和负推力下降。零推力时的下降又称为下滑。

由式(2-25)可导出下降速度为

$$V_{\text{下}}=\sqrt{\frac{2G}{C_y\rho S}}\sqrt{\cos\theta}=V_{px}\sqrt{\cos\theta} \tag{2-26}$$

由上式知，相同迎角下的下降速度小于平飞速度。由于下降角一般较小，可认为同迎角下的下降速度与平飞速度近似相等，则阻力也近似相等。因此，可以使用平飞所需推力曲线(阻力曲线)来分析飞机的下降性能。

2.5.2 定常直线下降时的下降性能

飞机的下降性能包括下降角、下降距离和下降率。

1. 下降角

下降角是指飞机的下降轨迹与水平面之间的夹角，以 θ 表示。

由式(2-24)，可推得飞机的下降角：

$$\sin\theta=\frac{X-P}{G} \tag{2-27}$$

综合式(2-24)和式(2-25)，得

$$\tan\theta=\frac{X-P}{Y}=\frac{1}{K}-\frac{P}{Y} \tag{2-28}$$

当发动机推力为零，飞机下滑时的下滑角为

$$\tan\theta = \frac{X}{Y} = \frac{1}{K} \tag{2-29}$$

式中，K 为飞机的升阻比。

即无推力下滑时，下滑角取决于飞机的升阻比，升阻比越大，下滑角越小。用有利速度下滑，升阻比最大，下滑角最小。

2. 下降距离

下降距离 $l_{下}$ 是指飞机下降一定高度所前进的水平距离。根据下降角与下降距离之间的关系：

$$\tan\theta = \frac{H}{l_{下}} = \frac{X-P}{Y} \tag{2-30}$$

式中，H 为飞机下降高度。

可得下降距离为

$$l_{下} = H\frac{Y}{X-P} \tag{2-31}$$

在无推力情况下，下降距离又称为下滑距离，为

$$l_{下} = H \cdot K \tag{2-32}$$

即下滑距离取决于下降高度和升阻比的大小，与飞机质量无关。升阻比越大，下滑角越小，下滑距离越大。以有利速度下滑，升阻比最大，下滑距离也最大。

飞行中常用滑翔比来估计下滑距离的长短。滑翔比是飞机下滑距离与下滑高度之比，无风零推力情况下，飞机的滑翔比等于飞机的升阻比。

3. 下降率

下降率是指飞机在单位时间内下降的高度，以 $V_{y下}$ 表示：

$$V_{y下} = V_{下} \cdot \sin\theta = V_{下} \cdot \frac{X-P}{G} \tag{2-33}$$

式中，$V_{下}$ 为下降时的飞行速度。

无推力时，下降率又称为下滑率，其表达式为

$$V_{y下} = V_{下} \cdot \frac{X}{G} \tag{2-34}$$

2.5.3 下降性能的主要影响因素

影响下降性能的主要因素包括飞机质量、气温以及风场等。

1. 飞机质量

无推力情况下，飞机质量对下滑角和下滑距离没有影响，但质量增加，使下滑速度增加，下滑率增加。

正推力情况下，质量增加，下降速度增大，升力增大，分别由式(2-28)、式(2-33)和式(2-31)可知，下降角、下降率将增大，而下降距离则缩短。

2. 气温

气温主要影响空气密度，气温增加，密度减小。无推力时，下滑角不变，若保持同一表速飞行，密度减小，真空速增加，导致下滑率增加。

而正推力时，气温增加，密度减小，推力减小，若保持同一表速飞行，阻力、升力不变，由式(2-28)知，则下降角将增大，下降率也将增大。

3. 稳定风场的影响

风对下降性能的影响见图 2.24。

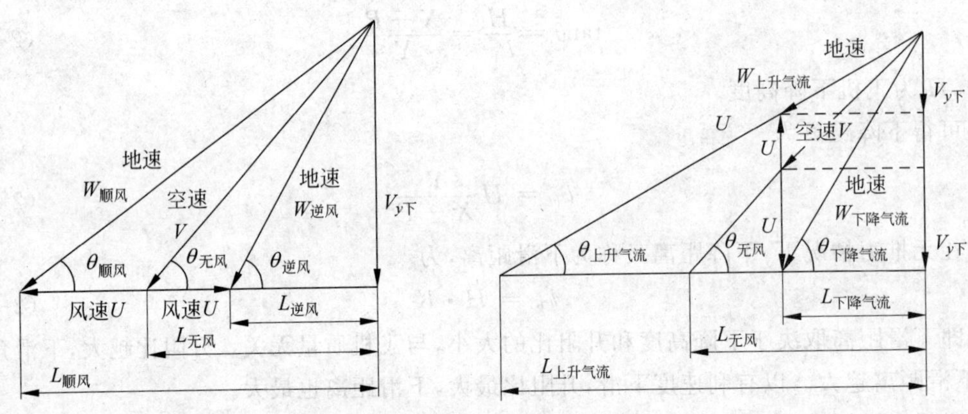

图 2.24　风对下降性能的影响

由图可见，顺逆风只影响下降角，不影响下降率。顺风下降，下降角减小，下降距离增长，下降率不变；逆风下降，下降角增大，下降距离缩短，下降率不变。

而升降气流则同时影响到下降角和下降率。在上升气流中下降，下降角和下降率都减小，下降距离增长；在下降气流中下降，下降角和下降率都增大，下降距离缩短。

本章小结

通过建立飞机的质心运动方程分析了飞机的基本飞行性能，包括平飞性能、上升性能和下降性能。由于受到发动机推力、飞行马赫数、气动载荷以及临界迎角等因素的限制，存在平飞最大速度和平飞最小速度。各高度下飞机的平飞速度范围介于平飞最大速度和平飞最小速度之间，且平飞速度范围随高度而变化。飞机质量、飞行高度、气温、风场等因素会影响飞机的上升、下降性能。

思考与练习

一、思考题

1. 有人说：“速度越大，飞机的阻力越大。因此，平飞速度越大，平飞的阻力也越大。”对否？为什么？

2. 何谓有利速度？何谓经济速度？

3. “为保持平飞速度，推力要大于阻力，如果推力等于阻力，飞行速度就等于零。”这种说法对吗？为什么？

4. 从阻力公式看：阻力大小与速度平方成正比的变化。从平飞阻力(推力)曲线看，平飞阻力却先减小后增加。这是为什么？

5. 平飞所需速度大小主要与哪些因素有关？

6. 画出平飞推力曲线示意图。说明平飞阻力是由哪两大部分组成的？随速度变化有何特点？在曲线上确定最小速度、最大速度、最小阻力速度(有利速度)。

7. 平飞推力曲线随飞机质量、高度如何变化？

8. 平飞最大速度受哪些因素限制？平飞最小速度受哪些因素限制？

9. 画出螺旋桨飞机平飞所需功率曲线示意图。确定平飞最小功率速度、平飞最小阻力速度的位置。

10. 画图说明飞机上升时的受力条件，并说明上升角与仰角的区别？

11. 上升角和上升率有什么区别和联系？快升速度与陡升速度有什么区别？

12. “飞机的仰角大、上升角和迎角就一定大。”这句话是否有道理？

13. 飞机的上升角和上升率的影响因素有哪些？

14. 下降与下滑有何区别？

15. 什么是飞机的下降率？其大小与哪些因素有关？

16. 飞机质量增加会使飞机的下降角、下降速度和下降率都增加。对吗？

17. 保持相同表速下降，出现侧滑后，飞机的下降率怎样变化？

18. 什么叫滑翔比？在什么条件下飞机的滑翔比等于升阻比？

19. 影响飞机滑翔比的主要因素有哪些？飞机的质量对滑翔比有无影响？

20. 飞机下降时，顺、逆风会影响飞机的下降角、下降速度和下降率。对吗？为什么？

21. “飞机上升时，升力大于重力，推力大于阻力；飞机下降时，升力小于重力，推力小于阻力。”这种说法正确吗？

22. “飞行时(含上升、下降)，速度增加，说明推力大于阻力；速度减小，说明推力小于阻力。”这种说法正确吗？

23. 为什么可借用平飞推力曲线分析上升、下降问题？

二、练习题

1. 如果某飞机以10°迎角闭油门下滑时(推力近似等于零)，对应的升阻比为12，在前进1km的距离时，损失的高度是多少？

2. 某单发(动机)飞机发动机停车后以8°迎角(对应升阻比为10)滑翔了3km，求在此过程中损失的高度。

3. 静风中，某飞机的速度为75km/h，其设计升阻比为12，在风速为25km/h的正逆风条件下，滑翔比大致为多少？

4. 某喷气飞机质量为7 600kg，机翼面积$S=28\text{m}^2$，极曲线可近似表示成$C_x=0.02+0.042C_y^2$，若在某高度下的最大平飞速度V_{max}为240m/s(表速)，问该状态下需用推力是多少？

5. 某飞机质量为3 000kg，机翼面积$S=30\text{m}^2$，某高度上的可用推力$P_{ky}=4\,000\text{N}$。极

曲线可近似表示成 $C_x=0.015+0.024C_y^2$，最大允许升力系数为 $C_{y\max}=1.4$，试确定该高度上的最大平飞速度和最小平飞速度(表速)。

6. 某飞机质量为 5 000kg，升阻比 $K=5.6$，当发动机可用推力为 20 000N 时，飞机能否平飞？若不能平飞，飞机将以多大的航迹倾角作定常直线上升或下降运动？

7. 某飞机质量为 7 650kg，可用推力为 14 750N，以升阻比 $K=6.8$ 作定常直线上升，试求上升角。如果飞机扔掉副油箱后，质量减至 6 850kg，升阻比 $K=7.8$，但仍以原来的油门上升，问上升角变化多少？

拓展阅读

发动机停车、放襟翼和放起落架对下滑性能的影响

发动机停车时，对螺旋桨飞机，空气吹到螺旋桨上，不仅不产生拉力，反而产生阻力。发动机停车对升力系数基本没有影响，因此升阻比减小，下滑角增大，下滑距离缩短。另外由于升力系数基本不变，而下滑所需升力近似等于飞机重力，可认为保持不变，所以用同一迎角下滑的下滑速度保持不变。

放襟翼后，升力系数和阻力系数都增大，但阻力系数增加的比例比升力系数增加的比例多，所以升阻比减小，下滑角增大，下滑距离缩短。

在同一迎角放襟翼下滑，升力系数提高了，而下滑需要的升力基本保持不变，近似等于飞机重力，因此放襟翼下滑时，下滑速度减小。在实际飞行中，为了不使下滑速度减小过多，放襟翼下滑所用的迎角一般比不放襟翼下滑的迎角小。

由于放襟翼下滑的迎角比较小，而下滑角又比较大，所以飞机的俯角比较大。

放起落架下滑同不放起落架下滑比较，飞机阻力增大了，升力系数基本不变，因此升阻比减小，下滑角增大，下滑距离缩短。同时因为放起落架基本上不影响升力系数，而下滑所需升力又基本不变，所以只要迎角相同，下滑速度就基本不变。

思考题

1. 试分析放襟翼对下滑性能的影响。
2. 放起落架下滑对下滑性能有何影响？

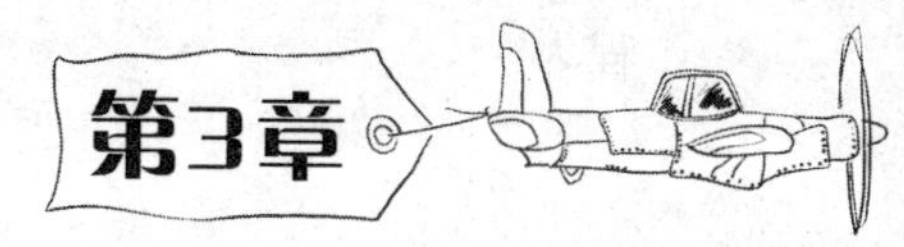

飞机的机动飞行

关键词

机动飞行(maneuver flight)
跃升(jump)
俯冲(nosedive)
升限(ceiling)
盘旋(turning)
载荷因数(load factor)
加、减速(accelerating, decelerating)

飞机在空中的运动参数往往会随时间而变化,是非定常运动。本章讨论飞机的非定常运动,即飞机的机动飞行。

飞机的机动飞行性能就是飞机改变飞行状态(速度、高度及飞行方向)的能力。飞行状态可以改变的范围越大,以及改变飞行状态所需的时间越短,飞机的机动性能就越好。飞机的机动飞行性能是飞机的又一项重要性能指标。

飞机的机动性一般可分为:速度机动性、高度机动性和方向机动性;从运动航迹的特点又分为垂直平面内、水平平面内和空间机动飞行。

3.1 飞机在垂直平面内的机动飞行

垂直平面内的机动飞行是指飞机的对称平面与飞行速度矢量所在的垂直平面始终重合的飞行。飞机在垂直平面内的机动飞行包括速度机动(平飞加速和减速)以及同时改变速度、高度的典型飞行动作,如俯冲、跃升以及筋斗。

3.1.1 平飞加、减速

平飞加、减速性能表示飞机改变飞行速度大小的能力。飞机增加或减小一定的速度所需的时间越短,表明加、减速性能越好。现代喷气式飞机的最大速度不断提高,平飞速度范围日益扩大,加减速的幅度也随之增大,因此,对飞机的速度机动性提出了更高的要求。

对于亚声速飞机,一般采用由 $0.7V_{max}$ 加速到 $0.97V_{max}$ 的时间作为加速性能指标;采用由 V_{max} 减速到 $0.7V_{max}$ 的时间作为减速性能指标。而对于超声速飞机,采用从亚声速飞行时的常用马赫数到最大使用马赫数之间的加、减速时间,作为加、减速性能指标。

实现平飞加、减速飞行要保持平飞条件 $Y=G$,因此,飞机平飞加、减速飞行时的运动方

程为

$$Y = G \tag{3-1}$$

$$\frac{G}{g}\frac{\mathrm{d}V}{\mathrm{d}t} = P - X = \Delta P \tag{3-2}$$

显然，飞机的加、减速度 $\mathrm{d}V/\mathrm{d}t$ 取决于剩余推力$(P-X)$的正负号，当 $P>X$ 时飞机加速，当 $P<X$ 时飞机减速。

飞机的加速度 $\mathrm{d}V/\mathrm{d}t=\Delta Pg/G$，由此可看出，加速度与剩余推力 ΔP 的大小成正比，与飞机所受的重力成反比。飞行员可以通过油门调节发动机推力，$\Delta P>0$，加速飞行；$\Delta P<0$，减速飞行。

在讨论飞机的上升性能时，发动机的剩余推力(或拉力)ΔP 是用来改变飞机的位能，即改变高度，因为上升角与剩余推力成正比；而本节 ΔP 则是用来改变飞机的动能，即改变飞行速度。加速飞行时驾驶员尽量加大油门，并且随着飞行速度的增大，不断前推驾驶杆减小迎角，使 $Y=G$ 条件随时得到满足；减速飞行时驾驶员尽量收小油门并打开减速装置，而且随着飞行速度的减小，不断后拉驾驶杆增大迎角，使 $Y=G$ 的条件随时得到满足。

由式(3-2)得：

$$\mathrm{d}t = \frac{G}{g(P-X)}\mathrm{d}V \tag{3-3}$$

对上式积分可得到从速度 V_1 加速到 V_2 的飞行时间为

$$t = \int_{V_1}^{V_2}\frac{G}{g(P-X)}\mathrm{d}V = \int_{V_1}^{V_2}\frac{G}{g\Delta P}\mathrm{d}V \tag{3-4}$$

而 $\mathrm{d}t$ 时间内的飞行距离为

$$\mathrm{d}L = V\mathrm{d}t = V\frac{G}{g(P-X)}\mathrm{d}V \tag{3-5}$$

所以从速度 V_1 加速到 V_2 经过的水平飞行距离为

$$L = \int_{V_1}^{V_2}\frac{VG}{g(P-X)}\mathrm{d}V \tag{3-6}$$

由于式(3-4)和式(3-6)中积分变量随速度而改变，因此上述积分一般用图解法进行，如图 3.1 所示。

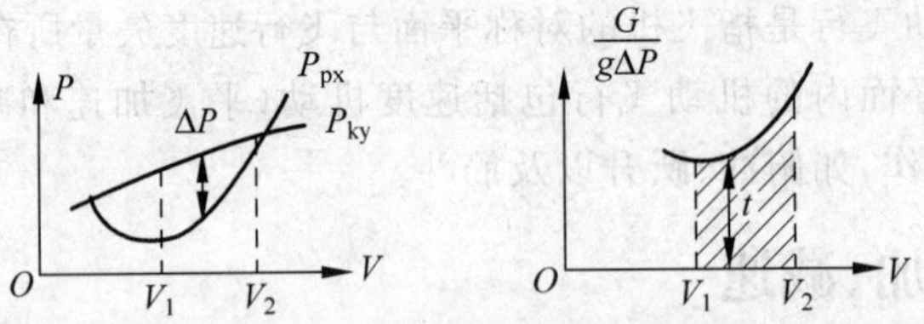

图 3.1 图解法求平飞加、减速所需时间

由于不同高度上的剩余推力不同，因此对于同样的加速范围，在相同的发动机工作状态下，在不同高度上的平飞加、减速性能是不一样的。

式(3-2)还可改写为

$$\frac{\mathrm{d}V}{\mathrm{d}t} = g\frac{P-X}{G} = g\left(\frac{P}{G}-\frac{1}{K}\right) \tag{3-7}$$

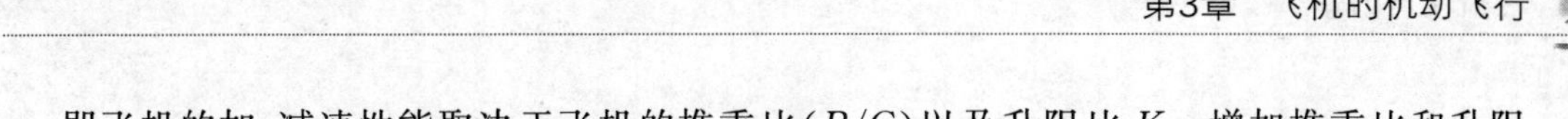

即飞机的加、减速性能取决于飞机的推重比(P/G)以及升阻比 K。增加推重比和升阻比可改善加速性能,反之可改善减速性能。

为了提高飞机的速度机动性,现代喷气发动机一般都有加力装置,有的飞机上还装有火箭加速器,使用加力装置或火箭加速器,飞机的加速性能就大大提高。飞机上还设有减速装置,放出减速板,飞机的减速性能得到了提高。另外飞机还可以采用反推力装置,增加减速力,从而提高飞机的减速性能。

3.1.2 跃升和俯冲

跃升和俯冲是同时改变速度、高度的机动飞行。跃升是将飞机的动能转化为位能,迅速取得高度优势的机动飞行;俯冲是将飞机的位能转化为动能,迅速降低高度和增加速度的机动飞行。通常,可将整个跃升、俯冲飞行过程分为三段:进入段、直线段及改出段,如图 3.2 所示。筋斗亦可看成是由进入跃升段、改出俯冲段等几段所组成。

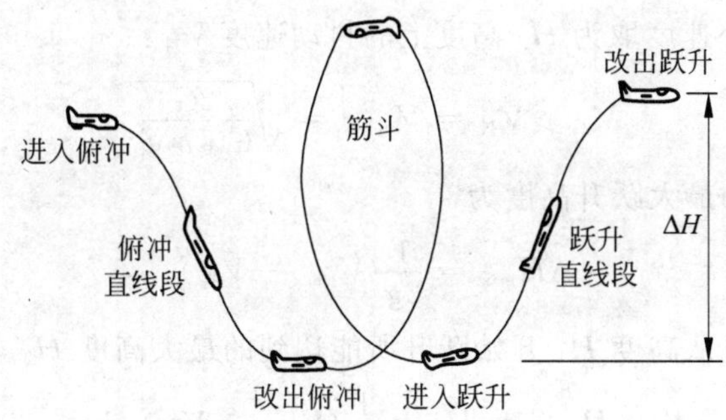

图 3.2 俯冲、跃升及筋斗

1. 跃升性能的近似计算

衡量飞机由动能换取势能、迅速获取高度优势的能力称为高度机动性。高度机动性体现了跃升性能的优劣。衡量高度机动性的指标有跃升时间和跃升所增加的高度,跃升时间短和跃升所增加的高度大,则跃升性能好。

根据跃升过程的受力情况,可写出铅垂面内跃升的动力学方程:

$$\frac{G}{g}\frac{\mathrm{d}V}{\mathrm{d}t} = P - X - G\sin\theta \tag{3-8}$$

$$\frac{G}{g}V\frac{\mathrm{d}\theta}{\mathrm{d}t} = Y - G\cos\theta \tag{3-9}$$

式中,θ 为跃升轨迹的航迹倾角。

上述方程一般只能采用数值方法求解。

为了对跃升性能进行进一步的定性分析,下面采用能量法近似估算跃升高度。首先假设在整个跃升过程中,推力和阻力近似相等,$P=X$,剩余推力为零,而升力始终和运动轨迹垂直,不做功,跃升过程中的动能变化主要由重力引起。设动能和位能之和为总能量,则跃升前后总能量守恒。

设飞机原来在高度 H_1 上以水平速度 V_1 飞行,驾驶员拉杆后,飞机进入跃升,然后推杆改出,到另一高度 H_2 以水平速度 V_2 平飞。则进入跃升时飞机的总能量为

$$E_1 = H_1 G + \frac{G}{2g} V_1^2 \tag{3-10}$$

退出跃升时飞机的总能量为

$$E_2 = H_2 G + \frac{G}{2g} V_2^2 \tag{3-11}$$

根据能量守恒，$E_1 = E_2$，得到跃升高度为

$$\Delta H = H_2 - H_1 = \frac{1}{2g}(V_1^2 - V_2^2) \tag{3-12}$$

由上式可知，起始跃升速度 V_1 越大，改出跃升的速度 V_2 越小，则跃升高度越大，飞机的跃升性能好。

但是 V_1 和 V_2 的大小是有限制的，要受到飞机本身的特性(气动阻力和发动机推力)以及飞行安全的限制。对 V_1 而言，存在着上限：不能超过 V_1 所在高度 H_1 上的平飞最大速度 $V_{1\max}$；而对 V_2 而言，则存在着下限，不能低于其所在高度上的失速速度。为保证飞行安全，一般 V_2 的允许最小速度取为 H_2 高度上的抖动速度 $V_{抖}$：

$$V_2 \geqslant V_{抖} = V_{\min抖} = \sqrt{\frac{2G}{C_{y抖}\rho_2 S}} \tag{3-13}$$

因此跃升过程中的最大跃升高度为

$$\Delta H_{\max} = \frac{1}{2g}(V_{1\max}^2 - V_{抖}^2) \tag{3-14}$$

同时可以求得飞机从高度 H_1 开始跃升所能达到的最大高度 $H_{2\max}$ 为

$$H_{2\max} = H_1 + \frac{1}{2g}(V_{1\max}^2 - V_{抖}^2) \tag{3-15}$$

但是 $V_{抖}$ 本身与 H_2 有关，它取决于高度 H_2 所对应的密度 ρ_2 和升力系数 $C_{y抖}$，即 $V_{抖}$ 与所要求的跃升高度有关，因此式(3-15)需采用逐次逼近的迭代法求解，具体步骤如下：

(1) 已知 H_1 和 V_1 或 Ma_1(查得高度 H_1 上的声速 C_1，求得 $V_1 = C_1 Ma_1$)，粗估一个抖动速度 $V_{抖}$，令 $V_2 = V_{抖}$。

(2) 按式(3-12)算出 ΔH。

(3) $H_2 = H_1 + \Delta H$。

(4) 查得高度 H_2 上的大气密度 ρ_2 和声速 C_2，并求得 $Ma_2 = V_{抖} / C_2$。

(5) 由 Ma_2 查飞机的 $C_{y抖}$-Ma 曲线，得到对应抖动迎角下的升力系数 $C_{y抖}$。

(6) 按式(3-13)求出一个新的抖动速度 $V_{抖}$。

(7) 令 $V_2 = V_{抖}$，重复步骤(2)～(6)，直到前后两次计算得到的 $V_{抖}$ 变化很小为止。

(8) 用最后计算得到的 $V_{抖}$ 求得最终的 H_2，即为所求。

上述推荐给定 $V_{抖}$ 而非给定 H_2 初值的方法，是为了避免二重迭代。

2. 动升限

在第 2 章中介绍上升率时，提出了理论静升限 $H_{\max}$ 的概念，它是最大上升率为零时飞机所能达到的高度，是在等速直线飞行条件下得到的。由于飞机在接近理论升限处，能保持定常直线飞行的速度往往要比允许的最小飞行速度(抖动速度)要大，所以飞机还有一部分动能可以通过跃升转化为高度位能，从而获得比理论静升限还要高的高度。

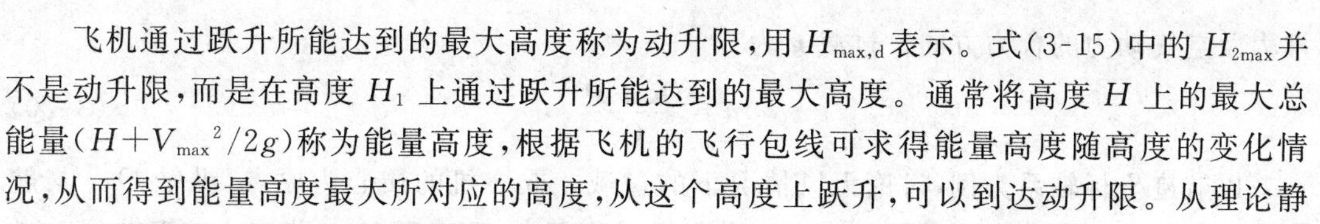

飞机通过跃升所能达到的最大高度称为动升限，用 $H_{max,d}$ 表示。式(3-15)中的 H_{2max} 并不是动升限，而是在高度 H_1 上通过跃升所能达到的最大高度。通常将高度 H 上的最大总能量($H+V_{max}{}^2/2g$)称为能量高度，根据飞机的飞行包线可求得能量高度随高度的变化情况，从而得到能量高度最大所对应的高度，从这个高度上跃升，可以到达动升限。从理论静升限上跃升所达到的高度一般小于动升限。

动升限是衡量飞机性能的另一个指标。动升限的计算公式如下：

$$H_{max,d} = \left(H_0 + \frac{V_0^2}{2g}\right)_{max} - \frac{V_{抖}^2}{2g} \tag{3-16}$$

式中，右边第一项 H_0 为飞机的最大能量高度，V_0 为最大能量高度 H_0 所对应的最大平飞速度。$V_{抖}$ 表示动升限高度上的最小允许飞行速度，即动升限高度上的抖动速度。

注意，动升限和理论静升限是两个不同的概念。动升限是通过跃升而获得的最大高度，在动升限上，可用推力小于需用推力，飞机不能保持平飞。而在理论静升限上，可用推力等于需用推力，飞机能保持平飞状态。在理论静升限和动升限之间的高度范围内，飞机可持续一段减速水平飞行。

3. 俯冲

对俯冲性能的要求是：一方面具有较好的直线俯冲加速性，另一方面要求在改出俯冲时不能有太大的高度损失。

直线俯冲段的动力学方程如下：

$$\frac{G}{g}\frac{\mathrm{d}V}{\mathrm{d}t} = P - X - G\sin\theta \tag{3-17}$$

$$\frac{G}{g}V\frac{\mathrm{d}\theta}{\mathrm{d}t} = Y - G\cos\theta \tag{3-18}$$

式中，θ 为俯冲轨迹的航迹倾角，俯冲时 θ 为负值，在直线段，$\mathrm{d}\theta/\mathrm{d}t=0$。

直线俯冲时，重力分量($-G\sin\theta$)起加速作用。开始俯冲时，推力和重力分量之和大于阻力，飞机加速俯冲。随着高度下降，空气密度增大，飞行速度增加，阻力逐渐增大，当推力和重力分量之和等于阻力时，俯冲速度达到最大，称为俯冲极限速度。之后俯冲速度逐渐降低。

飞机设计中，应使俯冲极限速度小于该高度上的最大允许速度，该速度通常受到飞机结构强度的限制。

改出俯冲时，飞行员拉杆增大迎角，使航迹倾角逐渐趋于零。当飞行轨迹接近水平时，再推杆减小迎角，使飞机进入平飞状态。

飞行中要了解改出俯冲段的高度损失，因为它直接关系到飞行安全。改出俯冲的高度损失也可以用能量法进行估算。设开始改出俯冲的速度为 V_1，俯冲结束时的速度为 V，则改出俯冲的高度损失 ΔH 为

$$\Delta H = \frac{1}{2g}(V - V_1^2) \tag{3-19}$$

俯冲结束时的速度 V 可以通过改出俯冲的运动方程求解，参见相关参考书籍。

3.1.3　机动飞行的过载

飞机在空中飞行时，作用在飞机上的外力有发动机推力 P、空气动力 R 和重力 G。作用在飞机上除重力之外的合外力与飞机所受重力之比，称为过载。过载是一个矢量，其方向沿

推力及空气动力的合力方向。过载 $\boldsymbol{n}$ 为

$$\boldsymbol{n} = \frac{\boldsymbol{R} + \boldsymbol{P}}{G} \tag{3-20}$$

以航迹坐标轴系为例，讨论无风情况下的过载。取飞机的质心为原点，纵轴 Ox_{h} 与航迹方向即飞行速度方向一致；立轴 Oy_{h} 在飞机对称面内，垂直于 Ox_{h}，指向上；横轴 Oz_{h} 通过质心，垂直于飞机对称面，指向右。在航迹坐标轴系将过载投影到正交坐标系上为

$$\boldsymbol{n} = n_x \boldsymbol{i} + n_y \boldsymbol{j} + n_z \boldsymbol{k} \tag{3-21}$$

式中，n_x 为切向(纵向)过载，沿飞行速度方向；n_y 沿立轴 Oy_{h}，垂直于飞行速度方向；n_z 沿横轴 Oz_{h}，垂直于飞行速度方向。

令

$$n_{\mathrm{f}} = \sqrt{n_y^2 + n_z^2} \tag{3-22}$$

式中，n_{f} 称为法向过载。

设发动机推力沿飞行速度方向，将发动机推力、空气动力投影到航迹坐标轴系，可写出切向过载的表达式

$$n_x = \frac{P - X}{G} \tag{3-23}$$

另外，有

$$n_y = \frac{Y}{G}$$

$$n_z = \frac{Z}{G} \tag{3-24}$$

式中，Z 为飞机所受侧力。当飞机没有侧滑时，所受侧力为零，则 $n_z = 0$。

在飞机的三个过载中，n_y 起着重要作用，因此，如果不加说明，一般说的过载都是立轴方向的过载 n_y，又称为载荷因数。

可以证明，当飞机以过载 n 作机动飞行时，驾驶员会感觉他身上受到一个相当于他本身所受重力 n 倍的作用力。这个作用力实际上是飞机作机动飞行时，座椅给飞行员的反作用力。

证明如下：设飞行员所受重力为 G_1、质量为 m_1，座椅对他的反作用力为 N，飞机质量为 mg，飞机飞行中的加速度为 $\boldsymbol{a}$，则飞行员具有和飞机相同的加速度：

$$\begin{aligned} \boldsymbol{a} &= (\boldsymbol{R} + \boldsymbol{P} + m\boldsymbol{g})/m = \boldsymbol{n}\boldsymbol{g} + \boldsymbol{g} \\ &= (\boldsymbol{N} + m_1\boldsymbol{g})/m_1 = \frac{\boldsymbol{N}g}{G_1} + \boldsymbol{g} \end{aligned} \tag{3-25}$$

由式(3-25)得到

$$\boldsymbol{N} = \boldsymbol{n}G_1 \tag{3-26}$$

飞行中当 $n_y > 1$ 时，飞行员会感觉到相当于他本身所受重力 n_y 倍的压力，形成超重现象。这时人体内的血液会由于惯性向下肢积聚，时间久了会感到晕眩。一般情况下，如果飞行员坐姿正确，他在 5～10s 内能承受的极限过载为 8；在 20～30s 内能承受的极限过载为 5。

飞行中当 $n_y = 1$ 时，飞行员感觉如同静止时。

飞行中当 $n_y < 1$，甚至 $n_y < 0$ 时，飞行员会感觉到失重。这时血液向头部集中，飞行员更难以忍受，因此通常很少在负的过载下飞行。某些飞行中，飞行员为避免负的法向过载，可使飞机倾斜甚至倒飞(头朝下)，例如在退出跃升或进入俯冲时。

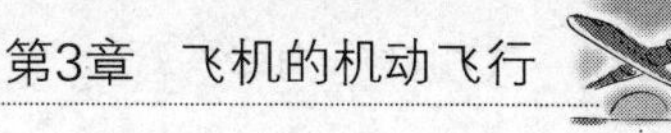

一些典型飞行状态的过载如下：飞机平飞时，由于升力等于重力，因此 n_y 等于 1；飞机等速直线上升和下降时，由于升力小于重力，因此 n_y 小于 1。

飞机设计中还要考虑到飞机能承受的过载。飞机的结构强度一般用飞机可以承受的最大过载来加以限制。FAR23.305 对飞机强度的规定中，定义了两个最大载荷因数（过载）的概念：限制载荷因数和极限载荷因数。限制载荷因数是飞机服役期中正常使用下的最大允许过载，飞机结构必须能够承受限制载荷因数而无有害的永久变形。极限载荷因数是飞机结构必须能够承受至少 3s 而不被破坏的过载，为前者的 1.5 倍。飞机规定的载荷因数均为限制载荷因数。

民用飞机的限制载荷因数如表 3.1 所示。

表 3.1　民用飞机的限制载荷因数

类　别		限制载荷因数	
		正过载	负过载
FAR23	正常类	3.8	1.5
	实用类	4.4	1.8
	特技类	6.0	3.0
FAR25	运输类	2.5	1.0

3.2　飞机在水平平面内的机动飞行

飞机在水平平面内的机动飞行性能着重衡量飞机改变速度方向的能力，即方向机动性。最常见的水平平面内的机动飞行包括转弯和盘旋。转弯是高度不变、飞行方向变化的机动飞行，转弯时，方向改变角度小于 360°；而盘旋是指飞机连续转弯不小于 360°的机动飞行。盘旋是比较典型的水平平面内的机动飞行动作。

按盘旋的坡度大小，把盘旋分为三种。小坡度盘旋：飞机滚转角（坡度）小于 20°；中坡度盘旋：坡度在 20°～45°；大坡度盘旋：坡度大于 45°。民航飞机盘旋转弯的坡度一般在 30°以下。

通常把不带侧滑且运动参数（飞行速度大小、盘旋半径）不随时间变化的盘旋称为正常盘旋。

由于正常盘旋具有一定代表性，所以以下主要讨论正常盘旋。

3.2.1　盘旋运动方程

盘旋时，为了获得使飞机盘旋的向心力，飞机必须带滚转角（坡度）γ。滚转角是飞机对称面与铅垂方向的夹角。飞机盘旋时的受力如图 3.3 所示。由图可见飞机在空中做正常盘旋时，受到 4 个力的作用：升力 Y、重力 G、推力 P_{ky} 和阻力 X。

由此可写出正常盘旋运动方程式：

$$P_{ky}\cos(\alpha+\varphi_P)-X=0 \tag{3-27}$$

$$[P_{ky}\sin(\alpha+\varphi_P)+Y]\cos\gamma-G=0 \tag{3-28}$$

$$[P_{ky}\sin(\alpha+\varphi_P)+Y]\sin\gamma=\frac{G}{g}\frac{V^2}{R} \tag{3-29}$$

式中，α 为飞机迎角；φ_P 为发动机推力与飞机纵轴的夹角；R 为盘旋半径。

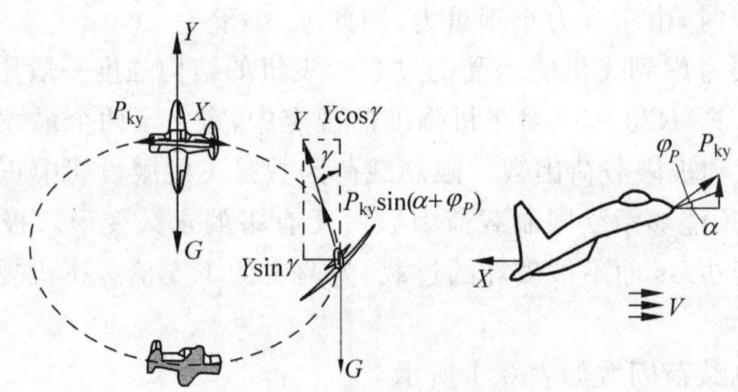

图 3.3　飞机盘旋受力分析

通常 α 和 φ_P 很小，可认为近似为 0，略去可用推力下标 ky，上述方程可简化为

$$P = X \tag{3-30}$$

$$Y\cos\gamma = G \tag{3-31}$$

$$Y\sin\gamma = \frac{G}{g}\frac{V^2}{R} \tag{3-32}$$

由上述正常盘旋运动方程式可见：根据正常盘旋的要求，盘旋时，要保持高度不变，则盘旋坡度越大，所需升力越大，因此大坡度盘旋需要较大的速度或迎角；要保持速度不变，推力与阻力要平衡。推力由油门位置决定，阻力由速度、迎角决定；要保持盘旋半径不变，则须保持升力的水平分量不变。因此正常盘旋时，要求飞机的姿态、速度和油门相互配合协调。

3.2.2　盘旋时的过载

由式(3-31)知：

$$n_y = \frac{Y}{G} = \frac{1}{\cos\gamma} \tag{3-33}$$

由上式可见，正常盘旋时的过载仅与坡度有关，坡度越大，过载越大。以 90°坡度盘旋，过载将趋于无穷大。因此 90°盘旋是不可能实现的。

图 3.4 表示了过载与坡度的对应关系。由图可见，当坡度大于 60°后，过载急剧增加。

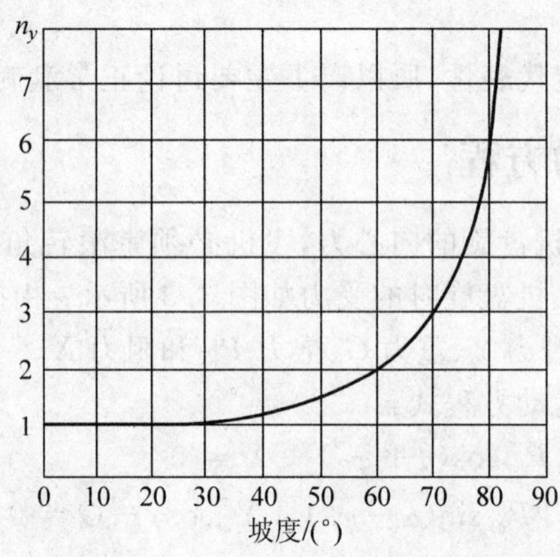

图 3.4　过载与坡度的对应关系

3.2.3 盘旋性能

1. 盘旋速度和推力

为保持盘旋高度所需要的飞行速度，称为盘旋所需速度。由式(3-31)可求得盘旋所需速度：

$$V=\sqrt{\frac{2G}{C_y\rho S\cos\gamma}}=V_{px}\sqrt{n_y} \tag{3-34}$$

即盘旋所需速度除了与飞机质量、空气密度以及升力系数等有关外，还取决于盘旋坡度。另外由于盘旋中过载始终大于1，所以盘旋所需速度大于相同迎角下平飞所需速度，且坡度越大，相同迎角下盘旋所需速度也越大。

为保持盘旋速度不变所需要的推力，称为盘旋所需推力。由式(3-30)，得盘旋所需推力P为

$$P=X=C_x\frac{1}{2}\rho V^2 S=C_x\frac{1}{2}\rho V_{px}^2 S n_y=P_{px}n_y \tag{3-35}$$

即盘旋所需推力为平飞推力的n_y倍。

2. 盘旋半径 R 和正常盘旋一周时间 T

盘旋半径R可由式(3-32)求得：

$$R=\frac{G}{g}\frac{V^2}{Y\sin\gamma}=\frac{1}{g}\frac{V^2}{n_y\sin\gamma} \tag{3-36}$$

将式(3-33)代入式(3-36)，得

$$R=\frac{V^2}{g\sqrt{n_y^2-1}} \tag{3-37}$$

正常盘旋一周所需要的时间T等于周长与速度之比，为

$$T=\frac{2\pi R}{V}=\frac{2\pi V}{g\sqrt{n_y^2-1}} \tag{3-38}$$

由式(3-37)和式(3-38)可见，减小飞行速度和增加过载，可以减小盘旋半径和缩短盘旋一周所需时间，提高飞机的盘旋性能。但是，速度的减小和过载的增加是有限制的。

飞机的盘旋性能主要受到以下三方面的限制。

(1) 飞机结构强度限制和人的生理条件的限制。盘旋时坡度越大，盘旋半径和盘旋时间越小，但飞机的过载越大。考虑到飞机的结构强度和人的生理条件，飞机设计中规定了限制载荷因数，盘旋时的过载不能超过限制载荷因数，这也就限制了盘旋坡度。

(2) 失速边界限制。为确保飞行安全，飞行速度不得低于在盘旋坡度下的抖动速度，这就限制了飞机盘旋的最小速度。

(3) 发动机可用推力的限制。发动机可用推力限制了盘旋的高速边界，缩小了盘旋范围。

在实际飞行中，空管部门常常要求不同类型飞机在相同的时间内完成360°转弯，即不同飞机的旋转角速度必须相等，称为标准速率转弯。标准速率转弯是以3(°)/s的速率进行转弯，盘旋一周所需的时间为2min。盘旋中将转弯侧滑仪小飞机翼尖对准标准速率转弯标

记即可按标准速率转弯。

盘旋中的旋转角速度为

$$\omega=\frac{V}{R}=\frac{g\sqrt{n_y^2-1}}{V} \tag{3-39}$$

由上式可知，在保持坡度不变的情况下，增大速度就减小了转弯角速度。

3. 盘旋推力曲线

盘旋推力曲线是由盘旋所需推力曲线和可用推力曲线组成的（对螺旋桨飞机，称为盘旋拉力曲线）。盘旋所需推力曲线是飞机在一定高度，用一定坡度盘旋时，盘旋所需推力随速度的变化。由平飞所需推力曲线和式(3-35)，即可得到不同坡度（不同过载）盘旋的所需推力曲线。因此盘旋所需推力曲线是一族曲线，每根曲线对应一个盘旋坡度，而可用推力曲线和平飞时是一样的。图 3.5 为 Ty-154M 飞机的盘旋推力曲线。

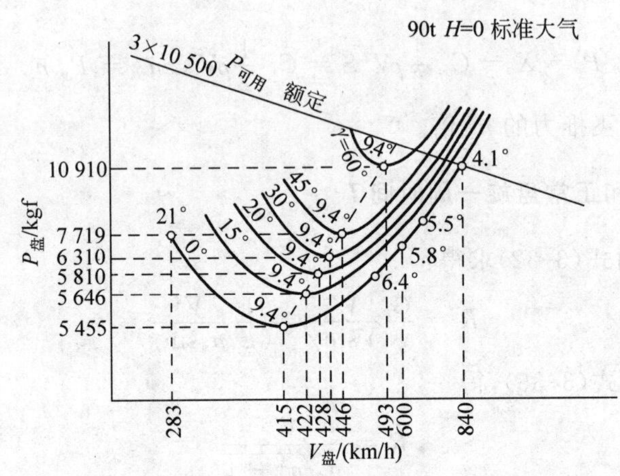

图 3.5　Ty-154M 飞机的盘旋推力曲线

由图 3.5 可见：

(1) 同一速度盘旋，坡度增加，迎角增加，盘旋的所需推(拉)力增大。这是因为坡度增大后，为保持高度不变，需增大迎角以加大升力，但迎角增加，阻力也增大，因此盘旋所需推(拉)力增加。

(2) 同一迎角盘旋，坡度越大，对应的所需速度和所需推(拉)力也越大。因为用大坡度盘旋，迎角不变时，需增大速度以提高升力，从而保持高度不变。速度增大后，阻力增加，所以所需推(拉)力增加。

(3) 同一坡度盘旋，迎角增大，所需推(拉)力先减后增，在最小阻力对应的迎角处，所需推(拉)力最小，但不同坡度的最小阻力速度是不一样的。盘旋坡度越大，最小阻力速度越大，飞机的失速速度也越大。

(4) 坡度越大，盘旋的可用速度范围越小。

可见，飞机在一定的高度盘旋时，每一个姿态（即坡度和迎角）都有其对应的速度和推力。

本章小结

飞机的机动飞行性能是飞机改变飞行状态(速度、高度及飞行方向)的能力。飞机在垂直平面内的机动飞行包括速度机动(平飞加速和减速)以及同时改变速度、高度的典型飞行动作,如俯冲、跃升以及筋斗。飞机在水平平面内的机动飞行包括转弯和盘旋。机动飞行中飞机的过载一般不等于1。过载是限制飞机机动飞行性能的原因之一。

思考与练习

一、思考题

1. 什么叫过载?
2. 运输类飞机正过载的限制是多大?
3. 飞机盘旋时飞行员为什么会感到超重?
4. 水平转弯中,坡度增加一倍,则过载增加几倍?
5. 飞机(正常)转弯的向心力是怎么产生的?
6. 有人说:“正常盘旋时飞机载荷因数的大小与升力、速度有关。”对吗?为什么?
7. 盘旋所需速度的大小与什么因素有关?
8. 盘旋所需推力的大小与什么因素有关?
9. 影响盘旋半径大小的因素有哪些?
10. 飞机的极限盘旋能力是由哪些因素限制的?
11. 盘旋推力曲线有什么特点和用途?

二、练习题

1. 如果水平转弯坡度从60°增加到80°(cos60°=0.5,cos80°=0.174),载荷因数将增大至多少?

2. 飞机以180km/h的真空速转弯,半径为700m,如果真空速增大到360km/h且保持转弯坡度不变,转弯半径将为多少?

3. 某飞机质量$m=25\,000$kg,机翼面积$S=100\text{m}^2$,在4 000m上空以速度$V=570$km/h(表速)水平飞行,放下减速板时飞机的极曲线可近似表示成$C_x=0.05+0.045C_y^2$。在发动机不产生推力的情况下,求放减速板瞬间飞机的减速度是多少?

4. 某飞机质量$m=24\,000$kg,机翼面积$S=80\text{m}^2$,以表速$V=280$km/h在4km上空以$n_y=2$作正常盘旋,飞机的极曲线可近似表示成$C_x=0.018+0.078C_y^2$。试问需要多大推力?其盘旋半径和盘旋一周的时间各为多少?(4km上空大气密度为0.820kg/m³)

拓展阅读

与盘旋有关的机动飞行

为了提高飞行员的基本驾驶技术,训练飞行中广泛使用了各种机动飞行,这些机动飞行大多与盘旋有关。

1. S形转弯

S形转弯通常由沿地面直线地标所进行的一系列180°半圆飞行所组成,如图1所示。其特点是低空飞行,保持飞行高度不变,地面轨迹是一系列半径恒定的半圆。它以地标作为参考点。飞机以垂直于直线地标的方向进入,然后进行180°转弯,然后再垂直穿过地标线,向另一个方向进行180°转弯,如此往复进行。

在飞行训练中,S形转弯常用来锻炼在转弯中修正侧风的能力。在有风的情况下,为了维持恒定的地面轨迹,飞机必须对侧风进行修正,使操纵难度增加。一般采用航向法修正,转弯中坡度不再保持恒定。

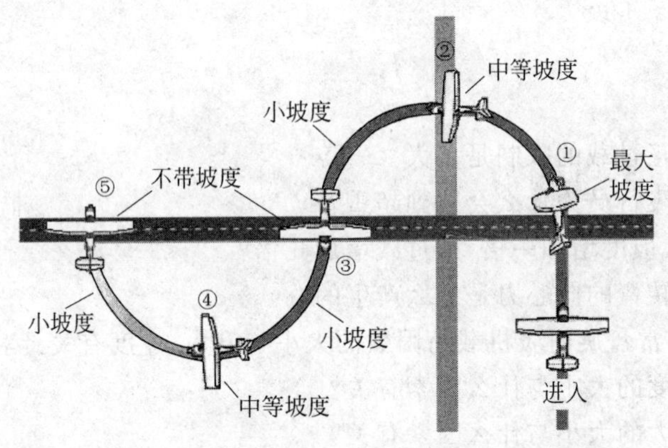

图1　S形转弯

2. 懒八字

懒八字(lazy eight)由两个相反方向的180°转弯所组成,同时在每个转弯飞行中,按对称的方式进行上升和下降,如图2所示。懒八字飞行中飞机任何时刻都不处于水平直线飞行,飞机坡度处于交替变化中,只有在180°转弯结束,飞机向相反方向转弯的瞬间,飞机坡度才为零。

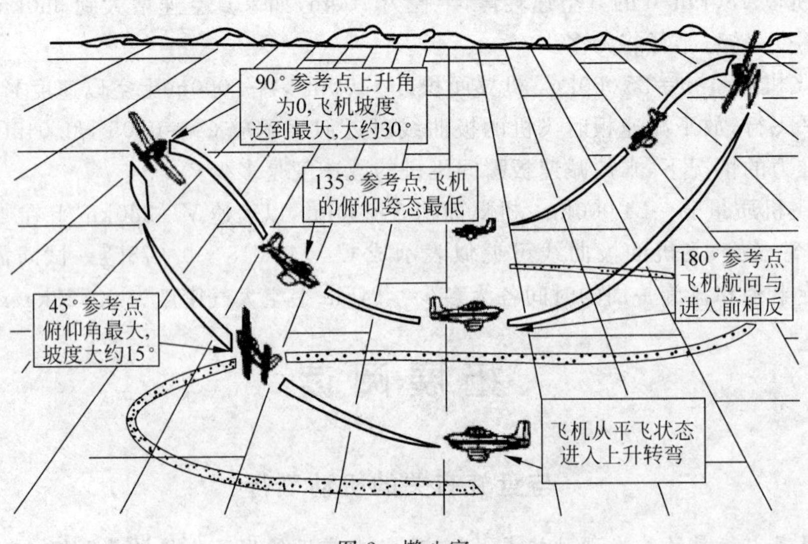

图2　懒八字

懒八字飞行的特点如下：

(1) 飞机的高度、速度、姿态(坡度、俯仰角)变化较大，操纵难度较大；

(2) 低空飞行，以地标作为参考点，有风时难度更加大。

进入懒八字之前，通常在地面上沿180°航迹选3个参考点，分别为45°参考点、90°参考点和135°参考点。飞机从平飞状态进入上升转弯，在45°参考点时俯仰角最大，此时飞机的坡度应使飞机的航向改变正好为45°；然后减小上升角，使飞机在90°参考点时上升角为0，飞机坡度达到最大(一般不超过30°)，而速度为最小(比失速速度高5～10kt)；之后飞机转入下降转弯，在135°参考点处，飞机的俯仰姿态最低，然后逐步将飞机拉起，在180°处飞机航向正好与进入前相反。

3. 急上升转弯

急上升转弯(chandelle)是一个180°上升转弯，该转弯要求发挥飞机的最大飞行性能，对于给定的坡度和功率设置，在不失速的前提下使飞机高度爬升到最大。即在作180°转弯的同时，尽飞机最大性能增加高度，如图3所示。

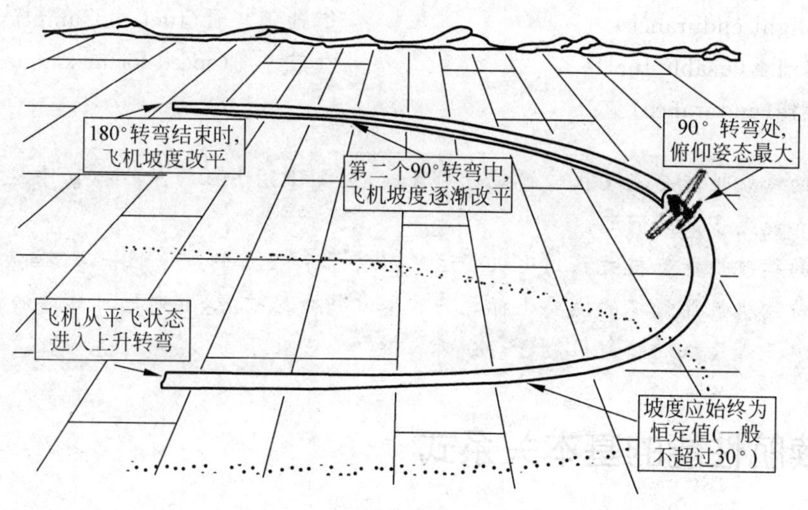

图3　急上升转弯

在急上升转弯的第一个90°转弯中，坡度应始终为恒定值(一般不超过30°)，带杆增加飞机的俯仰姿态，在90°转弯处，俯仰姿态最大；而在第二个90°转弯中，飞机坡度应逐渐改平，但飞机俯仰姿态基本不变，在180°转弯结束时，飞机坡度改平。

急上升转弯的特点是油门大、坡度大、杆舵量大，改出时速度接近失速。

思考题

1. 什么是S形转弯？

2. 试说明懒八字飞行的特点。

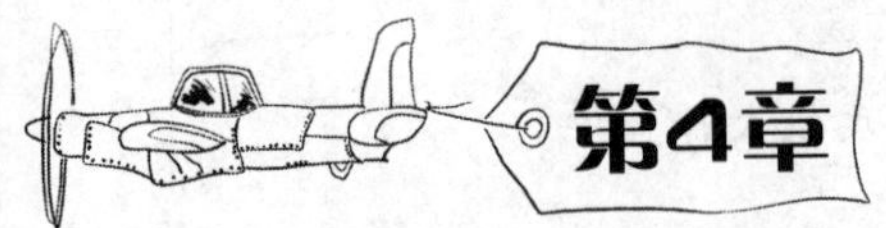

第4章

飞机的续航性能

关键词

航程(flight range)
航时(flight endurance)
可用燃油量(usable fuel)
续航性能(endurance)
航程因子(flight range factor)
燃油消耗量(fuel consumption)
久航速度(speed for maximum endurance)

飞机的续航性能是指飞机持续航行的性能，主要研究飞机的航程和航时，它涉及飞机能飞多远和能飞多久的问题。

飞机的续航性能直接关系到飞机营运的经济性和飞行的安全性。因此，飞机的续航性能是评价飞机性能好坏的主要指标之一。本章将介绍航程、航时的计算方法，并对螺旋桨飞机和喷气式飞机的续航性能进行分析。

4.1　续航性能的基本关系式

航程也称为飞行距离，是指飞机沿给定的方向，在平静大气中耗尽其可用的燃料储备量时所飞过的水平距离。飞机航程的大小与飞机的载油量、质量、飞行高度和飞行速度有关。

飞机沿给定的航向飞行，经历上升、平飞(巡航)及下降等阶段，如图 4.1 所示。显然，航程 L 应为上述诸段的水平距离之和，即

$$L = L_{上} + L_{巡} + L_{下} \tag{4-1}$$

式中，$L_{上}$、$L_{巡}$和 $L_{下}$分别为上升、平飞(巡航)及下降阶段的水平飞行距离。

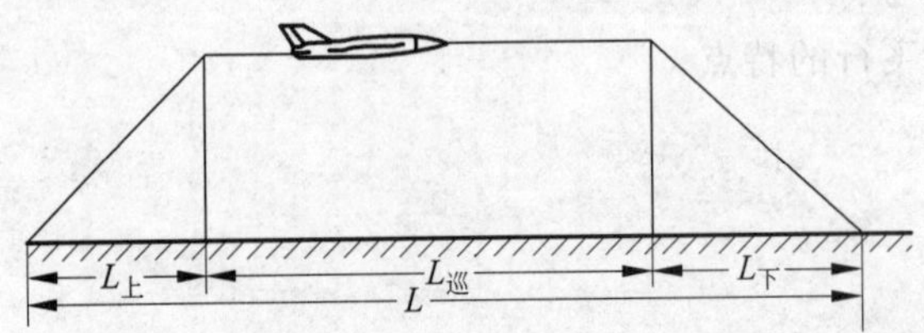

图 4.1　飞机航行的几个阶段

续航时间,简称航时,是指飞机耗尽其可用燃油在空中所能持续飞行的时间,是以上几个阶段飞行中所经历的总时间。

飞机航程和航时的大小,主要取决于飞机所带燃油量的多少和飞行中燃料消耗的快慢。表 4.1 所示为 B757 飞机的续航性能。

表 4.1 B757 飞机的续航性能

项目 \ 飞行状态	上升段	巡航段	下降段	总量
航程/nmile	128	2 211	137	2 476
航时/h	0.499	4.809	0.573	5.881

由表 4.1 可知,在沿给定航向的飞行中,巡航段的航程和航时在总航程和总航时中所占比例较大,因此,以下主要介绍巡航段的续航性能。

1. 可用燃油量

通常飞机上所载燃油量不能全部为续航飞行所用,因此在计算可用燃油量 $m_{可用}$ 时,要从飞机所载的总燃油量 $m_{总}$ 中扣除以下几项:

(1) 起飞前地面试车和滑行所用的燃油量 m_{11};

(2) 着陆前在机场上空进行的降落小航线飞行时所用的燃油量 m_{22};

(3) 由于油箱的构造使油箱内有一小部分无法耗尽的剩余燃油量 m_{33};

(4) 为保证安全所留有的备份油量 m_{44} 等。

因此,可以实际用于续航飞行的可用燃油量为

$$m_{可用} = m_{总} - (m_{11} + m_{22} + m_{33} + m_{44} + \cdots) \tag{4-2}$$

式中各项应按照不同的发动机型号,根据不同飞机的使用条件确定。

而用于巡航段的燃油 $m_{巡}$ 应从飞机的可用燃油量中扣除上升、下降段所用的燃油 $m_{上}$ 和 $m_{下}$ 即

$$m_{巡} = m_{可用} - (m_{上} + m_{下}) \tag{4-3}$$

2. 燃油消耗量

发动机的耗油量可以用小时耗油量及千米耗油量表示。

小时耗油量(燃油流量)是飞机在飞行过程中,发动机每工作 1h 所消耗的燃油质量,用 q_h 表示,单位为 kg/h。在一定的可用燃油量下,q_h 越小,则对应的续航时间就越长。

对喷气发动机,表征发动机油耗的性能指标是单位耗油率 q_N,是发动机产生 1N 推力时单位时间所消耗的燃油量,单位为 kg/(N·h)。

小时耗油量 q_h 与单位耗油率 q_N 的关系为

$$q_h = q_N P \tag{4-4}$$

式中,P 为飞机需用推力,N。

千米耗油量(或海里耗油量)是飞机相对于地面飞行 1km(1nmile),发动机工作所消耗的燃油质量,用 q_k 表示,单位为 kg/km(kg/nmile)。在一定可用燃油量下,q_k 越小,则对应的航程就越远。

千米耗油量与单位耗油率的关系为

$$q_k = \frac{q_h}{V} = \frac{q_N P}{V} \tag{4-5}$$

式中，V 为飞机飞行速度(地速)，km/h。

对活塞式发动机，发动机油耗的性能指标是燃油消耗率 sfc，表示发动机每千瓦有效功率 N_e 在 1h 内所消耗的燃油量，单位为 kg/(kW·h)。

小时耗油量 q_h 与燃油消耗率 sfc 的关系为

$$q_h = N_e \cdot \mathrm{sfc} = N\frac{\mathrm{sfc}}{\eta} \tag{4-6}$$

式中，η 为螺旋桨效率；N 为飞机需用功率，kW。

千米耗油量 q_k 与燃油消耗率 sfc 的关系为

$$q_k = N\frac{\mathrm{sfc}}{V\eta} \tag{4-7}$$

式中，V 为飞机飞行速度(地速)，km/h。

由小时耗油量和千米耗油量的表达式可以看出，耗油量的大小取决于发动机的工作特性以及飞机的飞行状态。

喷气发动机的燃油消耗率的变化规律与活塞式发动机不同，由图 1.17 可见，对喷气发动机而言，随着飞行高度的增加，单位耗油率下降；而由图 1.22 可见，对活塞式发动机，燃油消耗率则随飞行高度升高而不断增大，因而造成了喷气式飞机在高空飞得久、飞得远，活塞式飞机在低空飞得久、飞得远的差别。

3. 续航性能的计算公式

飞机在巡航飞行过程中，随着燃料的消耗，飞机质量不断减小，即使飞机保持飞行速度和高度不变，飞机迎角也要随着质量变化而变化。一般情况下，飞行速度和高度也可能变化，但是，由于变化缓慢，故在计算巡航飞行的航时和航程时，认为每一时刻都可以利用等速平飞的运动方程式，有 $X=P, Y=G=mg$。于是对喷气式飞机，小时耗油量和千米耗油量可表示成：

$$q_h = q_N P = \frac{q_N mg}{K} \tag{4-8}$$

$$q_k = \frac{q_h}{V} = \frac{q_N mg}{VK} \tag{4-9}$$

式中，K 为升阻比。

如果飞行过程中小时耗油量和千米耗油量是常数，则已知巡航段的可用燃油 $m_{巡}$ 后，航程、航时可由下式决定：

$$L_{巡} = \frac{m_{巡}}{q_k} \tag{4-10}$$

$$T_{巡} = \frac{m_{巡}}{q_h} \tag{4-11}$$

由式(4-10)和式(4-11)可见，当巡航段的可用燃油一定时，小时耗油量和千米耗油量越小，则巡航段的航程、航时越大。但是由于小时耗油量和千米耗油量要随飞机质量及飞行状

态而改变，所以通常不能用上面公式来确定巡航飞行段航程及航时，而是要采用积分的方法来计算。

设在某瞬时 t，小时耗油量为 q_h，则 dt 时间内燃油消耗量为 $dm_{油}=q_h dt$，飞机质量变化 dm，显然 $dm_{油}=-dm$，于是可得微分关系式：

$$dm=-q_h dt \tag{4-12}$$

则

$$dt=-\frac{dm}{q_h}=-\frac{K}{q_N mg}dm \tag{4-13}$$

如果飞机在巡航飞行开始的质量为 m_1，巡航飞行终了的质量为 m_2，则飞机巡航时的燃油量 $m_{巡}$ 就是这两个质量之差：$m_{巡}=m_1-m_2$。

对喷气式飞机，飞机耗尽巡航可用燃油量的续航时间为

$$T_{巡}=-\int_{m_1}^{m_2}\frac{dm}{q_h}=\int_{m_2}^{m_1}\frac{K}{q_N mg}dm \tag{4-14}$$

类似地，可以得到喷气式飞机巡航段航程为

$$L_{巡}=-\int_{m_1}^{m_2}\frac{dm}{q_k}=\int_{m_2}^{m_1}\frac{KV}{q_N mg}dm \tag{4-15}$$

式中，K(升阻比)、q_N、V 都与巡航阶段选取的飞行状态(高度 H，速度 V，发动机转速 n)有关。

通常把(KV/q_N)称为航程因子，是衡量比较续航性能(包括空气动力特性和发动机油耗特性两方面因素)的一个综合参数。航程因子大，航程远，又省油。所以，对于确定的飞机为了取得最好的续航性能，必须恰当地选取飞行状态，使得航程因子最大，以实现最佳续航性能。

4.2 喷气式飞机续航性能的计算

4.2.1 等高等速巡航时的续航性能

1. 给定高度与速度时飞机续航性能的计算

给定高度 H 和速度 V 下巡航时，随着燃油的消耗，飞机质量不断减小。要确定飞机续航性能，就要找到速度 V、升阻比 K、单位耗油率 q_N 随 m 的变化关系，然后按式(4-14)和式(4-15)计算。一般式(4-14)和式(4-15)无法用解析法求得，所以通常采用图解积分法，具体步骤如下所述。

(1) 首先确定巡航飞行开始的质量 m_1 和巡航飞行终了的质量 m_2：

$$m_1 g=m_0 g-m_{上升} g \tag{4-16}$$

$$m_2 g=m_1 g-m_{巡} g \tag{4-17}$$

式中，m_0 为起飞线上飞机质量。

(2) 将飞机质量 $m_1\sim m_2$ 分为若干区间，对每一区间取平均质量(若燃油装载量小于飞机起飞质量 m_0 的 35%～40%，则可以不分区间，整个巡航段可取平均质量，$m_{平均}=m_1-m_{巡}/2$)。

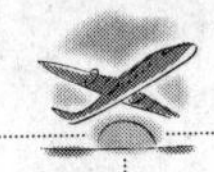

(3) 根据给定高度 H，查标准大气表得到大气密度 ρ 和声速 C，并计算马赫数 $Ma=V/C$。

(4) 按 $mg=C_y\rho V^2 S/2$，确定每一个 m 值对应的升力系数 C_y。

(5) 查飞机极曲线，确定与该升力系数和马赫数对应的阻力系数 C_x，并计算升阻比 $K=C_y/C_x$。

(6) 计算平飞需用推力 $P=mg/K$。

(7) 由发动机特性曲线，查得对应 H、V、P 值的发动机转速 n，进而查得单位耗油率 q_N。

(8) 计算每一 m 值下的 $KV/(q_N \cdot mg)$ 及 $K/(q_N \cdot mg)$，并绘制 $KV/(q_N \cdot mg)$-m 曲线和 $K/(q_N \cdot mg)$-m 曲线，见图 4.2。

(9) 按比例近似估算曲线所围阴影线内面积，即得到所求巡航阶段的航程和航时。

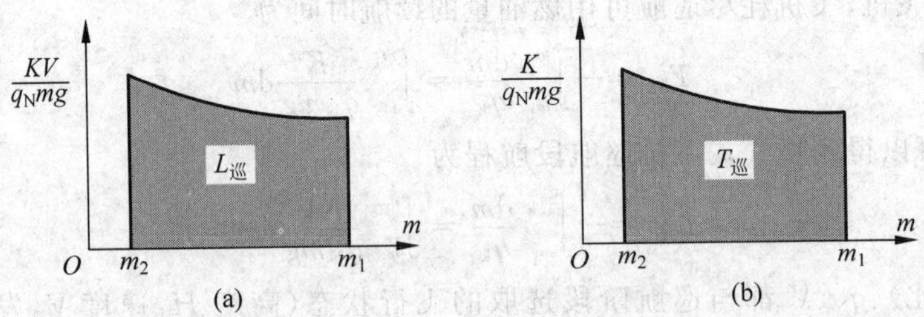

图 4.2　求航程、航时的图解法

需要指出的是：当飞行高度 H、飞行速度 V 给定后，对应每一飞机质量 m 都有相应升力系数 C_y(或迎角 α)和转速 n(即油门位置)。因此在这种情况下巡航时，随着燃料的消耗，飞机质量不断减小，飞行员要不断推杆以减小迎角，并逐渐降低发动机转速以减小推力，从而保持作用在飞机上的外力平衡，而要完成这样的操纵是比较困难的。

另外当飞行高度 H、飞行速度 V 给定后，飞行状态一般不是处于发动机最省油的位置。

因此，一般不预先规定巡航运动参数，这样可以合理选择运动参数以获得最好的续航性能。

2. 给定高度下的久航速度和远航速度

上述在给定高度和速度下求得的航程和航时往往不是在给定的可用燃油量下所能获得的最大航程和航时。人们往往关心的是飞机在什么高度和速度下作等高等速巡航飞行可以获得最远航程和最久航时。

在给定高度下一定的可用燃油量所能获得的最大航程和最大航时所对应的速度分别称为远航速度和久航速度。

前面已提到，平飞航程和航时与千米耗油量 q_k 及小时耗油量 q_h 相关，而 q_k 及 q_h 与发动机的单位耗油率 q_N 有关。由第 1 章的介绍知，q_N 与发动机转速及飞行状态有关。但对各种常用的巡航飞行状态而言，q_N 的变化不大，因此在初步的分析中，可假设 q_N 为常数。

由式(4-11)可知，小时耗油量越小，则平飞航时越长。而由式(4-4)知，小时耗油量与需用推力成正比，由此可见当需用推力最小时，可获得最长续航时间，也就是说对喷气式飞机有利速度即为久航速度。

因此续航时间最长所对应的飞行状态应该是最小需用推力状态，也就是最大升阻比状态。以平飞有利速度飞行才能获得最大平飞航时。

另外飞行高度增加，平飞所需推力曲线向右移，则对应的久航速度也增加。

同样，在给定的可用燃油量下，要得到最远航程，就要求千米耗油量 q_k 最小。而由式(4-5)知，当(P/V)最小时，千米耗油量 q_k 最小。在平飞所需推力曲线图上，过原点作直线与该曲线相切，切点对应的速度即为远航速度，如图 4.3 所示。由图可见，远航速度大于有利速度。

考虑单位耗油率变化的影响，实际最大航程所对应的飞行速度要大于远航速度。由 1.3 节知，涡轮喷气发动机的单位耗油率要随发动机转速、飞行高度和速度的变化而变化。发动机以额定转速工作时单位耗油率最小，而且在额定转速附近，单位耗油率变化不大。以远航速度飞行，虽然所需推力最小，但这时需要大大降低发动机的转速，使得单位耗油率很大，而且这个影响要大于飞行速度增加使推力增加带来的影响。但是如果发动机以额定转速运转，虽然单位耗油率很小，但飞行速度增加使得(P/V)很大。因此在额定转速对应的速度和远航速度之间，必然存在一个速度，在该速度下飞行，(P/V)最小，也就是使千米耗油量最小。这个速度稍大于远航速度，称为千米耗油量最小的速度(即图 4.3 中 B 点对应的速度 $V_{巡航}$)，以这个速度飞行，航程最大。

对超声速飞机，在某些飞行高度上，会出现两个远航速度：一个速度在跨声速区，称为跨声速远航速度；另一个速度在超声速区，称为超声速远航速度。

出现这种情况是因为在高空飞行时，某些超声速飞机的需用推力曲线出现了转折点，由原点引出的直线有可能与平飞需用推力曲线两次相切，因而有两个最小千米耗油量，对应了两个远航速度，如图 4.4 所示。对这种超声速飞机，要增大巡航航程，在某个高度以下以跨声速远航速度飞行，而在超过该高度后，应以超声速远航速度飞行。该高度按具体飞机确定。

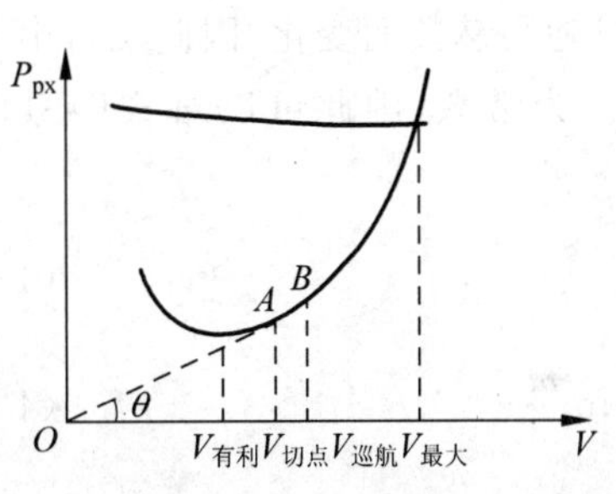

图 4.3　远航速度的确定

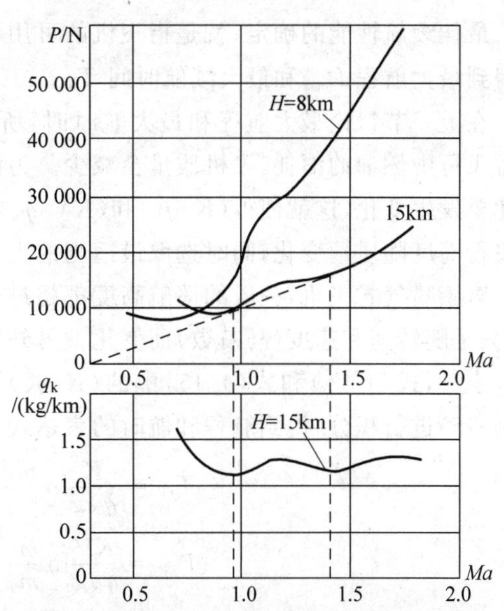

图 4.4　超声速飞机的远航速度的确定

3．久航高度和远航高度

在给定的可用燃油量下能获得最大航时和最大航程所对应的飞行高度分别称为久航高度和远航高度。

同样先不考虑单位耗油率变化的影响。当飞机在不同高度下巡航时，平飞需用推力曲线将随高度不同而左右移动，导致有利速度和远航速度的大小也随之变化，因此航程和航时也就不同，通过对不同高度下得出的结果进行比较，最终可确定某一飞行高度，在该高度上以有利速度飞行，对应的航时最长，该高度称为久航高度。同样可以求得远航高度，在远航高度上，以远航速度飞行，对应的航程最长。

接下来考虑单位耗油率变化的影响。由1.3节知，发动机以额定转速工作时单位耗油率最小，而且在额定转速附近，单位耗油率变化不大。另外单位耗油率随飞行高度和速度的增加而减小，但当飞行高度超过11km后，单位耗油率不再减小了。

在低高度时，额定转速下的可用推力较大，为使飞机在久航速度附近飞行，要减小发动机转速，使单位耗油率增加；而随着高度增加，满油门下的可用推力减小，可用推力曲线下移，维持久航速度飞行所需要的发动机转速越来越接近额定转速，可以使单位耗油率下降。另一方面单位耗油率本身还随飞行高度增加而下降。但是同时随着飞行高度的增加，需用推力曲线右移，久航速度会增加，又使单位耗油率有所增加。

然而三个因素中，第一个因素即发动机转速的影响是主要的，因此随着飞行高度的增加，单位耗油率总体是下降的。由此可见，最大航程和最大航时的飞行状态是在接近升限高度上获得的。

4.2.2 喷气式飞机的最佳续航性能

最佳续航性能的确定，就是指飞机的可用燃油量一定时，确定在怎样的飞行状态下飞行能得到最大航程L_{max}和最大续航时间T_{max}。

在上一节讨论最大航程和最大航时时，所选定的飞行高度和速度是始终保持不变的。随着飞行中燃油的消耗，飞机质量会减少。为满足巡航平飞条件，发动机的转速和飞机的升阻比要发生变化，这就使得(K/q_N)和(KV/q_N)不可能始终保持最大值。如果巡航飞行中允许飞行高度随质量变化，同时选取最适当的飞行速度，则有可能获得更大的航程和航时。

对于喷气式飞机，一般的巡航高度都超过11km，因此发动机单位耗油率不随高度而变化，只是随转速和速度（马赫数）而变化。另外升阻比也只随马赫数而变化，因此飞行中若速度一定时，式(4-14)和式(4-15)中的(K/q_N)和(KV/q_N)为常数，因此可以对式(4-14)和式(4-15)进行积分，得到航程和航时的表达式：

$$T_{巡} = \frac{K}{q_N g}\ln\frac{m_1}{m_2} \tag{4-18}$$

$$L_{巡} = \frac{KV}{q_N g}\ln\frac{m_1}{m_2} = \frac{KMaC}{q_N g}\ln\frac{m_1}{m_2} \tag{4-19}$$

式中，Ma和C分别为飞行高度上的马赫数和声速。

由上两式可见，航程和航时的大小取决于$(KMaC/q_N)$和(K/q_N)。下面主要讨论如何取得最大航程。

在平流层内飞行，C 不变，q_N 变化很小，在对流层飞行，也可近似把 C 和 q_N 看成常数，因此，航程的大小主要取决于 K 与 Ma 的乘积，KMa 称为气动效率。要使航程最大，就必须使气动效率最大。

利用飞机在不同马赫数下的极曲线可以在升力系数-马赫数坐标图上绘制 KMa 等值线图，如图 4.5 所示。

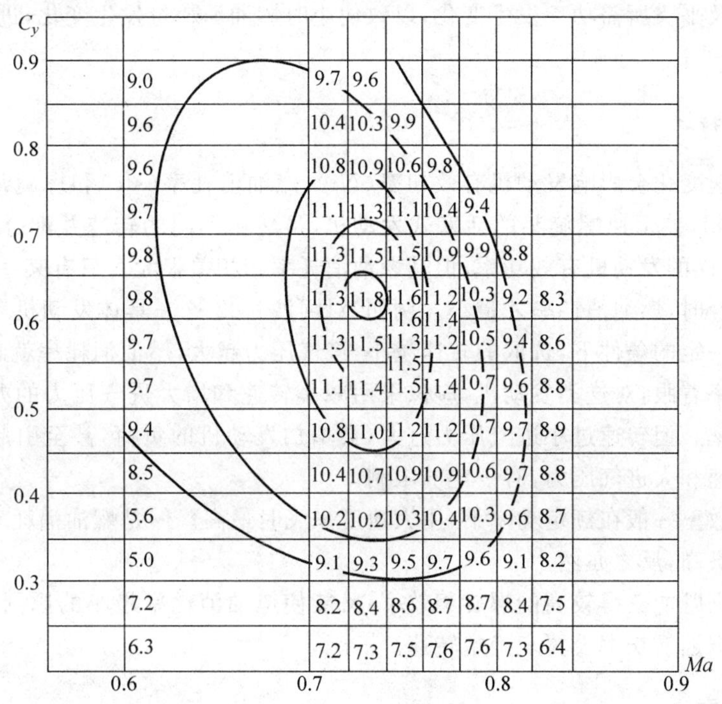

图 4.5　KMa 等值线图

由图可见，随着 KMa 值不断增加，等值线逐渐变成封闭的曲线，而且封闭曲线越来越小。可以想见，当 KMa 值达到最大值时，封闭曲线会缩小为一点，这点就是飞机气动效率最高的一点。这样就得到了最大的 KMa 值和对应的马赫数和 C_y 值，这就是最大航程所对应的马赫数和升力系数，用 Ma_{Rmax} 和 $C_{y\mathrm{Rmax}}$ 表示。

飞机在 Ma_{Rmax} 和 $C_{y\mathrm{Rmax}}$ 下巡航飞行，高度是可变的。随着燃油的消耗，飞机质量逐渐减轻，每一瞬时对应的飞行高度可根据平飞条件 $Y=G$ 确定。

4.3　活塞式螺旋桨飞机的续航性能分析

由于活塞式发动机特性是用功率表示的，因此在讨论由活塞式发动机带动的螺旋桨飞机的平飞性能时，平飞所需的动力用平飞需用功率描述。

对活塞式螺旋桨飞机，其小时耗油量和千米耗油量的表达式见式(4-6)和式(4-7)。由上述两个公式可见，影响航程和航时的主要因素是发动机燃油消耗率 sfc、螺旋桨效率、平飞需用拉力和平飞需用功率等。和喷气式飞机一样，航程、航时计算公式中的组合参数要随飞机质量而改变，不能直接积分，因此只能进行定性的分析。

4.3.1 飞行条件的改变对平飞航时的影响

平飞航时与小时燃油消耗量相关。小时燃油消耗量越小,则平飞航时越长。因此螺旋桨飞机平飞航时的大小取决于($N \cdot \mathrm{sfc}/\eta$)的值:燃油消耗率越小,平飞所需功率越小,螺旋桨效率越高,则小时燃油消耗量就越小,平飞航时越长。飞行条件改变,会引起燃油消耗率、螺旋桨效率以及平飞所需功率发生变化,以致使小时燃油消耗量发生变化,进而影响到平飞航时的长短。

1. 发动机转速

发动机转速变化会影响发动机有效功率(N_e)、燃油消耗率(sfc)和螺旋桨效率(η)。从发动机原理可知,装恒速螺旋桨的活塞式发动机,虽然用不同的转速并配合相应的进气压力,都能得到相同的发动机有效功率,但其燃油消耗率却相差很大。只有某一转速并与一定的进气压力配合时,燃油消耗率才最小。例如,对阿沙—82 这一具体发动机来说,在保持发动机有效功率一定的条件下,选取的转速越小,进气压力越大,燃油消耗率就越小。因此,从降低燃油消耗率着眼,对这类发动机,应该采用减小转速和增大进气压力的办法,来保持发动机的有效功率。但转速过小进气压力过大,会增加发动机的负荷,甚至引起"爆震"现象。所以使用小转速和大进气压力,有一定的限制。

而螺旋桨效率一般在额定功率下,用大速度平飞时最高。但是燃油消耗率最小时,螺旋桨效率不一定最高,反之亦然。

因此应根据既能获得较高的螺旋桨效率,又能使燃油消耗率最小的原则来选择发动机转速。一般根据巡航功率设置表确定转速。

2. 飞行速度

飞行速度不同,平飞所需功率不同,小时燃油消耗量不同,平飞航时也不同。能获得最长平飞航时的平飞速度称为久航速度。不考虑速度对燃油消耗率和螺旋桨效率的影响时,则活塞式螺旋桨飞机在最小功率对应的速度下飞行,小时燃油消耗量最小,平飞航时最长。

而事实上,螺旋桨效率一般是在额定功率下,用大速度平飞时最高;而燃油消耗率最小的功率一般为额定功率的40%~70%。用经济速度平飞,发动机有效功率一般都小于燃油消耗率最小对应的功率,因此燃油消耗率并不是最小;同时,螺旋桨效率也不很高。因此考虑速度对燃油消耗率和螺旋桨效率的影响,螺旋桨飞机的久航速度稍大于最小功率速度,这时,小时燃油消耗量最小,平飞航时最长。例如,运五飞机,当质量为5 000kg时,平飞经济速度为120km/h,久航速度为140km/h。

3. 飞行高度

平飞所需功率、螺旋桨效率和燃油消耗率都随飞行高度而变化,因此在不同的高度,小时燃油消耗量不同,平飞航时也不同。能获得最长平飞航时的飞行高度称为久航高度。

对活塞式螺旋桨飞机,随高度增加,燃油消耗率增加,螺旋桨效率略有减小。不过燃油消耗率和螺旋桨效率随高度的变化量一般比较小,可忽略其对小时燃油消耗量的影响。但

高度升高，空气密度减小，与同一表速对应的真空速变大，平飞所需功率增加，使小时燃油消耗量增大，平飞航时缩短。所以，活塞式螺旋桨飞机用同一表速在不同高度平飞时，其平飞航时一般都随高度升高而缩短。

活塞式螺旋桨飞机只有在低空才能获得最长航时。

4. 飞机质量

飞机质量会影响平飞所需功率，使小时燃油消耗量发生变化，从而影响航时。飞机质量增加，平飞所需功率增加。如果飞机质量增加是由人或货物的增加引起的，则由于平飞所需功率增加，小时燃油消耗量增加，航时将缩短；如果飞机质量增加是由载油量增加引起的，虽然小时燃油消耗量增加了，但是油量的增加仍会使平飞航时增长。

5. 气温

飞机用同一表速或同一马赫数在同一高度飞行，气温不同，平飞航时也将不同。活塞式螺旋桨飞机，在高度表指示的高度一定(即气压一定)时，气温越高，空气密度越小，用同一表速飞行的真空速变大，以致平飞所需功率增加。而气温改变对活塞式发动机的燃油消耗率和螺旋桨效率的影响很小。所以气温升高，小时燃油消耗量增加，平飞航时缩短；反之，气温降低，平飞航时增长。根据理论计算，一般情况下，气温每升高 5℃，小时燃油消耗量约增加 1%，平飞航时约缩短 1%。

6. 飞机阻力

飞机表面不清洁、结冰，蒙皮表面压伤，外部携带设备，打开发动机鱼鳞片和滑油散热器风门，飞机侧滑等，都将使飞机的阻力增大，平飞所需功率增加，从而使小时燃油消耗量增加，平飞航时缩短。

4.3.2 飞行条件的改变对平飞航程的影响

平飞航程与千米燃油消耗量相关。千米耗油量越小，则平飞航程越长。因此，活塞式螺旋桨飞机平飞航程的大小取决于($P \cdot \mathrm{sfc}/\eta$)的值。飞行条件的改变会影响到平飞航程，其中发动机转速和飞机质量对航程的影响与其对航时的影响相仿，下面主要讨论飞行速度、飞行高度以及风场对平飞航程的影响。

1. 平飞速度

能获得最长平飞航程的速度称为远航速度。若不考虑速度对燃油消耗率和螺旋桨效率的影响时，则活塞式螺旋桨飞机在最小阻力速度下飞行，千米燃油消耗量最小，平飞航程最长。但考虑到速度对燃油消耗率和螺旋桨效率的影响，在最小阻力速度下飞行，燃油消耗率不是最小，螺旋桨效率也不是最大。事实上，用比最小阻力速度稍大的速度飞行，可使千米燃油消耗量最小，平飞航程最长。因此活塞式螺旋桨飞机的远航速度稍大于最小阻力速度。

2. 飞行高度

飞行高度增高，以相同指示空速飞行时，平飞拉力不变，平飞所需的功率增大，发动机的可用功率减小。在较低高度上，满油门下的可用功率大于所需功率，需要较大地调整发动机的功率，这样发动机效率较低，使燃油消耗率增加，导致千米燃油消耗量增加，航程缩短。随着高度增加，发动机可用功率和平飞所需功率的差值减小；同时随高度增加，活塞式发动机的燃油消耗率增加，因此只有在某个高度上，千米燃油消耗量最小，平飞航程最远。平飞航程最长的高度称为远航高度。

3. 风场

风速、风向将影响到地速，从而影响到平飞航程。对于顺、逆风飞行，可用下式计算千米燃油消耗量：

$$q_{k风} = \frac{q_h}{V \pm U} = \frac{q_k}{1 \pm U/V} \tag{4-20}$$

式中，U 为风速大小，km/h，顺风取"＋"，逆风取"－"；V 为飞行速度，km/h。

在保持同一空速下，顺风飞行，地速增大，千米燃油消耗量 q_k 减小，平飞航程增加；逆风飞行则相反。

风对平飞航程的影响，不仅决定于风速，而且还与飞机的真空速有关。因为顺、逆风引起的航程的变化量与风速同飞行时间的乘积有关，飞行时间越长，风对航程的影响就越大。因此空速越低，风对航程的影响就越大，这从式(4-20)也可看出。

因此，顺风飞行可适当减小空速以增大平飞航程；逆风飞行可适当增大空速以增大平飞航程。

本章小结

飞机的续航性能直接关系到飞机营运的经济性和飞行的安全性。对喷气式飞机，在接近升限附近，以有利速度平飞，能获得最长续航时间；以稍大于远航速度的速度飞行，能获得最大航程。而对螺旋桨飞机，在低空以稍大于经济速度的速度飞行，平飞航时最长；以稍大于最小阻力速度的速度飞行，平飞航程最长。

思考与练习

一、思考题

1. 平飞的航时、航程受哪些因素影响？

2. 如不考虑单位耗油率的变化，喷气式飞机在什么飞行状态下，等高、等速巡航飞行的航程、航时最大？

3. 试述飞行条件的改变对活塞式螺旋桨飞机平飞航程和航时的影响。

二、练习题

1. 某飞机以速度 $V=780$km/h 平飞，此时阻力为 7 800N，发动机单位耗油率 $q_N=$

0.12kg/(N·h)，试求飞机的千米耗油量和小时耗油量。

2. 某飞机在额定油门下以速度 V=880km/h 定常直线上升，历时 4.8min，平均小时耗油量为 2 500kg/h，之后该飞机作平飞，平飞时的千米耗油量 q_k= 0.88kg/km。飞机下降历时 20min，下降速度为 480km/h，平均小时耗油量为 1 000kg/h。若飞机可用燃油量为 1 500kg，试求其总航程。（上升及下降角很小，可近似取 $\cos\theta\approx1$。）

3. 某飞机质量 m=6 400kg，机翼面积 S=18m²，以表速 V=750km/h 在 8 000m 上空作定常直线平飞，飞机的极曲线可近似表示成 $C_x = 0.0144 + 0.08C_y^2$，且其单位耗油率 q_N=0.11kg/(N·h)，试求其小时耗油量。

拓展阅读

上升、下降对总航程和总航时的影响

飞机的总航程应该是平飞航程再加上上升和下降阶段的水平飞行距离。飞机的总航时应该是平飞航时再加上上升时间、下降时间以及起飞滑跑和着陆滑跑时间。

现代运输机，如果选用的飞行速度和发动机工作状态不当，不仅会影响上升、下降阶段的航程和航时，而且会影响上升和下降阶段的燃油消耗量，使平飞阶段的可用燃油量减少，进而导致平飞阶段的航程和航时减少。为了增大平飞阶段的航程和航时，就需要研究用什么飞行速度和怎样的发动机工作状态来上升和下降。

研究上升阶段续航性能时，不一定要求上升段的航程最大或航时最久，而是要着眼于如何选取上升阶段的飞行速度和发动机状态，使总航程和总航时最大。主要是如何使上升阶段的燃油消耗量最少，同时顺便兼顾使上升阶段的航程尽可能大一些。对下降段的处理，原则上也是如此。实践证明，采用这种方式的上升、下降，可使飞机的总航程最远，总航时最久。

从飞机上升性能可知，飞机以快升速度上升，上升率最大，上升时间最短，上升消耗的燃油量也最小，因而平飞段航程增大，总航程也相应增大。但进一步分析可发现，如果飞机以稍大于快升速度的速度上升，上升率减少得很少，因此上升时的燃油消耗量增加也很少。同时由于上升角减小，使上升阶段的水平距离增加，最终使总航程还可再增大一些。可见，要增大飞机的总航程，应选用比快升速度稍大一点的速度上升较为适宜。以这种速度飞行，对飞机总航时也是有利的。

保持上升速度不变，对活塞式螺旋桨飞机，增大有效功率，使上升率增大，上升时间缩短，上升阶段燃油消耗量减少。但功率太大，又会使发动机在单位时间内消耗的燃料增加。因此一般活塞式飞机，都采用巡航功率上升。

同样，在下降中如果使用的发动机工作状态和下降速度不同，下降距离、下降时间以及下降时的燃油消耗量也将不一样，飞机的总航程和总航时也会改变。

对活塞式飞机，从减少燃油消耗率着眼，下降中使用的发动机功率不宜过大，但也不宜过小。使用过小的发动机有效功率，虽然能减少下降段的燃油消耗量，使平飞段可用燃油量增加，有利于增加平飞航程和航时，但是由于功率小，螺旋桨拉力小，下降角大，下降水平距离短，不利于总航程的增加。另外，为保持一定的下降率，下降角增大时，下降速度要减小，有可能进入下降第二范围，危及飞行安全。因此下降时，有效功率不应太小，应选用中等的有效功率。

飞机上升、下降阶段续航性能的计算，与平飞阶段续航性能的计算方法基本相同。各型飞机上升、下降阶段的续航性能均可从各型飞机的飞行手册中查得。

思考题

1. 为了使飞行的总航程和总航时最大，在上升过程中应如何选取飞行速度和发动机工作状态？

2. 下降过程中发动机有效功率为何不宜过小？

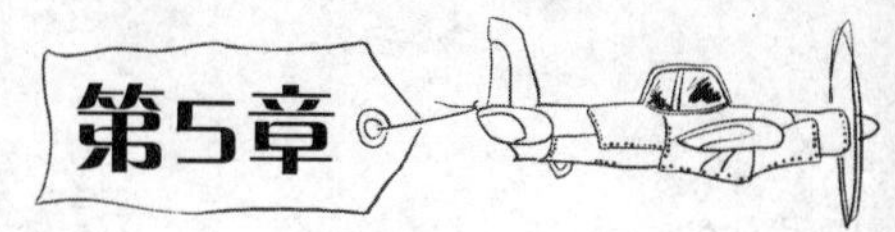

起飞和着陆性能

关键词

起飞(take off)　　着陆(landing)

接地速度(touch down speed)　　离地速度(lift off velocity)

起落航线(flight pattern)　　地面滑跑(ground roll)

目测(visual reference)

飞机的每次飞行,总是从起飞开始,以着陆结束。因此起飞、着陆是完成一次完整的飞行所不可缺少的两个环节。

飞机在起飞、着陆阶段的运动与飞机在空中的运动有很大的不同。飞机起飞和着陆时,飞行速度相对较低,是速度改变很快的非定常运动,而且整个运动是在地面滑跑或贴近地面飞行,飞机的气动力要受到地面效应和飞机构型如收放起落架、收放襟翼带来的影响。

起飞和着陆阶段也是最容易发生事故的阶段,是整个飞行过程中事故及事故征候的高发阶段。本章主要探讨飞机的起降性能。

5.1 飞机的起飞

飞机从起飞线开始滑跑到离开地面,并上升到一定安全高度(各国规定不同,我国定为15m,军机定为25m,英、美等国规定为50ft或35ft)的运动过程,叫做起飞。飞机从地面滑跑到离地升空,是升力不断增大直到大于飞机重力的结果。只有当飞机速度增大到一定值时,才可能产生足以支持飞机重力的升力。可见飞机的起飞是一个速度不断增加的加速过程。

喷气式飞机的起飞过程包括三个阶段:地面加速滑跑阶段、离地阶段和加速上升到安全高度阶段,如图5.1所示。

螺旋桨飞机由于离地后剩余功率较小,起飞过程常分为地面滑跑、离地、加速平飞(或小角度上升)和爬升至安全高度4个阶段。

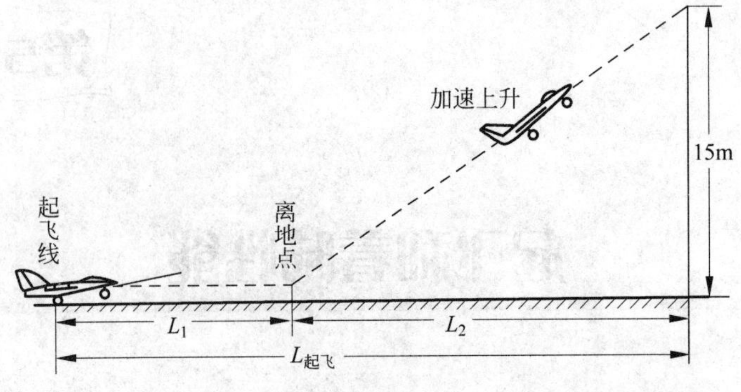

图 5.1　飞机的起飞过程

5.1.1　地面滑跑

1. 滑跑阶段运动分析

飞机在地面静止不动到获得离地速度的加速过程,叫做地面加速滑跑阶段。

在地面加速滑跑过程中,飞机先是三点滑跑,等加速到一定速度时,改成两点滑跑,一直到离地为止。通常计算时假定整个滑跑过程都是用两点滑跑进行的。此时飞机上所受的力有推力 P、飞机所受重力 G、升力 Y、阻力 X、地面支撑力 N 以及机轮与地面间的摩擦力 F,如图 5.2 所示。

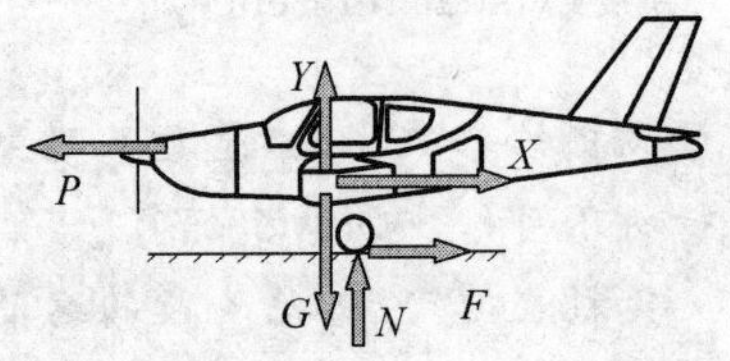

图 5.2　地面加速滑跑阶段飞机受力情况

起飞滑跑时,飞机的运动是水平直线加速运动,假定推力 P 与地面平行,可得到地面加速滑跑阶段的运动方程式:

$$\frac{G}{g}\frac{\mathrm{d}V}{\mathrm{d}t} = P - X - F \tag{5-1}$$

$$N = G - Y \tag{5-2}$$

式中,$\mathrm{d}V/\mathrm{d}t$ 为起飞滑跑时的加速度。

2. 起飞滑跑距离

起飞滑跑的目的是为了增大飞机的速度,直到获得离地速度。一般用起飞滑跑距离来表征飞机的起飞滑跑性能,起飞滑跑距离是自起飞线至飞机离地点的距离。加速度和离地速度是影响起飞滑跑距离的主要因素。离地速度小,飞机短时间内就能增速到离地速度而离地,所以滑跑距离短。在离地速度一定时,加速度大,则飞机增速快,能更快地增速到离地速度,所以滑跑距离也短。要加大加速度,就要增大推力和减小阻力及摩擦力。所以起飞过程中发动机一般都采用满油门起飞。

在滑跑过程中,随着飞机速度的增加,作用在飞机上的各个力也在发生着变化。速度增加,发动机推力(拉力)减小,气动阻力增加,升力也增加,因而地面支撑力减小,地面的摩擦阻力减小,但包括摩擦阻力和气动阻力在内的飞机总阻力还是随着速度增加而增加,如图 5.3 所示,因此地面加速滑跑过程中飞机的加速度逐渐减小。

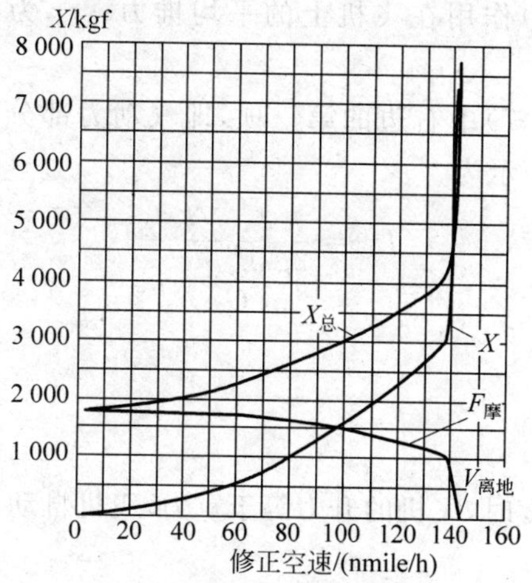

图 5.3 飞机地面加速滑跑阶段阻力的变化情况

式(5-1)中,摩擦力 F 可表示成

$$F = fN = f(G - Y) \tag{5-3}$$

式中,f 为摩擦系数,主要取决于跑道的路面质量情况,其一般数值见表 5.1。

表 5.1 各种跑道路面的摩擦系数

路面状况	最小值	平均值
干水泥地面	0.02	0.03～0.04
湿水泥地面	0.03	0.05
干硬草地面	0.035	0.07～0.1
湿草地	0.06	0.1～0.12
覆雪覆冰地面	0.02	0.1～0.12

将式(5-3)代入式(5-1)得

$$\frac{G}{g}\frac{\mathrm{d}V}{\mathrm{d}t} = P - fG - \frac{\rho V^2 S}{2}(C_x - fC_y) \tag{5-4}$$

对上式进行积分,即可得到起飞滑跑阶段所需要的时间 t:

$$t = \frac{G}{g}\int_0^{V_{离}} \frac{\mathrm{d}V}{P - fG - \frac{\rho V^2 S}{2}(C_x - fC_y)} \tag{5-5}$$

则起飞滑跑距离 L_1 为

$$L_1 = \frac{G}{g}\int_0^{V_{离}} \frac{V\mathrm{d}V}{P - fG - \frac{\rho V^2 S}{2}(C_x - fC_y)} \tag{5-6}$$

由于式(5-5)和式(5-6)中的被积函数随积分变量速度而变化,因此起飞滑跑所需时间和滑跑距离一般用图解法或数值积分法来求解。

在工程估算时,可假设整个起飞滑跑过程为匀加速过程,平均加速度 a_{av} 可用沿速度方向作用在飞机上的各个力的平均值来计算:

$$\frac{G}{g}a_{av} = P_{av} - f_{av}G - \left[\frac{\rho V^2 S}{2}(C_x - fC_y)\right]_{av} \tag{5-7}$$

式中，P_{av}为起飞滑跑过程中作用在飞机上的平均推力；f_{av}为滑跑跑道路面的平均摩擦系数。

在近似估算中，因式(5-7)中右边的第三项，即气动力部分(C_x-fC_y)的值很小，可忽略，这样，起飞滑跑距离可表示为

$$L_1=\frac{1}{2g}\frac{V_{离}^2}{\frac{P_{av}}{G}-f_{av}} \tag{5-8}$$

式中，$V_{离}$为离地速度。

5.1.2 离地

当飞机加速到离地速度时，飞机的升力等于重力，飞机自动离地升空。

1. 离地速度

飞机的离地速度是起飞滑跑时，当升力刚好等于重力时的瞬时速度，可按下式计算：

$$V_{离}=\sqrt{\frac{2G}{C_{y离}\rho S}} \tag{5-9}$$

式中，$C_{y离}$为飞机离地时的升力系数，根据飞机近地面起飞襟翼构型的升力特性和离地迎角$\alpha_{离}$确定，可从有关资料中查出。

2. 影响离地速度的因素

由式(5-9)可见：离地速度与翼载荷(G/S)和离地升力系数$C_{y离}$(迎角)有关。增大离地姿态以及放襟翼起飞，都可以减小离地速度，从而缩短起飞滑跑距离。但是要注意的是：飞行员虽然可以通过增大离地迎角来提高$C_{y离}$，但离地迎角的增加还要受到抖动迎角和擦尾迎角的限制。例如："运七"飞机擦尾迎角约为12°，为了保持腹鳍不擦地(留2°～3°的余量)，地面最大可用迎角为9°～10°，此即为最大离地迎角。

另外，离地速度还与空气密度有关。在保持同一表速抬前轮的情况下，机场高度和气温增加，大气密度将减小，使离地速度增大。在高原机场，起飞离地速度大，就是因为空气密度小的缘故。

但是离地速度过小，会使飞机在空中的稳定性和操纵性变差，危及飞行安全。因此实际起飞时的最小离地速度应由最大可用迎角限制的离地速度和空中最小操纵速度两者中的较大者确定。

5.1.3 加速上升阶段

1. 加速上升阶段运动分析

飞机离地后沿某一倾斜航迹上升并加速，此时航迹是一条直线。飞机上升过程中的受力如图5.4所示，图中θ为航迹倾角，G_1为重力的第一分量，与升力方向相反；G_2为重力的第二分量，沿航迹方向。

飞机加速上升过程中主要受到推力、升力、阻力和重力4个力的作用，可写出飞机的运动方程如下：

$$\frac{G}{g}\frac{dV}{dt}=\frac{G}{g}\frac{dV}{dL}\frac{dL}{dt}=\frac{G}{g}V\frac{dV}{dL}$$
$$=P-X-G_2$$
$$=P-X-G\sin\theta \qquad (5\text{-}10)$$
$$Y=G_1=G\cos\theta \qquad (5\text{-}11)$$

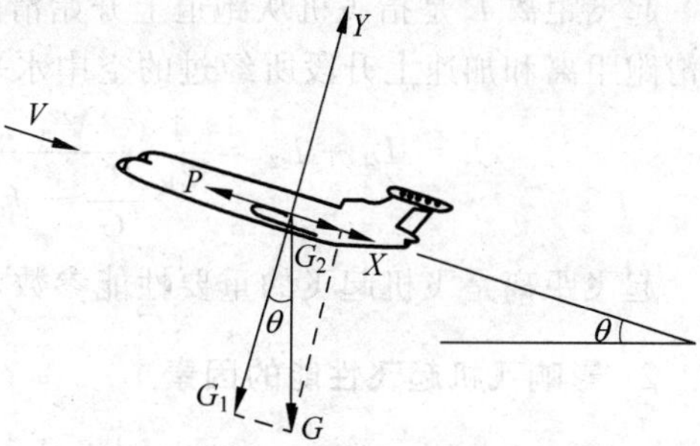

将 $V=\frac{dL}{dt}$ 代入式(5-10)，可得

$$\frac{G}{g}V\frac{dV}{dL}=P-X-G\sin\theta \qquad (5\text{-}12)$$

图 5.4　加速上升阶段飞机受力情况

2. 上升段的水平距离

由式(5-12)得

$$dL=\frac{G}{2g}\frac{dV^2}{P-X-G\sin\theta} \qquad (5\text{-}13)$$

则加速上升段沿航迹方向经过的距离 L 为

$$L=\int_{V_{离}^2}^{V_{升}^2}\frac{G}{2g}\frac{dV^2}{P-X-G\sin\theta} \qquad (5\text{-}14)$$

式中，$V_{升}$ 为飞机上升到安全高度上的瞬时飞行速度，它必须大于 FAR(联邦航空条例)规定的起飞安全速度。

因航迹倾角 θ 很小，因此按式(5-14)求得的距离 L 可近似作为加速上升段的水平距离 L_2。

由于加速上升过程中，阻力、升力大小要随速度而变，因此在一定航迹角下，式(5-14)只能采用图解积分法求解。

近似估算中，加速上升段的水平距离可采用能量法计算。

根据能量守恒，飞机在安全高度 H_2 上所具有的总能量应等于飞机离地瞬间具有的总能量再加上上升过程中剩余推力$(P-X)$做的功。

当航迹角不大时，航迹距离与水平距离差别不大，将$(P-X)$沿航迹所做的功看作沿水平距离 L_2 做的功，即有

$$L_2(P-X)_{平均}=\left(GH_2+\frac{G}{2g}V_{升}^2\right)-\left(GH_1+\frac{G}{2g}V_{离}^2\right) \qquad (5\text{-}15)$$

式中，H_1 为地面处标高。

取 $H_2-H_1=15\text{m}$，得到起飞加速上升段的空中水平距离 L_2：

$$L_2=\frac{G}{(P-X)_{平均}}\left(\frac{V_{升}^2-V_{离}^2}{2g}+15\right) \qquad (5\text{-}16)$$

式中$(P-X)_{平均}$可按 $V_{平均}=(V_{升}+V_{离})/2$ 及发动机最大转速和 $Y\approx G$ 的条件，利用发动机特性曲线和飞机起飞极曲线确定。

5.1.4　飞机的起飞性能

1. 飞机的起飞性能

飞机的起飞性能主要包括离地速度、起飞滑跑距离和起飞距离。其中离地速度和起飞滑跑距离分别按式(5-9)和式(5-8)计算。

起飞距离 L 是指飞机从跑道上开始滑跑到离地 15m 高度所经过的水平距离，它等于起飞滑跑距离和加速上升段所经过的空中水平距离之和（见图 5.1），可以用下式表示：

$$L = L_1 + L_2 = \frac{1}{2g}\frac{V_{离}^2}{\frac{P_{av}}{G} - f_{av}} + \frac{G}{(P-X)_{平均}}\left(\frac{V_{升}^2 - V_{离}^2}{2g} + 15\right) \tag{5-17}$$

起飞距离是飞机起飞的重要性能参数，因为它确定了跑道要求。

2. 影响飞机起飞性能的因素

影响离地速度、起飞滑跑段的平均加速度以及加速上升段的平均剩余推力大小的因素都会影响起飞性能。影响飞机起飞性能的因素主要有：油门位置、起飞时的飞机质量、机场标高与气温、风向风速、跑道坡度、襟翼位置、跑道表面质量等。

1）油门位置

油门位置越大，飞机推力越大，飞机加速快，起飞滑跑距离和起飞距离就短。一般使用最大油门状态起飞。

2）离地姿态

离地姿态大，离地速度小，起飞滑跑距离短，但升空后安全裕度小，还可能导致擦机尾。实际中应按手册规定的姿态离地。

3）起飞时的飞机质量

飞机质量越大，离地速度也越大，起飞滑跑距离增加。起飞时的飞机质量增加 21%，离地速度需要增加 10%。另外飞机质量越大，则滑跑加速度越小，起飞滑跑距离和起飞距离都要增加。

4）场压高度与气温

机场压力高度或气温升高，都会引起空气密度减小，一方面使推力减小，飞机加速慢；另一方面，离地真速增大（离地表速不变的情况下）。这两方面都将使起飞滑跑距离和起飞距离增加。

5）风

起飞滑跑时，为了产生足够的升力使飞机离地，不论有风或无风，只要离地迎角相同，离地空速就相同（气温气压相同时），但地速不一定相同。保持表速一定，逆风滑跑，离地地速小，所以起飞滑跑距离和起飞距离比无风或顺风时短。有风情况下起飞，滑跑距离可按式（5-18）计算。由式（5-18）可知，逆风滑跑，当风速为起飞空速的 10%时，起飞滑跑距离约减少 19%；而顺风滑跑，当风速为起飞空速的 10%时，起飞滑跑距离约增加 21%。

$$L_1 = \frac{1}{2g}\frac{(V_{离} \pm U)^2}{\frac{P_{av}}{G} - f_{av}} \tag{5-18}$$

式中：U 为风速，顺风取“+”号，逆风取“−”号。

6）跑道坡度

上坡起飞，重力的第二分量会减小飞机的加速力，飞机的起飞滑跑距离和起飞距离会增加，下坡反之。

在有坡度跑道上的起飞滑跑距离可按式（5-19）计算：

$$L_1 = \frac{1}{2g}\frac{V_{离}^2}{\frac{P_{av}}{G} - f_{av} \pm \sin\theta} \tag{5-19}$$

式中，θ 为坡度，下坡起飞取“＋”号，上坡起飞取“－”号。

7）襟翼位置

放下大角度襟翼，可增大升力系数，减小离地速度，缩短起飞滑跑距离；但放下大角度襟翼，阻力增加很多，滑跑阶段加速慢，这时虽然离地速度小，但滑跑距离不一定会缩短；同时放襟翼角度过大会使升阻比降低，飞机升空后上升梯度小，增速慢，飞机到达安全高度的空中距离增长，越障能力变差。另外，放下大角度襟翼会使离地速度过小，危及安全（稳定性、操纵性较差）。因此正常起飞时应使用规定角度襟翼起飞。

8）跑道表面质量

光滑平坦而坚实的跑道表面，摩擦系数小，有利于飞机起飞滑跑的加速，起飞滑跑距离短。反之，跑道表面粗糙不平或松软，起飞滑跑距离就长。

上述影响起飞滑跑距离8个因素中，有些因素（如油门位置、离地迎角、襟翼位置等）可以通过飞行员的操纵而改变。而另外一些因素（如跑道表面质量、风速、风向和跑道坡度等）虽然飞行员无法改变，但可以充分利用这些因素的有利方面。

因此，为缩短起飞滑跑距离，飞行员应使用最大油门，放下一定角度襟翼，朝着逆风方向起飞。情况许可时，可以适当减轻飞机质量或利用下坡起飞。

需要指出的是，在有的飞机性能说明书中给出的是起飞滑跑所需距离。它实际上考虑了计算的准确性和飞行员可能产生的操纵误差，比起飞滑跑距离大10%～20%。

3. 起飞性能图表

为便于飞行员了解所驾驶飞机的起飞性能，飞机制造商通常将飞机的起飞性能绘制成图表形式附在飞行手册内。每张起飞性能图表都对应特定的起飞条件，表5.2为某型飞机的起飞性能表。

表5.2　某型飞机起飞性能表

条件：襟翼10° 无风				起飞距离（最大质量：2 400lb）									
质量/lb	起飞速度/kt（表速）		压力高度/ft	0℃		10℃		20℃		30℃		40℃	
	离地速度	50ft速度		地面滑跑距离/ft	50ft起飞距离/ft	地面滑跑距离/ft	50ft起飞距离/ft	地面滑跑距离/ft	50ft起飞距离/ft	地面滑跑距离/ft	50ft起飞距离/ft	地面滑跑距离/ft	50ft起飞距离/ft
2 400	51	56	S. L.	795	1 460	860	1 570	925	1 685	995	1 810	1 065	1 945
			1 000	875	1 605	940	1 725	1 015	1 860	1 090	2 000	1 170	2 155
			2 000	960	1 770	1 035	1 910	1 115	2 060	1 200	2 220	1 290	2 395
			3 000	1 055	1 960	1 140	2 120	1 230	2 295	1 325	2 480	1 425	2 685
			4 000	1 165	2 185	1 260	2 365	1 355	2 570	1 465	2 790	1 575	3 030
			5 000	1 285	2 445	1 390	2 660	1 500	2 895	1 620	3 160	1 745	3 455
			6 000	1 425	2 755	1 540	3 015	1 665	3 300	1 800	3 620	1 940	3 990
			7 000	1 580	3 140	1 710	3 450	1 850	3 805	2 000	4 220	—	—
			8 000	1 755	3 615	1 905	4 015	2 060	4 480	—	—	—	—

注：kt（节）为英制速度单位，1kt＝1nmile/h。

表中首先给出了适用的起飞条件：即飞机质量为 2 400lb，襟翼 10°以及无风条件下。给定机场的压力高度和地面温度，即可查得飞机在该机场的起飞滑跑距离和起飞距离。例如已知机场压力高度为 3 000ft，地面温度为 20℃时，由表 5.2 可查得飞机的起飞滑跑距离为1 230ft，起飞距离为 2 295ft。如果机场的温度和压力高度不是表中所给定的数值，一般采用线性插值法计算得到飞机的起飞滑跑距离和起飞距离。

图 5.5 为某型飞机的起飞性能图。

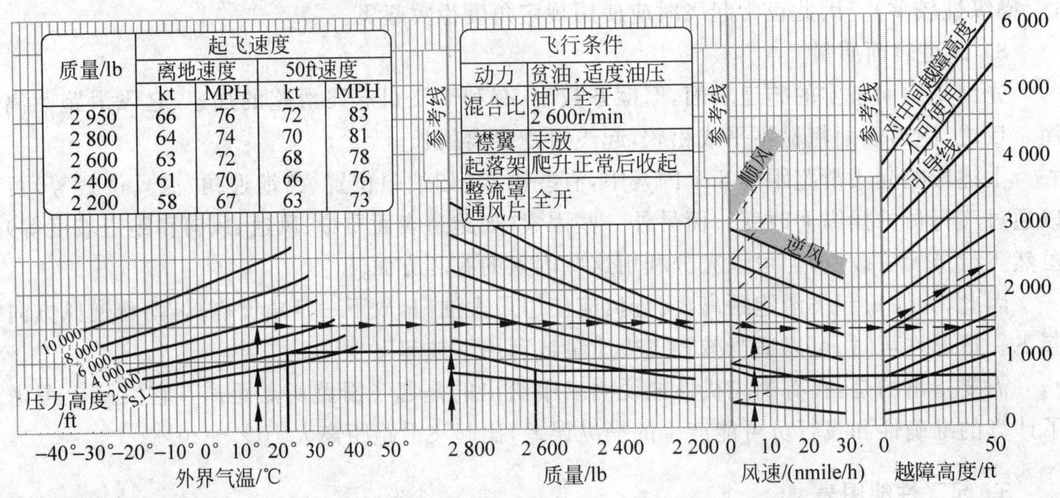

图 5.5　飞机起飞性能图

图注：1MPH＝1mile/h，余不注。

图中左边第一栏给出了机场温度和压力高度，第二栏给出了起飞时的飞机质量，第三栏给出了风速和风向(实线为逆风趋势线，虚线为顺风趋势线)，第四栏给出了滑跑距离和 50ft 处起飞距离。例如，已知起飞条件为：机场温度 14℃，机场压力高度 6 000ft，起飞质量 2 840lb，逆风，风速为 6kt，查图 5.5 可得，起飞滑跑距离为 1 400ft，50ft 高度起飞距离为 2 400ft；当起飞条件为：机场温度 22℃，机场压力高度 2 000ft，起飞时的飞机质量 2 600lb，逆风，风速为 6kt，查图 5.5 可得，起飞滑跑距离为 700ft，50ft 高度起飞距离为 1 400ft。

5.2　飞机的着陆

飞机从安全高度(各国规定不同，我国定为 15m 或 50ft，军机 25m)过跑道头开始，下降过渡到接地滑跑，直至完全停止的整个减速运动过程称为着陆。着陆是飞机高度不断降低、速度不断减小的运动过程。

小型飞机的着陆一般分下降、拉平、平飘、飘落接地、着陆滑跑 5 个阶段进行，如图 5.6 所示。

飞机从一定高度着陆下降时，航迹接近于直线，下降到离地面 5～10m 时，飞行员要改变飞机姿态，使飞机由下降转入拉平阶段。在降至离地面 0.5～1.0m 时，拉平段结束，飞机进入平飘段。在平飘段，飞机速度继续减小，飞机的轨迹通常为下滑角很小的直线，飞机接近水平飞行，又称为平飞减速段。在此阶段中，在空气阻力作用下，速度不断降低，飞机缓慢下沉。当升力减小到小于飞机所受重力时，进入接地段，飞机逐渐飘落。当主轮接地时进入

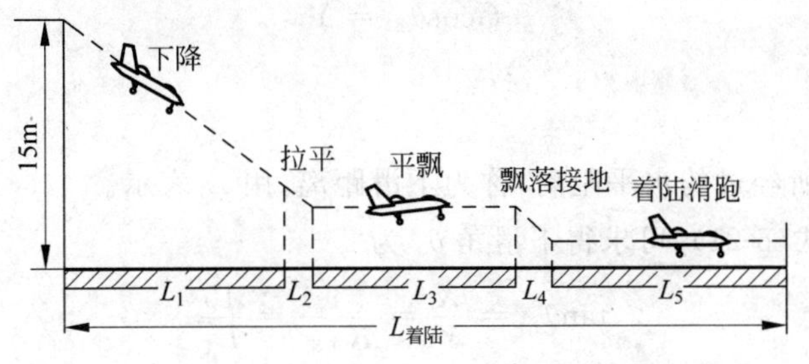

图 5.6　小型飞机的着陆过程

滑跑阶段，飞机便开始沿跑道两主轮滑跑。滑跑速度减小到一定程度时，进行三轮滑跑，同时使用刹车和减速装置使飞机继续减速，直至完全停止，着陆过程结束。这 5 个阶段中飞机所经过的水平距离分别用 L_1、L_2、L_3、L_4 和 L_5 表示。

而现代大型运输机的着陆过程则一般没有平飘段，其着陆通常分为 4 个阶段：下降、拉平、接地和着陆滑跑，飞机拉平后直接飘落接地，然后打开阻力板，使用刹车，并将发动机推至反推力状态，飞机在跑道上减速，直至停止。

下面以小型飞机为例，介绍飞机的着陆过程。

5.2.1　下降

1. 下降阶段操纵原理

下降是飞机最后进近的延续。在五边后段，关键是要保持 3°下降角和五边下降速度，进入跑道前要减速，使飞机以 15m 安全高度过跑道头，并将速度调整至进场速度，然后继续下降至拉开始高度。

下降时，发动机处于慢车状态，即一般采用带小油门下降的方法下降，航迹接近于直线。

2. 下降阶段运动分析

在着陆下降时，飞机放下襟翼及起落架，油门位置处于慢车工作状态，发动机可用推力近似为零，飞机近似作等速直线下滑(本节统一将着陆前的下降阶段称为下滑)。其受力情况如图 5.7 所示。

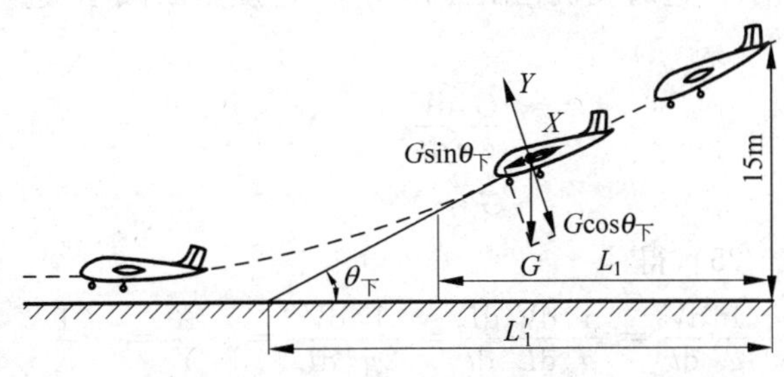

图 5.7　飞机下滑过程受力分析

下滑过程运动方程为

$$G\sin\theta_{下} = X \tag{5-20}$$

$$G\cos\theta_{下} = Y \tag{5-21}$$

3. 下滑距离

飞机下滑阶段所经过的水平距离，称为下滑距离，用 L_1 表示。

由式(5-20)和式(5-21)，可求得下滑角 $\theta_{下}$ 为

$$\tan\theta_{下} = \frac{X}{Y} = \frac{1}{K_{下滑}} = \frac{15}{L_1'} \tag{5-22}$$

由此得到

$$L_1' = 15K_{下滑} \tag{5-23}$$

式中，$K_{下滑}$ 为飞机下滑时的升阻比。

实际下滑过程中，飞机没有一直降至地面，而是在离地 5～10m 飞机开始拉平，因此实际下滑段经过的水平距离即下滑距离 $L_1 < L_1'$。经验表明，L_1' 大致等于下滑段距离 L_1 和拉平段距离 L_2（见图 5.6）之和，即 $L_1 + L_2 \approx L_1' = 15K_{下滑}$。

5.2.2 拉平

拉平是飞机由下滑转入平飘的曲线运动过程，即飞机由下滑状态转入近似平飞状态的过程。飞行员在规定高度(5～10m)开始拉杆并收油门，使飞机逐渐退出下滑角，形成接地姿态。拉平过程中，飞机俯仰姿态和迎角逐渐增大，下滑角逐渐减小，飞机的速度和下滑率也不断减小。

5.2.3 平飘

1. 平飘阶段操纵原理

在拉平的后段，飞机接地前，飞机的轨迹通常为下滑角很小的直线，飞机接近水平飞行，这段飞行称为平飘阶段。平飘的目的是把飞机拉成两点接地姿态，同时减速到接地速度，以便接地。

2. 平飘阶段运动分析

飞机拉平后水平飞行，这时飞机在阻力作用下，速度不断减小，进入平飘阶段。其运动方程为

$$\frac{G}{g}\frac{dV}{dt} = -X \tag{5-24}$$

$$G \approx Y \tag{5-25}$$

由式(5-24)和式(5-25)，得

$$\frac{1}{g}\frac{dV}{dt} = \frac{1}{g}\frac{dV}{dL}\frac{dL}{dt} = \frac{1}{2g}\frac{dV^2}{dL} = -\frac{X}{Y} = -\frac{1}{K} \tag{5-26}$$

由此可求得平飘阶段经过的距离 L_3：

$$L_3 = -\frac{1}{2g}\int_{V_{拉平}^2}^{V_{接地}^2} K dV^2 \tag{5-27}$$

由于升阻比 K 与速度有关，所以上式通常用图解法求解。工程估算中，可近似取 $K=$

K_{max}，$V_{拉平}=V_{下滑}$，但由此求得的 L_3 比实际值偏大，实践中认为算大的部分相当于飘落阶段的水平距离 L_4，即有：

$$L_3+L_4\approx\frac{K_{max}}{2g}(V^2_{下滑}-V^2_{接地}) \tag{5-28}$$

5.2.4 飘落接地

为减小接地速度和增大滑跑中阻力，以缩短着陆滑跑距离，接地时应有较大的迎角，故前三点式飞机以两主轮接地，而后三点式飞机通常以三轮同时接地。

飞机接地瞬间，升力等于重力，由此可计算得到飞机的接地速度为

$$V_{接地}=k\sqrt{\frac{2G}{\rho SC_{y接地}}} \tag{5-29}$$

式中，$C_{y接地}$ 为接地时的升力系数；k 为速度修正系数，一般取 0.9～0.95。此时飞机的构型为：起落架放下，襟翼及其他增升装置位于着陆位置，计及地面效应的影响。

5.2.5 着陆滑跑

1. 着陆滑跑操纵原理

飞机接地后，为尽快减速，缩短着陆滑跑距离，必须在滑跑中增大飞机阻力。滑跑中的飞机阻力有气动阻力、机轮摩擦力以及喷气反推力等。滑跑中，保持两点姿态以增大飞机迎角，放减速板，以及使用反推(或反桨)、刹车等都能增大飞机阻力。

2. 着陆滑跑阶段运动分析

着陆滑跑过程中，飞机在气动阻力和摩擦力的作用下，逐渐减速，直至完全停下来。和起飞过程相反，着陆滑跑时，随着速度的减小，气动阻力 X 越来越小，而摩擦阻力 F 越来越大。近似计算中，认为整个着陆滑跑过程为三点滑跑的匀减速运动。滑跑过程中的平均减速度可用下式计算：

$$a_{pj}=-\frac{g}{G}(X+F)_{pj}=-\frac{g}{2}\left(f+\frac{1}{K_{接地}}\right) \tag{5-30}$$

式中，$K_{接地}$ 为接地时的升阻比。

由此可求得飞机在着陆滑跑过程中经过的水平距离为

$$L_5=\frac{V^2_{接地}}{g\left(\frac{1}{K_{接地}}+f\right)} \tag{5-31}$$

可见，接地速度越小，着陆滑跑距离越短。

5.2.6 飞机的着陆性能

1. 飞机的着陆性能

飞机的着陆性能主要包括着陆进场速度、接地速度、着陆滑跑距离和着陆距离等。

1) 着陆进场速度 V_H

着陆进场速度 V_H 是飞机以 15m 安全高度过跑道头时的瞬时速度，应按规定取，必须大

于着陆进场参考速度 V_{REF}。V_{REF} 的大小一般取为飞机着陆构型下失速速度的 1.3 倍，主要由飞机着陆时的质量和襟翼位置决定。着陆时飞机质量越大，着陆进场参考速度就越大；襟翼角度越小，着陆进场参考速度就越大。飞行员可根据飞行手册来确定着陆进场参考速度。

进场速度偏高，着陆距离会增加；但如果进场速度偏低，飞机的飞行不稳定，不易操纵和平稳着陆。

2）接地速度

接地速度是指着陆过程中飞机主轮接地瞬间的速度。按式(5-29)计算。

由式(5-29)可见，接地速度的大小取决于飞机质量、地面空气密度以及接地时升力系数的大小。为减少接地后地面滑跑的距离，接地速度要尽可能小，这就希望加大接地时的升力系数，即加大接地迎角，但接地迎角受飞机抖动迎角和飞机擦尾角的限制。另外襟翼放下角度越大，升力系数越大，因此着陆时，飞机一般都将襟翼全部放下。

3）着陆滑跑距离

飞机从接地到滑跑停止所经过的距离，称为着陆滑跑距离，按式(5-31)计算。

4）着陆距离

飞机从高于跑道表面 15m 高度开始，下滑、接地、滑跑直至完全停止运动所经过的水平距离，称为着陆距离，用 L 表示。对小型飞机，由图 5.6 可见：

$$\begin{aligned} L &= L_1 + L_2 + L_3 + L_4 + L_5 \\ &= 15K_{下滑} + \frac{K_{max}}{2g}(V_{下滑}^2 - V_{接地}^2) + \frac{V_{接地}^2}{g\left(\frac{1}{K_{接地}} + f\right)} \end{aligned} \tag{5-32}$$

现代大型运输机的着陆距离由着陆空中段水平距离和地面滑跑距离两部分组成，如图 5.8 所示。其地面段距离按式(5-31)计算，着陆空中段的水平距离 $L_{空}$ 的计算方法如下。

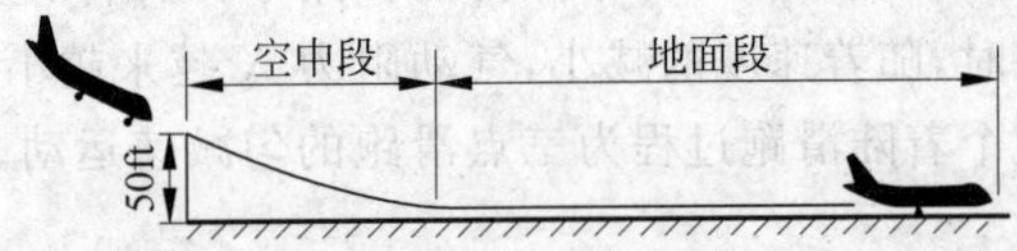

图 5.8　大型运输机的着陆过程

为便于计算，将下滑和拉平段的航迹简化为以速度 $V_{下滑}$ 按下滑角 θ 定常直线下滑的直线段和以半径为 R 的拉平接地圆弧段组成，如图 5.9 所示。

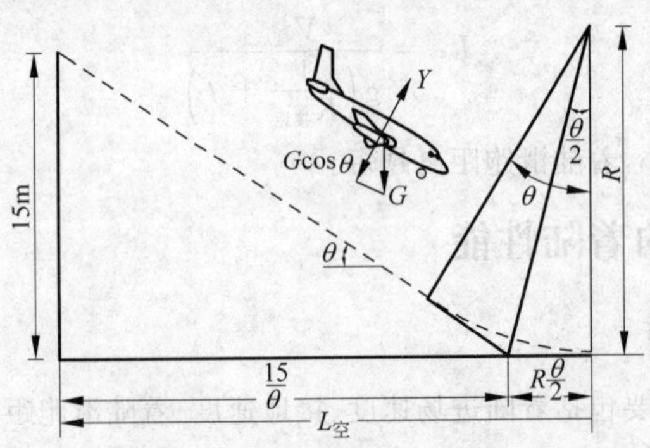

图 5.9　下滑拉平段航迹的简化

由于下滑角 θ 很小，因此认为 $\tan\theta\approx\theta$，因此空中段的水平距离可近似地表示为

$$L_{空} = \frac{15}{\theta} + R\frac{\theta}{2} \tag{5-33}$$

设拉平段飞机作匀速圆周运动，则根据飞机下滑时的受力分析，并考虑到下滑角 θ 很小，近似认为 $\cos\theta\approx1$，有：

$$Y - G\cos\theta \approx (n_y - 1)G = \frac{G}{g}\frac{V^2}{R} \tag{5-34}$$

式中，n_y 为载荷因数。

由式(5-34)求得 R，并代入式(5-33)得

$$L_{空} = \frac{15}{\theta} + \frac{V^2\theta}{2g(n_y - 1)} \tag{5-35}$$

2. 影响飞机着陆滑跑距离和着陆距离的因素

影响飞机着陆滑跑距离和着陆距离的主要因素有着陆进场速度及进场高度、接地姿态、襟翼位置、着陆重量、机场压力高度和气温、跑道表面质量、刹车状况、风以及跑道坡度等。

1）着陆进场速度和进场高度

着陆进场速度会影响接地速度，同时影响着陆滑跑距离和着陆距离。进场速度越大，接地速度也会越大，着陆滑跑距离增加；进场速度增加还意味着着陆中需要消失的能量增加，因此将导致着陆距离增长。

其次大速度进场时因飞机下沉率较大，为避免出现重着陆，飞行员往往要过多带杆以防止带大下沉率接地，这样可能导致飞机着陆时的空中段距离增加，延迟飞机的接地。

另外在积水道面着陆时，接地速度过大会引发滑水，减小地面摩擦力，使着陆滑跑距离增加。

而当进场高度偏高时，会引起接地点前移，从而使着陆距离增长。

总之，进场速度越大，进场高度越高，着陆距离越长，飞机还容易拉飘。

而进场速度过小将使飞机的失速安全裕度变小，机动能力变差，不利于着陆操纵。

2）接地姿态

接地姿态会影响到接地速度。接地姿态高，飞机迎角大，接地速度小，飞机滑跑距离缩短。但接地迎角受飞机抖动迎角和飞机擦尾角的限制，不能过大。

3）襟翼位置

襟翼位置会影响接地速度和滑跑阻力。放襟翼着陆，升力系数增加，使进近和接地速度减小。放襟翼着陆同时使阻力系数增大，飞机减速快，着陆距离和着陆滑跑距离都缩短。正常情况一般放大角度襟翼着陆。

4）着陆质量

飞机质量影响到接地速度。飞机质量大，所需要的升力也大，使得进场速度和接地速度也增加，所以着陆距离和着陆滑跑距离都增加。

5）机场压力高度和气温

机场压力高度和气温会影响到空气密度的大小，进而影响接地速度。机场压力高度和气温高，空气密度就小，接地速度增加，着陆距离和着陆滑跑距离都增加。

6）跑道表面质量

跑道表面光滑平坦，机轮与地面之间的摩擦力小，着陆滑跑距离增加。反之，着陆滑跑

距离缩短。

7）刹车状况

着陆滑跑中，正确使用刹车，可有效缩短着陆滑跑距离。要注意的是，在积水或湿雪覆盖的跑道上，刹车效率很低，甚至刹车会失灵。这时要考虑到跑道长度是否够用。另外要注意刹车的使用度。刹车使用度越大，着陆滑跑距离越短，但会使刹车过度磨损，可能导致拖胎，严重时可能引起爆胎事故。

8）风

风对着陆距离的影响很大。由于飞机是以特定空速着陆，因此风对着陆距离的影响主要就归结于飞机接地时的地速变化。

在表速（空速）不变时，逆风着陆，飞机的地速减小，着陆距离和着陆滑跑距离都缩短。反之，顺风着陆，着陆距离和着陆滑跑距离都增加。风速越大，影响越大。

9）跑道坡度

上坡着陆，重力沿航迹的分量起减速作用，着陆滑跑距离缩短；反之下坡着陆，着陆滑跑距离增加。

综上所述，为缩短着陆距离和着陆滑跑距离，应严格控制好飞机的进场速度和接地速度，将襟翼放在最大角度位置上，尽可能向逆风和上坡着陆，滑跑中应及时正确地使用刹车，使飞机尽快减速。

3. 着陆性能图表

为便于飞行员了解所驾驶飞机的着陆性能，同样的，飞机制造商也将飞机的着陆性能绘制成图表形式附在飞行手册内。每张着陆性能图表都对应特定的着陆条件，表 5.3 为某型飞机的着陆性能表。

根据飞机的着陆条件和机场情况查表 5.3 可得到对应的着陆滑跑距离和着陆距离，表 5.3 的使用方法同表 5.2。

表 5.3　某型飞机的着陆性能表　　ft

压力高度	0℃		10℃		20℃		30℃		40℃	
	地面滑跑距离	50ft 着陆距离	地面滑跑距离	50ft 着陆距离	地面滑跑距离	50ft 着陆距离	地面滑跑距离	50ft 着陆距离	地面滑跑距离	50ft 着陆距离
0	525	1 250	540	1 280	560	1 310	580	1 340	600	1 370
1 000	545	1 280	560	1 310	580	1 345	600	1 375	620	1 405
2 000	565	1 310	585	1 345	605	1 375	625	1 410	645	1 440
3 000	585	1 345	605	1 380	625	1 415	650	1 445	670	1 480
4 000	605	1 380	630	1 415	650	1 450	670	1 485	695	1 520
5 000	630	1 415	650	1 455	675	1 490	700	1 525	720	1 560
6 000	655	1 455	675	1 490	700	1 530	725	1 565	750	1 605
7 000	680	1 495	705	1 535	730	1 570	755	1 610	775	1 650
8 000	705	1 535	730	1 575	755	1 615	780	1 655	810	1 695

条件：着陆时飞机质量，2 450lb；襟翼 30°；油门关闭；最大刹车；无风；50ft 高度处速度，62nmile/h。

图 5.10 为某型飞机的着陆性能图。

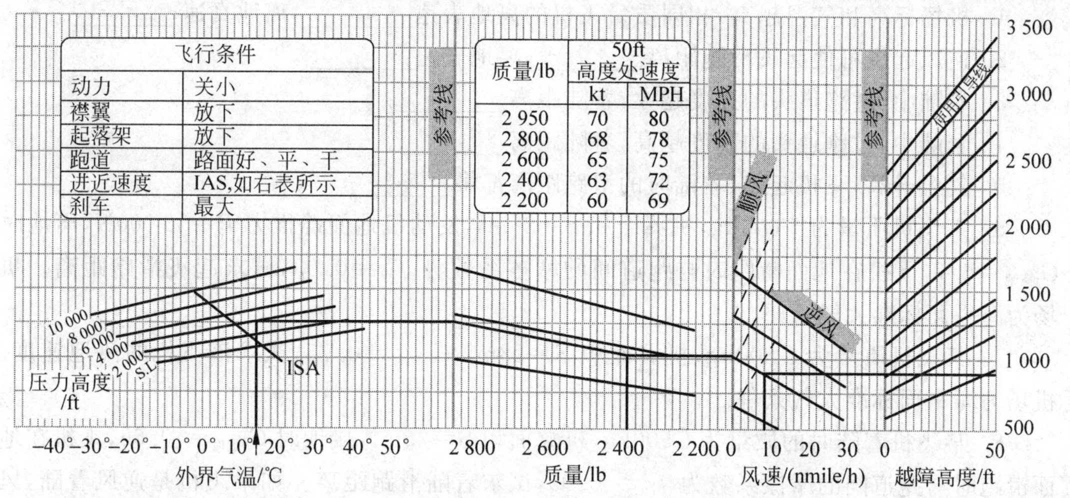

图 5.10 某型飞机的着陆性能图

若已知外界大气温度为 14℃,机场压力高度为 4 000ft,着陆时飞机质量为 2 400lb,逆风,风速为 6nmile/h,则由图 5.10 可查得,飞机的着陆滑跑距离为 900ft,50ft 高度着陆距离为 1 300ft。

本章小结

起飞和着陆是完成一次完整的飞行不可缺少的两个环节,也是整个飞行过程中事故及事故征候的高发阶段。飞机的起飞性能主要包括离地速度、起飞滑跑距离和起飞距离。为缩短起飞滑跑距离,飞行员应使用最大油门,放下一定角度襟翼,朝着逆风方向起飞。情况许可时,可以适当减轻质量或利用下坡起飞。飞机的着陆性能主要包括着陆进场速度、接地速度、着陆滑跑距离和着陆距离等。为缩短着陆距离和着陆滑跑距离,应严格控制好飞机的进场速度和接地速度,将襟翼放在最大角度位置上,尽可能向逆风和上坡着陆,滑跑中应及时正确地使用刹车,使飞机尽快减速。

思考与练习

一、思考题

1. 起飞滑跑中,飞机的加速力随速度的增加是如何变化的?为什么?其他力是如何变化的?

2. 影响起飞离地速度的主要因素有哪些?

3. 影响起飞距离和起飞滑跑距离的主要因素有哪些?

4. 飞机着陆一般分为几个阶段?

5. 影响接地速度的主要因素有哪些?

6. 影响着陆滑跑距离和着陆距离的主要因素有哪些?

二、练习题

1. 机场标高和气温越高，相同质量飞机的离地表速________，离地真速________。

2. 逆风起飞可使起飞滑跑距离________，离地表速________。

3. 着陆中，过跑道头的速度越大，着陆距离________。

4. 着陆中，过跑道头的高度越高，着陆距离________。

5. 气温升高，飞机起飞、着陆时的滑跑距离都将________。

6. 某飞机质量为 7 000kg，机翼面积 $S=25\text{m}^2$，发动机地面静推力 $P=50\ 000\text{N}$，离地时 $C_{y离地}=0.7$，飞机在地面滑跑时与跑道间的摩擦系数为 $f_{av}=0.03$，试求起飞滑跑距离。机场为海平面标准大气条件。

7. 某飞机质量为 8 800kg，机翼面积 $S=28\text{m}^2$，$C_{y离地}=0.75$，试求该飞机的离地速度。机场为海平面标准大气条件。

8. 某飞机着陆时的质量为 6 500kg，机翼面积 $S=25\text{m}^2$，接地时 $C_{y接地}=0.66$，飞机在地面滑跑时与跑道间的摩擦系数为 $f_{av}=0.05$，试求着陆滑跑距离。如果飞机是逆风着陆，风速为 5m/s，则着陆滑跑距离又为多少？接地时升阻比为 7，机场为海平面标准大气条件。

拓展阅读

起落航线

起落航线广泛应用在目视进近中。建立起落航线的目的是为了使进入和离开机场的飞行流量得到合理的控制。飞行训练中，起飞和着陆的驾驶技术主要是通过起落航线飞行来掌握的。

起落航线是指飞机起飞后，按预定的高度、速度和转弯点飞行一圈，然后着陆的飞行过程。

起落航线通常有 4 种：矩形航线、梯形航线、标准航线和低空小航线。矩形航线（见图 1）由 5 个边（一边、二边、三边、四边和五边）和 4 个转弯组成（一转弯、二转弯、三转弯和四转弯）。一边沿着起飞跑道的方向，终止于一转弯的开始；二边垂直于跑道中心线；三边平行于跑道，距跑道的距离为 0.5～1mile，典型的三边飞行高度为距跑道平面 1 000ft；四边为三边与最终进近段的过渡段，其地面航迹垂直于跑道中心线，一般为下降飞行；五边为最终进近段，是整个起落航线中最主要的部分。

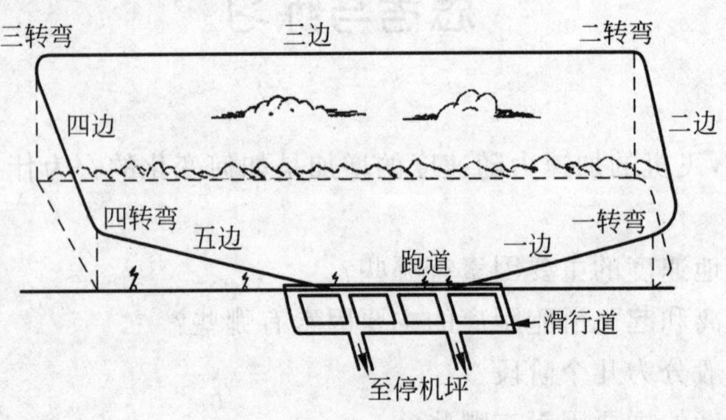

图 1　飞机的起落航线

把一、二转弯连起来即为梯形航线；把一、二转弯连起来，三、四转弯也连起来即得到标准航线；低空小航线则是航线高度降低、范围缩小。

根据起落航线的转弯方向，起落航线又分为左航线和右航线：以起飞方向为准，起飞后向右转弯的叫右航线；起飞后向左转弯的叫左航线。左航线为常用的起落航线。

起落航线飞行中，一边通常为上升增速阶段，一转弯为上升转弯；二边上升至平飞，二转弯为平飞转弯；三边为平飞段，飞机在三边维持等高等速飞行，三转弯为平飞转弯；四边平飞一段后飞机开始下降；四转弯为下降转弯，转弯结束后对准跑道；五边为最后进近阶段，是整个起落航线中最重要的部分，飞机由等速转为减速飞行，在预定地点接地。

除训练和复飞等情况外，执行一般飞行任务，没有必要飞完整的起落航线。

起落航线的脱离一般是在一边直接脱离或进行45°左转离场。而起落航线的加入一般是在三边以45°角度加入。

思考题

1. 起落航线由哪些部分组成？
2. 一般情况下如何脱离和加入起落航线？

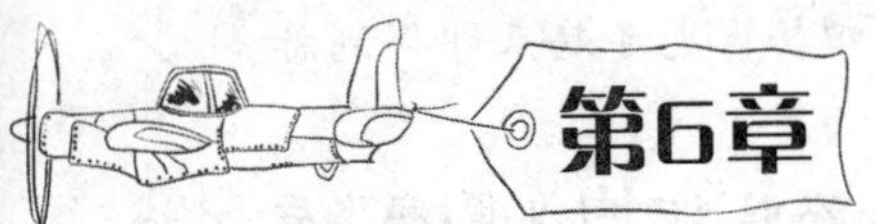

飞机的纵向稳定性和操纵性

关键词

纵向平衡(longitudinal balance)　　纵向稳定性(longitudinal stability)
纵向操纵性(longitudinal controllability)　　升降舵(elevator)
稳定力矩(stabilizing moment)　　阻尼力矩(damping moment)

飞机飞行状态的变化,归根到底,都是力和力矩作用的结果。飞机的平衡、稳定性和操纵性是阐述飞机在力和力矩的作用下,飞机状态的保持和改变的基本原理。研究飞机的平衡、稳定性和操纵性问题常采用机体轴坐标系,原点位于飞机的重心。

飞机的稳定性和操纵性问题通常可分为纵向运动和侧向运动单独进行研究。本章研究飞机作纵向运动时的平衡、稳定性和操纵性问题。

飞机的运动一般可分解为6种运动(见图6.1):

(1) 沿纵轴方向的前后移动;
(2) 沿立轴方向的上下移动;
(3) 沿横轴方向的左右移动;
(4) 绕纵轴的转动(又称为滚转运动);
(5) 绕立轴的转动(又称为偏转运动);
(6) 绕横轴的转动(又称为俯仰运动)。

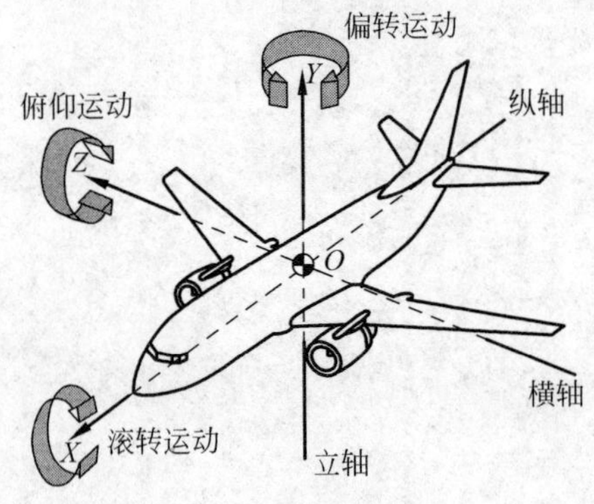

图6.1　飞机的运动

上述(1)、(2)、(6)三种运动都是在飞机对称平面内的运动,因此把(1)、(2)、(6)三种运动中的一种以上的运动称为飞机的纵向运动;将以上(3)、(4)、(5)三种运动中的一种以上的运动称为飞机的侧向运动(非对称运动)。

这样可以认为飞机的一般运动由纵向运动和侧向运动组成。当飞机没有侧滑和倾斜时,飞机的对称面与飞行平面重合,且在垂直平面内,飞机只有纵向运动。而侧向运动只能与纵向运动同时存在。

飞机的稳定性和操纵性问题通常可分为纵向运动和侧向运动单独进行研究。本章研究飞机作纵向运动时的平衡、稳定性和操纵性问题。

6.1 飞机的纵向平衡

飞机的平衡包括作用力平衡和力矩平衡两个方面。第2章在讨论飞机的飞行性能时，把飞机当作一个质点，主要讨论了飞机的等速直线运动，即作用力的平衡问题。本章和下一章主要研究力矩平衡。讨论力矩平衡问题时，采用的是机体坐标轴系。相对横轴(Oz_t轴)的力矩平衡称为俯仰平衡；相对立轴(Oy_t轴)的力矩平衡称为方向平衡；相对纵轴(Ox_t轴)力矩平衡称为横向平衡。

飞机的纵向平衡是指作用在飞机上的俯仰力矩的平衡，即作用于飞机的各俯仰力矩之和为零，这时飞机迎角保持不变。

作用在飞机上的俯仰力矩之和用M_z表示，则飞机的纵向平衡条件可写为

$$M_z = 0 \tag{6-1}$$

规定力矩使飞机机头上仰为正，下俯为负。

工程和研究中常习惯采用无量纲的力矩系数来分析问题，力矩系数m_z定义为

$$m_z = \frac{M_z}{\frac{1}{2}\rho V^2 S b_A} \tag{6-2}$$

式中，S为机翼表面积；b_A为机翼平均空气动力弦的弦长。

这样力矩平衡条件可表达为

$$m_z = 0 \tag{6-3}$$

作用在飞机上的俯仰力矩是由飞机各个部件上受到的空气动力产生的力矩以及推力对飞机重心产生的力矩组成的，主要有：机翼、机身产生的俯仰力矩，水平尾翼产生的俯仰力矩，推力(或拉力)产生的俯仰力矩等。

1. 机翼产生的俯仰力矩

当飞机在空中飞行时，机翼上将产生升力和阻力，升力和阻力合称为气动力，其作用点称为压力中心。

由于一般翼型压力中心的位置会随着迎角的改变而改变，例如在达到抖动迎角之前，迎角增加，压力中心将前移，这给研究力矩平衡问题带来不便。为此，定义焦点的概念。

通过变换不同的迎角做实验，发现在机翼上总可以找到一点，空气动力对该点产生的力矩不随迎角(或升力系数)的变化而变化，该点称为焦点或空气动力中心，如图6.2中F点。焦点到前缘的距离用x_F表示。机翼的焦点一般在压力中心的前面。对于对称翼型，焦点和压力中心重合。

可以证明，焦点是升力增量的作用点。

这样作用在机翼上的气动力就可以用作用在焦点上的气动力和绕焦点的力矩$M_{z0翼}$来表示。由焦点的定义知，$M_{z0翼}$的大小不随迎角而变化。

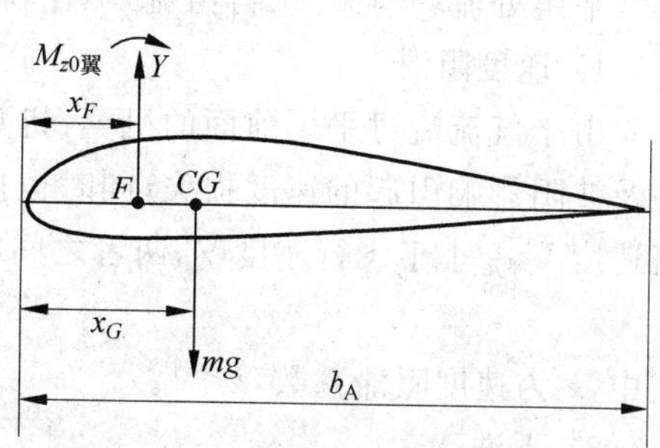

图6.2 机翼的俯仰力矩

在研究机翼的俯仰力矩时，由于阻力产生的俯

仰力矩相对很小，因此通常忽略不计。机翼的受力情况通常在机翼的平均空气动力弦上表示，如图 6.2 所示。一般情况下，机翼的焦点一般在压力中心的前面，因此图中 $M_{z0翼}$ 为负值。

则机翼对重心产生的俯仰力矩为

$$M_{z翼} = M_{z0翼} + (x_G - x_F)Y \tag{6-4}$$

写成力矩系数的形式为

$$m_{z翼} = m_{z0翼} + (\bar{x}_G - \bar{x}_F)C_y \tag{6-5}$$

式中，有

$$\bar{x}_G = \frac{x_G}{b_A}, \quad \bar{x}_F = \frac{x_F}{b_A} \tag{6-6}$$

由式(6-5)可见，机翼产生的俯仰力矩的大小最终只取决于飞机重心位置、迎角和飞机构型。

一般情况下机翼产生下俯力矩，即 $m_{z翼} < 0$。也就是说，机翼的空气动力作用点一般都在飞机重心之后。但当重心后移较多且迎角很大时，也可能产生上仰力矩。

2. 机身及翼身组合体的俯仰力矩

现代飞机的机身接近于一个细长旋成体，当它以不大的迎角在气流中运动时，产生的气动力不大，作用点靠近机身的头部。因机身为旋成体，故其空气动力的作用点与焦点重合。另外当机翼和机身组合在一起时，两者的流场互相干扰，也会产生一部分力矩，但这两部分力矩与机翼的俯仰力矩相比是个小量。因此分析中常在机翼的俯仰力矩的基础上，再附加一个小修正量作为翼身组合体的俯仰力矩，表示如下：

$$\begin{aligned} m_{z翼-身} &= m_{z0翼} + \delta m_{z0身} + (\bar{x}_G - \bar{x}_F + \delta\bar{x}_{F身})C_y \\ &= m_{z0翼-身} + (\bar{x}_G - \bar{x}_{F翼-身})C_y \end{aligned} \tag{6-7}$$

式中，$x_{F翼-身}$ 为翼身组合体的焦点到前缘的距离。由于机身的焦点靠近头部，因此翼身组合体的焦点比机翼的焦点往前移了一点，也在重心的前面。

3. 平尾产生的俯仰力矩

正常飞机的水平尾翼一般安装在机翼之后。单独平尾产生的俯仰力矩的计算方法和机翼的情况类似，只是平尾一般采用对称翼型，其压力中心和焦点重合，因此 $M_{z0平尾}$ 为零。另外由于平尾安装在机翼之后，平尾处的流场要受到前方流动的影响。

平尾处流场与来流(自由流)相比，存在两个主要差异。

1) 速度阻滞

由于气流流过平尾前面的机翼、机身时有能量损耗(这主要考虑气流流经翼身时由于黏性及波阻影响引起的速度损失，同时也折合考虑了机身对平尾遮挡的影响)，使得平尾处气流速度 $V_{平尾}$ 小于飞行速度 V，两者之间的关系用下式描述：

$$V_{平尾}^2 = kV^2 \tag{6-8}$$

式中，k 为速度阻滞系数，$k<1$。

2) 下洗

由于翼身组合体涡系的诱导作用及动力系统的影响，使平尾区平均流速方向较飞行速

度向下偏转了一个角度，称下洗角 ε。

另外，考虑到平尾的安装方向通常与机翼安装方向有偏差，存在安装角 ϕ（即平尾翼弦延长线与机翼翼弦之间的夹角，延长线在机翼翼弦以下，$\phi>0$，反之 $\phi<0$），因此，平尾处有效迎角 $\alpha_{平尾}$ 为

$$\alpha_{平尾}=\alpha-\phi-\varepsilon \tag{6-9}$$

图 6.3 中，平尾翼弦延长线在机翼翼弦以下，所以 $\phi>0$。

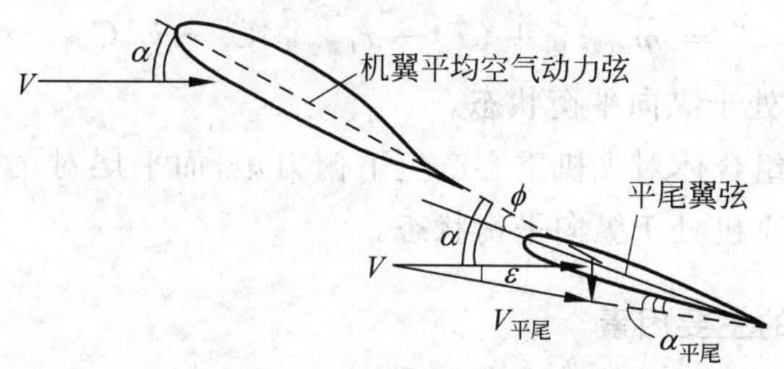

图 6.3 平尾处有效迎角

同样忽略阻力对飞机重心的俯仰力矩，则平尾绕飞机重心的俯仰力矩为

$$\begin{aligned}M_{z平尾}&=-Y_{平尾}L_{平尾}=-\frac{1}{2}\rho V^2_{平尾}C_{y平尾}S_{平尾}L_{平尾}\\&=-\frac{1}{2}k\rho V^2C_{y平尾}S_{平尾}L_{平尾}\end{aligned} \tag{6-10}$$

式中，$L_{平尾}$ 为平尾焦点到飞机重心的水平距离，见图 6.4。

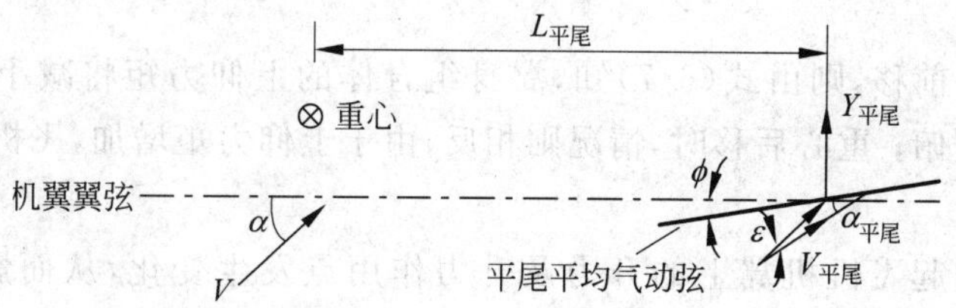

图 6.4 平尾的俯仰力矩

平尾的力矩系数：

$$m_{z平尾}=\frac{M_{z平尾}}{\frac{1}{2}\rho V^2Sb_A}=-kAC_{y平尾} \tag{6-11}$$

式中，$A=S_{平尾}L_{平尾}/(Sb_A)$。

一般情况下，平尾安装角 $\phi>0$，平尾处为负迎角，因此在正常飞行中，水平尾翼产生负升力，故水平尾翼对重心产生的力矩是上仰力矩。当迎角很大时，也可能会产生下俯力矩。

4. 推力产生的俯仰力矩

喷气发动机的推力或螺旋桨的拉力，其作用线若不通过飞机重心，也会形成围绕重心的俯仰力矩，称为推力力矩。但推力力矩相对而言较小，不是影响俯仰力矩的主要因素。这里不再详细讨论。

此外，喷气发动机进气道的进口处产生的法向气动力对重心的力矩、喷气发动机尾喷流

引起的力矩、螺旋桨滑流等也会对俯仰稳定性产生一些影响。

5. 全机的俯仰力矩

忽略推力及其他一些因素产生的俯仰力矩，由迎角变化引起的全机俯仰力矩即为翼身组合体和平尾的俯仰力矩之和。因此全机的俯仰力矩系数为

$$\begin{aligned} m_z &= m_{z\text{翼-身}} + m_{z\text{平尾}} \\ &= m_{z0\text{翼-身}} + (\bar{x}_G - \bar{x}_{F\text{翼-身}})C_y - kAC_{y\text{平尾}} \end{aligned} \tag{6-12}$$

当 $m_z=0$ 时，飞机处于纵向平衡状态。

一般情况下，翼身组合体对飞机重心产生下俯力矩，而平尾对飞机重心产生上仰力矩，当两者的大小相等时，飞机处于纵向平衡状态。

6. 影响纵向平衡的主要因素

根据作用在飞机上的各俯仰力矩的表达式可知：重心位置、气动力作用位置、气动力大小等都会影响飞机的纵向平衡。

影响飞机纵向平衡的主要因素有：重心变化、收放襟翼、收放起落架和加减油门等。

1）重心变化

飞行中燃料的消耗、人员和货物的移动会造成飞机重心位置的变化。飞机重心的前后移动会直接影响到翼身组合体及平尾俯仰力矩的大小。由于翼身组合体的焦点到重心的距离比平尾焦点到重心的距离要小得多，因此重心移动对翼身组合体的俯仰力矩影响较大。

飞机重心如果前移，则由式(6-7)知，翼身组合体的上仰力矩将减小，因此原来处于俯仰平衡的飞机将下俯；重心后移时，情况则相反，由于上仰力矩增加，飞机将上仰。

2）收放襟翼

收放襟翼会引起飞机机翼上的升力及升力作用点发生变化，从而影响到机翼的俯仰力矩。

当襟翼放下时，机翼升力增大，同时由于襟翼部分上下压力差增加较多，升力作用点后移。一般情况下机翼产生的是下俯力矩，升力作用点在重心之后。因此升力作用点后移会使下俯力矩增加；另一方面，襟翼放下，会使气流通过机翼后的下洗角增大，平尾负升力增大，使飞机机头的上仰力矩变大。放襟翼后，飞机机头最终是上仰还是下俯与襟翼的类型、放下的角度以及水平尾翼的安装角等有关。

3）收放起落架

收放起落架一方面会导致飞机重心前后移动引起俯仰力矩变化；另一方面，起落架放下时增加了附加阻力，对飞机重心产生下俯力矩，从而引起俯仰力矩的变化。收放起落架后，飞机机头最终是上仰还是下俯要综合考虑上述因素的影响。

4）加减油门

加减油门不仅直接改变了推力大小，从而使作用在飞机上的俯仰力矩发生变化，影响飞机的俯仰平衡；还会改变飞行速度，使作用在机翼和尾翼上的空气动力发生变化，从而改变机翼和尾翼上的俯仰力矩，影响飞机的俯仰平衡。

6.2 飞机的纵向稳定性

6.2.1 稳定性概念及条件

物体的稳定性是指物体在平衡状态的基础上，受到微小扰动后，偏离了原平衡状态，在扰动消失后，能自动回到原平衡状态的特性。

根据使物体偏离其平衡位置的扰动作用停止后，物体能否自动恢复到原先的平衡位置，将物体的稳定性分为三种情况：稳定、中立稳定和不稳定，如图 6.5 所示。

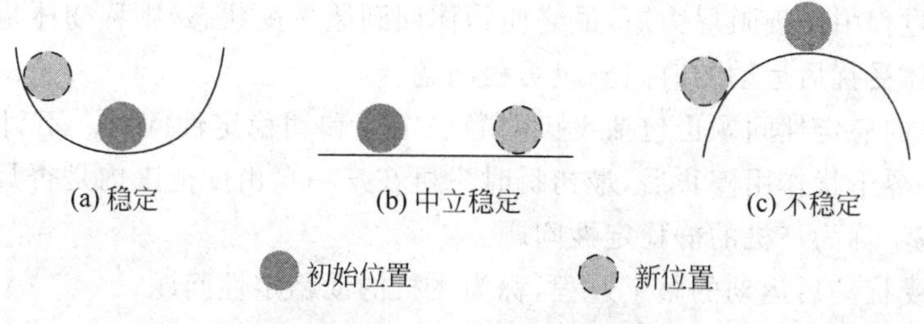

图 6.5 物体稳定性的三种情况

在图 6.5(a)中，圆球受轻微扰动后，最后能恢复到原来的平衡位置，称圆球具有稳定性；在图 6.5(b)中，圆球受轻微扰动后，不能恢复到原来的平衡位置，但能在新的位置平衡下来，称为中立稳定；在图 6.5(c)中，圆球受轻微扰动后，最后不能恢复到原来的平衡位置，则圆球是不稳定的。

物体必须具备两个条件才具有稳定性。以单摆为例，如图 6.6 所示，下垂的单摆是稳定的。一旦摆锤偏离原平衡状态，重力分力形成的力矩力图使摆锤回到原平衡位置，该力矩称为稳定力矩。此外，摆锤在摆动过程中还受到空气阻力形成的力矩作用，该力矩称为阻尼力矩。单摆在这两个力矩的共同作用下，最终回到原平衡状态。

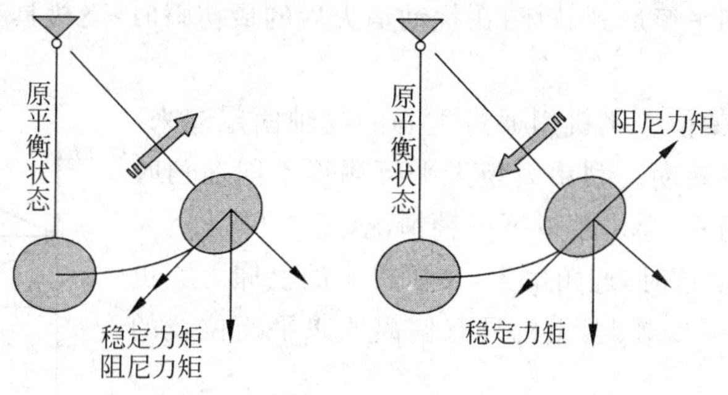

图 6.6 单摆的稳定性

可见，下垂的单摆之所以具有稳定性，是因为它受到稳定力矩和阻尼力矩的共同作用。

稳定力矩是指物体受扰偏离原平衡状态后，自动出现的、力图使物体回到原平衡状态的、方向始终指向原平衡位置的力矩。

阻尼力矩是指物体受扰后的运动过程中，自动出现的、力图使物体最终回到原平衡状态的、方向始终与运动方向相反的力矩。

稳定力矩和阻尼力矩是物体具有稳定性的两个必要条件。倒立的单摆因为不具备稳定力矩，因此是不稳定的。放置在真空中的下垂单摆不具备阻尼力矩，因此也是不稳定的。

飞机的稳定性与上述物体的稳定性相似，是指飞机受扰偏离原平衡状态，在扰动消失后能自动恢复到原平衡状态的能力。飞机的稳定性包括纵向(俯仰)稳定性、方向稳定性和横向稳定性。

通常将稳定性问题分为静稳定性与动稳定性两种情况来分析。物体受扰后自动出现稳定力矩，使物体具有回到原平衡状态的趋势，称物体是静稳定的。静稳定性研究物体受扰后的最初响应问题。

扰动运动过程中出现阻尼力矩，最终使物体回到原平衡状态，则称物体是动稳定的。动稳定性研究物体受扰后运动的时间响应历程问题。

同样，飞机的稳定性问题也包括飞机的静稳定性和动稳定性问题。不讨论运动的全过程，只关注当外界干扰作用停止后，最初瞬时飞机在某一自由度范围内是否具有恢复到原来飞行状态的趋势，称为飞机的静稳定性问题。

研究飞机受扰动后运动的整个过程，称为飞机的动稳定性问题。

飞机的稳定性是飞机设计中衡量飞行品质的重要参数。飞机如果没有稳定性，则当飞机受到扰动后，飞行员要及时进行操纵，使其回到平衡状态。但这样就增加了飞行员的工作负荷。而且由于飞行员的操纵总是存在一定的滞后效应，因此，有时会形成反操纵，使飞机更快地偏离平衡状态，最终导致事故的发生。因此，为确保飞行安全，一般飞机需要具有稳定性。

6.2.2 飞机的纵向静稳定性

1. 飞机纵向静稳定性的判据

飞机的纵向静稳定性是指飞机的俯仰静稳定性，它指的是飞行中，飞机受微小扰动使迎角发生变化以至俯仰平衡遭到破坏，在扰动消失后的最初瞬时，飞机具有恢复原俯仰平衡趋势的特性。

在风洞中，将一架模型飞机用通过重心的横轴固定起来，这样飞机只能绕横轴转动。利用力矩天平可测得不同迎角时飞机绕横轴的气动力矩，会出现以下三种情况(见图 6.7)。

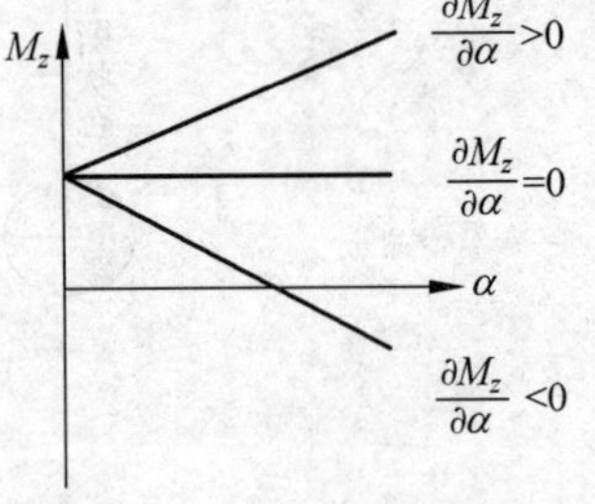

图 6.7 飞机的静稳定性

(1) $\partial M_z/\partial\alpha>0$：这时，迎角增大，飞机机头的上仰力矩也增加，将导致迎角进一步增大，飞机具有偏离原来平衡位置的趋势，则为静不稳定。

(2) $\partial M_z/\partial\alpha=0$：这时，迎角增大，上仰力矩大小不变，即飞机可在新的迎角下平衡，为中立静稳定。

(3) $\partial M_z/\partial\alpha<0$：这时，迎角增大，飞机机头的上仰力矩减小，将导致迎角减小，飞机具有回到原来平衡位置的趋势，则为静稳定。

因此，飞机具有纵向静稳定性的条件是

$$\frac{\partial M_z}{\partial \alpha} < 0 \quad 或 \quad m_z^\alpha = \frac{\partial m_z}{\partial \alpha} < 0 \tag{6-13}$$

也就是说，当作用在飞机上的俯仰力矩满足式(6-13)时，为稳定力矩。m_z^α称为纵向静稳定度，它表示迎角每变化1°时俯仰力矩系数的变化量。当纵向静稳定度小于零时，飞机具有纵向静稳定性，而且其绝对值越大，静稳定性越好。

飞机的纵向静稳定性只表示当飞机受到扰动迎角发生变化，飞机偏离原俯仰平衡位置后的最初瞬间，飞机能恢复到原来的迎角位置的趋势。但它对飞机的平衡、稳定和操纵性有很大影响，所以是飞机设计的重要参数之一。

2. 翼身组合体的纵向静稳定性

翼身组合体的俯仰力矩表达式见式(6-7)。在式(6-7)中，在到达抖动迎角前，升力系数C_y可表示为

$$C_y = a(\alpha - \alpha_0) \tag{6-14}$$

式中，a为机翼升力系数曲线斜率；α_0为零升迎角。

则翼身组合体的纵向静稳定度为

$$m^\alpha_{z翼-身} = \frac{\partial m_{z翼-身}}{\partial \alpha} = a(\bar{x}_G - \bar{x}_{F翼-身}) \tag{6-15}$$

由于翼身组合体(又称无尾飞机)的焦点通常在重心之前，因此$m^\alpha_{z翼-身} > 0$，翼身组合体是纵向静不稳定的。

3. 水平尾翼的纵向静稳定性

同样可以写出水平尾翼的升力表达式。水平尾翼一般为对称翼型，在式(6-11)中，在到达抖动迎角前，平尾的升力系数$C_{y平尾}$与平尾的迎角成正比，有

$$C_{y平尾} = a_{平尾}(\alpha_{平尾} + n\delta_{舵}) \tag{6-16}$$

式中，$\alpha_{平尾}$为平尾的有效迎角；$\delta_{舵}$为升降舵偏角，下偏为正；n为升降舵效率，表示升降舵每下偏1°所增加的平尾升力相当于平尾有效迎角增加n度时所增加的平尾升力；$a_{平尾}$为平尾升力系数曲线斜率。

这样平尾的力矩系数可表示为

$$m_{z平尾} = -kAC_{y平尾} = -kAa_{平尾}(\alpha - \phi - \varepsilon + n\delta_{舵}) \tag{6-17}$$

式中的下洗角ε将随翼身组合体迎角而变化，与翼身组合体的升力有关，因此可以将其表述为

$$\varepsilon = \varepsilon_0 + \frac{\partial \varepsilon}{\partial \alpha}(\alpha - \alpha_0) \tag{6-18}$$

式中，α_0为零升力迎角；ε_0为零升迎角时所对应的下洗角，为常数。

将式(6-18)代入式(6-17)，得

$$\begin{aligned} m_{z平尾} &= -kAa_{平尾}\left(\alpha - \phi - \varepsilon_0 + n\delta_{舵} - \frac{\partial \varepsilon}{\partial \alpha}(\alpha - \alpha_0)\right) \\ &= -kAa_{平尾}(\alpha_0 - \phi - \varepsilon_0 + n\delta_{舵}) - kAa_{平尾}(\alpha - \alpha_0)\left(1 - \frac{\partial \varepsilon}{\partial \alpha}\right) \end{aligned} \tag{6-19}$$

从而可推得平尾的纵向静稳定度的表达式为

$$m_{z平尾}^{\alpha}=-kAa_{平尾}\left(1-\frac{\partial\varepsilon}{\partial\alpha}\right) \tag{6-20}$$

由于迎角每变化1°引起的下洗角的变化总是小于1°，即$\partial\varepsilon/\partial\alpha<1$，所以$m_{z平尾}^{\alpha}<0$，说明平尾是纵向静稳定的。

4. 全机的纵向静稳定性

全机的纵向静稳定度为

$$\begin{aligned}m_z^{\alpha}&=a(\bar{x}_G-\bar{x}_{F翼-身})-kAa_{平尾}\left(1-\frac{\partial\varepsilon}{\partial\alpha}\right)\\&=a\left(\bar{x}_G-\bar{x}_{F翼-身}-\frac{kAa_{平尾}}{a}\left(1-\frac{\partial\varepsilon}{\partial\alpha}\right)\right)\end{aligned} \tag{6-21}$$

令

$$\bar{x}_{F机}=\bar{x}_{F翼-身}+\frac{kAa_{平尾}}{a}\left(1-\frac{\partial\varepsilon}{\partial\alpha}\right) \tag{6-22}$$

式中，$x_{F机}$为全机的焦点。

则有

$$m_z^{\alpha}=a(\bar{x}_G-\bar{x}_{F机}) \tag{6-23}$$

由式(6-22)可见，由于平尾的影响，全机的焦点在翼身组合体的焦点之后。当$x_{F机}>x_G$，即全机的焦点位于飞机重心之后时，则飞机的$m_z^{\alpha}<0$，飞机具有俯仰静稳定性，且m_z^{α}的绝对值越大，飞机的纵向静稳定性越好。

飞机各部件焦点的相对位置见图6.8。

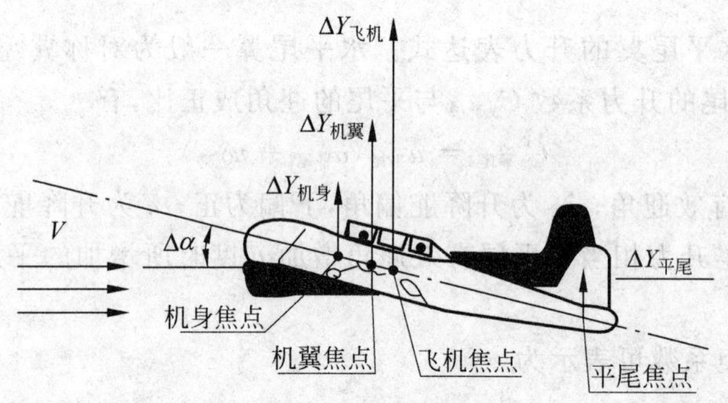

图6.8　飞机的焦点

综上所述，飞机的俯仰稳定力矩主要由平尾产生。只有当飞机的焦点位置在飞机重心之后，飞机才具有纵向静稳定性。焦点距离重心越远，俯仰稳定性越强。由于平尾的作用，使焦点位置大大后移(至重心之后)，保证了飞机会产生俯仰稳定力矩。

5. 重心后限

为了保证飞机有足够的稳定性，必须保证$(x_F-x_G)>0$，且留有一定余量，为此规定了“飞机的重心后限”：任何情况下，都不允许飞机的重心距飞机焦点太近，更不允许飞机的重心后移到飞机焦点之后，否则飞机不具备纵向静稳定性，会严重影响飞机的安全。

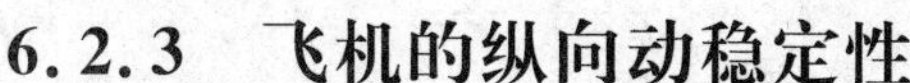

6.2.3　飞机的纵向动稳定性

飞机具有静稳定性仅说明扰动停止瞬间飞机具有恢复原来运动状态的趋势。但飞机最终能不能回到原平衡位置还取决于飞机是否具有动稳定性。飞机受扰偏离平衡位置,当扰动消失后,飞机最终能回到原来的平衡位置,称飞机具有动稳定性。分析飞机在受瞬时扰动后的整个过程,以判断飞机是否自动回到原来的运动状态,这就是飞机动稳定性研究的内容。

1. 飞机的俯仰阻尼力矩

飞机受扰动后,仅有俯仰稳定力矩是不够的。在稳定力矩作用下,飞机力图回到原平衡位置,但最后能否回到原平衡位置,还取决于飞机是否具有阻尼力矩。如果没有阻止飞机转动的力矩存在,飞机就会和真空中的摆锤一样,来回摆动,永远也回不到原先的平衡位置。

因此飞机要有稳定性,首先要有稳定力矩,但只有稳定力矩还不行,它只是稳定性的必要条件,还要有阻尼力矩,才能充分地保证飞机有稳定性。

飞机在受扰动后,绕横轴转动,飞机的转动与空气相互作用的结果,在飞机上产生了一个新的附加力矩,力图阻止飞机的转动,称为俯仰(纵向)阻尼力矩。在此力矩(俯仰阻尼力矩)的作用下,飞机受扰动后的俯仰摆动逐渐减弱,直至完全消失,最后飞机重新取得平衡。

水平尾翼离重心较远,其阻尼作用最大,因此飞机的俯仰阻尼力矩主要由水平尾翼产生。当飞机发生扰动,偏离原俯仰平衡位置后,在稳定力矩的作用下,飞机绕横轴转动,试图回到原平衡位置。设飞机的飞行速度为 V,受扰动后绕横轴转动的角速度为 ω_z,当飞机机头向上转动时(见图 6.9),平尾将向下运动,相对气流方向向上,从而加大了平尾处的迎角,平尾上产生向上的附加升力,对重心形成让机头下俯的力矩,这个力矩方向与飞机的转动方向相反,是阻止飞机绕横轴转动的,所以称为纵向阻尼力矩。

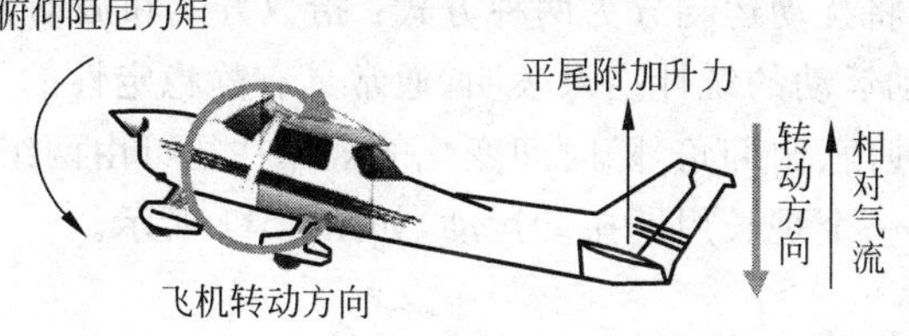

图 6.9　飞机的俯仰阻尼力矩

当飞机机头向上转动时,平尾纵向阻尼力矩的大小可以按下式计算:

$$M_{z\omega_z平尾} = -\Delta Y_{平尾} L_{平尾} = -\frac{1}{2}\rho V_{平尾}^2 \Delta C_{y平尾} S_{平尾} L_{平尾}$$

$$= -\frac{1}{2}k\rho V^2 a_{平尾} \Delta\alpha_{平尾} S_{平尾} L_{平尾} \tag{6-24}$$

式中,$\Delta\alpha_{平尾}$是由于扰动造成的水平尾翼局部迎角增加量(见图 6.10),其大小可近似用下式计算:

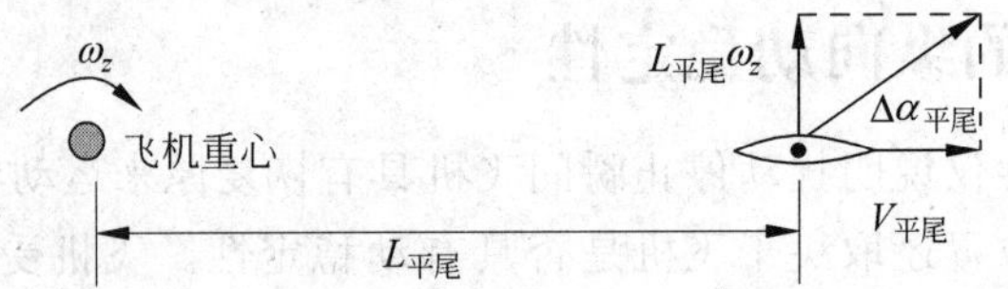

图 6.10　水平尾翼的局部迎角增加量

$$\Delta\alpha_{平尾} = \frac{\omega_z L_{平尾}}{V_{平尾}} \tag{6-25}$$

将式(6-25)代入式(6-24)得

$$M_{z\omega_z 平尾} = \frac{-\frac{1}{2}k\rho V^2 a_{平尾}\omega_z L_{平尾}^2 S_{平尾}}{V_{平尾}} = -\frac{1}{2}\sqrt{k}\rho V a_{平尾} S_{平尾} L_{平尾}^2 \omega_z \tag{6-26}$$

由式(6-26)可见，平尾纵向阻尼力矩的大小只与飞行速度一次方成正比。

平尾纵向阻尼力矩系数为

$$m_{z\omega_z 平尾} = -\frac{\sqrt{k}a_{平尾} S_{平尾} L_{平尾}^2 \omega_z}{S b_{A} V} \tag{6-27}$$

由式(6-27)可见，要增大平尾阻尼力矩，以增大 $L_{平尾}$ 最有效，因为平尾纵向阻尼力矩与 $L_{平尾}$ 的平方成正比。

正常式飞机机翼、机身的纵向阻尼力矩也占有一定的百分比，由于其计算较复杂，一般用平尾的纵向阻尼力矩系数乘一个放大系数来近似描述全机的纵向阻尼力矩系数。

纵向阻尼力矩与纵向稳定力矩有本质的差别。稳定力矩是当飞机迎角偏离平衡迎角后，飞机产生附加升力引起的，它的大小取决于迎角的偏离值；而阻尼力矩是在飞机转动过程中产生的。转动停止，它就消失。

2. 飞机的纵向动稳定性

飞机的动稳定性是研究飞机受扰动后运动的整个过程。根据受干扰后，运动参数偏离随时间的变化规律，可将扰动运动分为两种方式：指数方式和振动方式。

研究飞机纵向扰动运动的统计结果表明，通常具有静稳定性的飞机，其纵向扰动运动的各个运动参数(速度、迎角、俯仰角)随时间变化的规律往往可由两组振动运动来描述：一个是短周期振动运动，另一个是长周期振动运动，如图 6.11 所示。

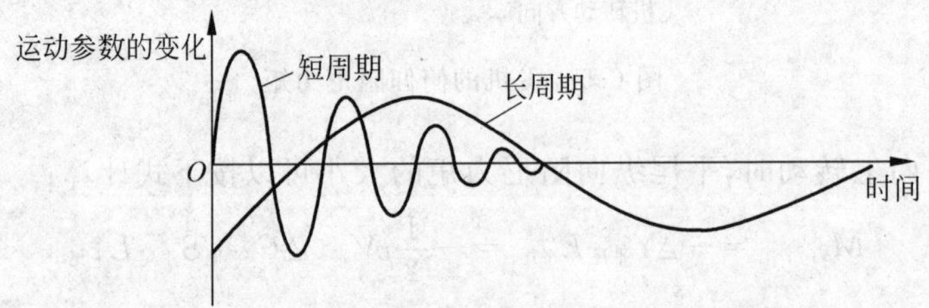

图 6.11　短周期振动运动和长周期振动运动

短周期振动运动的周期很短，且衰减很快，近代飞机在低速飞行时，短周期运动的振动周期为 4～7s，其振幅减小到一半所需的时间为 0.5～1s。而长周期运动的周期很长，且衰

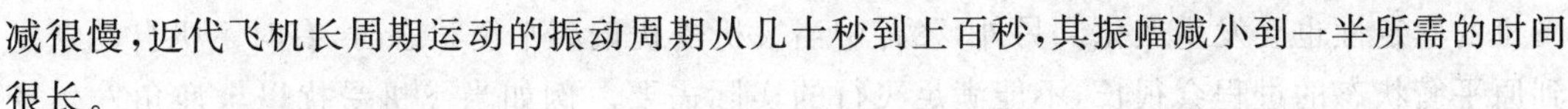

减很慢，近代飞机长周期运动的振动周期从几十秒到上百秒，其振幅减小到一半所需的时间很长。

飞机受到纵向扰动后，迎角、速度和航迹角都会发生变化。一般迎角随时间的变化表现为短周期振动运动，而速度和航迹角的变化则作缓慢的长周期振动运动。这是因为飞机受到突然升降的气流扰动后，很容易绕横轴转动，因此迎角改变非常迅速。在较强的纵向稳定力矩和阻尼力矩的作用下，当飞机的纵向力矩平衡后，迎角变化会迅速消失。而飞机在运动中的惯性却非常大，故在短时间内速度和航迹角的改变非常缓慢，而且要经过一定时间，作用在飞机上的各种外力获得平衡后，速度和俯仰角的变化才会随之消失。

通过建立飞机扰动运动方程组，就可以求得短周期运动和长周期运动的相关特征参数，如周期及半衰期（振幅减小到一半所需的时间）等，参见相关参考文献。

3. 飞机自动恢复原来迎角的过程

在飞行中，飞机在平衡状态下受微小扰动机头上仰转动时，由于迎角增大，水平尾翼上的迎角增加，产生向上的附加升力，对飞机重心形成下俯的稳定力矩，制止迎角增大。同时由于飞机机头向上运动，还会产生使机头下俯的阻尼力矩，使上仰角速度迅速消失。当上仰角速度减小至零时，迎角增大到最大值。在下俯稳定力矩的作用下机头开始向下转动，力图使飞机恢复到原来的迎角。随着机头向下转动，产生向上的上仰阻尼力矩，使下俯角速度逐渐消失。飞行实践证明，在低速飞行时，当迎角减小到原来的迎角时，下俯角速度也基本上减小至零，不会出现明显的摆过头的现象。也就是说，飞机无需经过明显的俯仰摆动就可以自动恢复到原来的迎角。

飞机受微小扰动以至迎角减小时，飞机自动恢复原来迎角的情形和原理与上述相同，只是现象相反。

6.2.4 影响飞机纵向稳定性的因素

下面分析一下影响飞机纵向稳定性的因素。

1. 重心位置

飞机重心位置靠前，重心到焦点的距离越长，由式(6-23)知，飞机受扰动后，迎角每变化1°所产生的俯仰稳定力矩就越大，飞机的俯仰稳定性就越强。

2. 速度

飞机受扰后摆动衰减时间的长短取决于阻尼力矩的大小。速度增大，由式(6-26)知，飞机的纵向阻尼力矩就越大，意味着飞机在受扰动后，可以更快地回到原平衡位置，飞机的稳定性越强。

3. 高度

由于纵向阻尼力矩只与速度的一次方成正比，并且与密度成正比，因此在相同的表速下，在高空，密度变小，纵向阻尼力矩变小，飞机受扰动后摆动的衰减时间长，稳定性减弱。

总之飞机的稳定性是相对的、有条件的。当飞行高度、飞行速度、重心位置发生变化时，飞机的稳定性也会发生变化。另外，飞行中当飞机受扰偏离平衡状态时，有时飞机自动恢复到原平衡状态的过程会很长，不能满足飞行的实际需要。例如当飞机受扰以至迎角发生变化时，飞机的俯仰摆动消失很快，能迅速恢复到原来的迎角，但飞行速度、飞行航迹的恢复需要较长的时间。因此需要飞行员主动、及时地对飞机实施操纵。

6.3 飞机的纵向操纵性

飞机的操纵性是指飞机在飞行员操纵升降舵、方向舵和副翼下改变其飞行状态的能力，包括俯仰操纵性、方向操纵性和横向操纵性。它主要研究飞行状态的改变与杆舵行程和杆舵力大小之间的基本关系，研究飞行员操纵杆、舵后飞机的反应快慢以及影响因素等。

飞机的操纵性又可以称为飞机的操纵品质，飞机操纵品质的好坏是一个与飞行员有关的带一定主观色彩的问题，但是仍然有一些基本的标准来衡量飞机的操纵品质。飞机的操纵品质常以输入量和输出量的比值(操纵性指标)来表示。驾驶员推拉驾驶杆和踩脚蹬的力量被视为操纵的“输入量”；驾驶杆和脚蹬所产生的位移也可以被视为“输入量”；而飞机的反应，如迎角、侧滑角、过载、角速度、飞行速度等的变化量等则视为操纵的“输出量”。这些输入量和输出量的比值不宜过小，也不宜过大。如果比值太小，则操纵输入量小、输出量大，飞机对操纵过于敏感，不仅难于精确控制，而且也容易因反应量过大而产生失速或结构损坏等问题；但如果比值过大，则操纵输入量大、输出量小，飞机对操纵反应迟钝，容易使飞行员产生错误判断，也可能造成飞机的大幅度振荡，同样导致失速或结构破坏。如果飞机在作飞行时，驾驶杆力和杆位移都适当，并且飞机的反应也不过快或者过分的延迟，那么就认为该飞机具有良好的操纵性。

飞机操纵性的好坏与飞机的稳定性之间存在着一定的排斥关系。如果飞机的稳定性很好，则飞机抵抗飞行状态变化的力和力矩会很大，飞机对飞行员操纵的响应就会很慢，飞机的操纵性会较差。反之，如果飞机的稳定性变差，飞机对操纵的响应就会变得灵敏，操纵特性变好。现代先进战斗机为了获得优良的操纵性和机动性，都将飞机设计成为气动不稳定的，而采用主动控制技术来控制飞机的稳定，从而实现好的操纵性。

飞机的操纵性通常分为飞机的静操纵性和飞机的动操纵性来进行研究。静操纵性只分析飞机从一个平衡状态到另一个新的平衡状态时所需舵偏角(杆位移)或杆力问题；而飞机的动操纵性分析飞机从一个飞行状态改变到另一个飞行状态的过渡过程的操纵问题(反应快慢、时间长短等)。

飞机的纵向操纵性又称为飞机的俯仰操纵性，是指飞行员操纵驾驶盘偏转升降舵后，飞机绕横轴转动而改变其迎角等飞行状态的特性。

6.3.1 直线飞行中改变迎角操纵的基本原理

飞行员操纵杆、舵后飞机飞行状态的变化，是由于飞机上各种力矩相互作用的结果。下面讨论直线飞行中飞机迎角操纵的原理。

在飞行中，飞行员通过前后推拉驾驶杆，控制升降舵向下或向上偏来改变飞机的迎角。如图 6.12 所示，当飞行员拉杆带动升降舵上偏时，平尾上会产生向下的附加升力，打破原有俯仰平衡,使飞机机头上仰。由于迎角增加,具有稳定性的飞机会产生使飞机机头下俯的稳定力矩。此外,机头上仰转动中,平尾还会产生使机头下俯的阻尼力矩,力图减小上仰角速度。开始时,由于上仰操纵力矩大于下俯稳定力矩和下俯阻尼力矩之和,所以上仰角速度有所增加,迎角迅速增加。但随着迎角的增加,下俯稳定力矩和下俯阻尼力矩增加,以至上仰操纵力矩小于下俯稳定力矩和下俯阻尼力矩之和,上仰角速度减小,但机头仍在上仰,迎角缓慢增加。当迎角增至某一迎角,上仰角速度减至零,下俯阻尼力矩消失,这时稳定力矩与操纵力矩相等,飞机停止转动,并保持较大迎角飞行。

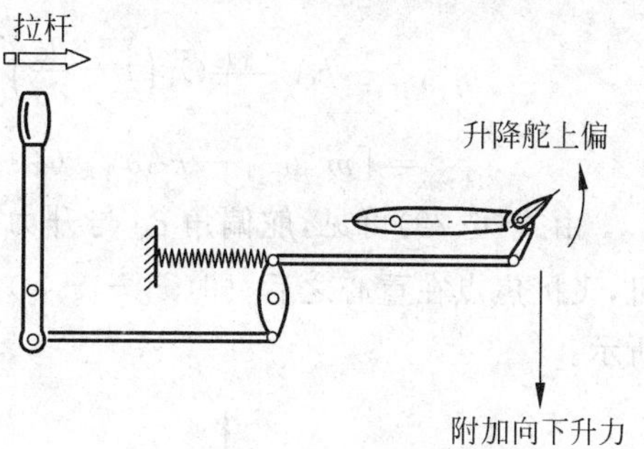

图 6.12 改变迎角操纵的基本原理

如果飞行员再向后拉一点杆,则飞机迎角会再增大一点,飞机将保持更大的迎角飞行。而如果飞行员往前推一点杆,则飞机就会保持较小的迎角飞行。由此可见,飞行中,驾驶杆前后的每一个位置(或升降舵偏角)对应着一个迎角。驾驶杆位置越靠后,升降舵上偏角越大,对应的迎角也越大。反之,驾驶杆位置越靠前,升降舵下偏角越大,对应的迎角也越小。

也就是说飞机迎角的大小只取决于杆位移,与飞行速度无关。这是因为操纵力矩和稳定力矩都与飞行速度的平方成正比,飞行速度变化时,这两个力矩以同样比例变化。

6.3.2 舵面平衡曲线

平飞中,为保持高度,当迎角增加时,要相应地收小油门,使升力保持不变,始终等于重力。也就是说,一个迎角对应一个平飞速度。大速度对应小迎角,小速度对应大迎角。由此得到平飞中升降舵偏角(即杆的前后位置)与速度的关系:小速度时,升降舵上偏;随着速度增加,升降舵减小上偏角;大速度时,升降舵下偏。即在平飞时,一个升降舵偏角对应一个固定的平飞速度,如图 6.13 所示,图中升降舵下偏为正,上偏为负。

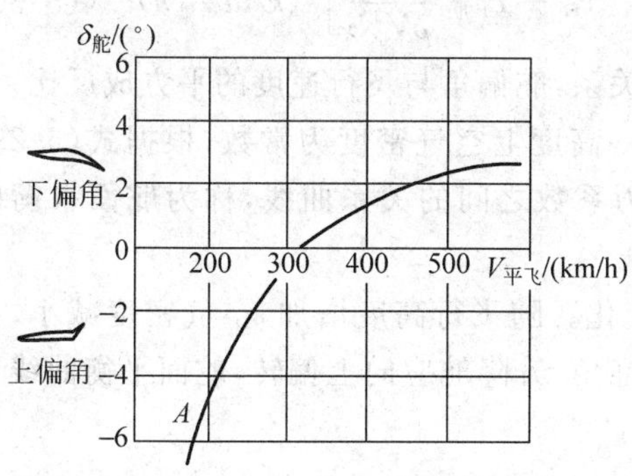

图 6.13 定常直线平飞条件下,飞行速度与升降舵偏转角的关系

升降舵偏角与飞行速度或升力系数之间的关系曲线称为舵面平衡曲线。

当飞机作定常直线运动时,作用在飞机上的纵向力矩之和必须为零,即 $m_z=0$。将式(6-19)代入式(6-12),并令 $m_z=0$,则有

$$m_z = m_{z0\text{翼-身}} + (\bar{x}_G - \bar{x}_{F\text{翼-身}})C_y - kA a_{\text{平尾}}(\alpha_0 - \phi - \varepsilon_0 + n\delta_{\text{舵}}) - kA\frac{a_{\text{平尾}}}{a}C_y\left(1-\frac{\partial\varepsilon}{\partial\alpha}\right) = 0 \tag{6-28}$$

由式(6-28),可求得满足纵向力矩平衡所需要的舵偏角:

$$\delta_{舵}=\Big[m_{z0翼-身}-kAa_{平尾}(\alpha_0-\phi-\varepsilon_0)+(\bar{x}_G-\bar{x}_{F翼-身})C_y$$

$$-kA\frac{a_{平尾}}{a}C_y\Big(1-\frac{\partial\varepsilon}{\partial\alpha}\Big)\Big]/(kAa_{平尾}n)$$

$$=[m_{z0翼-身}-kAa_{平尾}(\alpha_0-\phi-\varepsilon_0)+(\bar{x}_G-\bar{x}_{F机})C_y]/(kAa_{平尾}n) \tag{6-29}$$

由式(6-29)可见,舵偏角 $\delta_{舵}$ 与升力系数 C_y 呈线性关系。由于对于具有静稳定性的飞机,飞机焦点在重心之后,即$(\bar{x}_G-\bar{x}_{F机})<0$,因此 $\delta_{舵}$-C_y 曲线是一条下偏的直线,如图 6.14 所示。

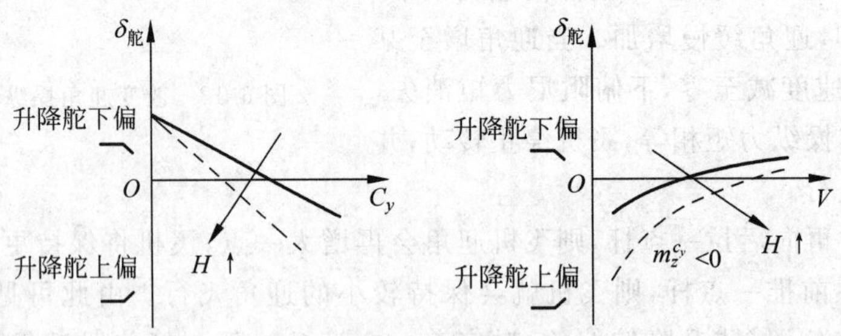

图 6.14　舵面平衡曲线

一般用俯仰操纵度的大小来表示飞机俯仰操纵性能的好坏。升降舵每偏转 1°所引起的飞机迎角增量称为俯仰操纵度。上偏角增大时,迎角增加,因此俯仰操纵度为负。由式(6-29)知俯仰操纵度大小与重心位置$(\bar{x}_G-\bar{x}_{F机})$有关。重心位置靠前,俯仰操纵度变小。

在定常直线飞行中,当航迹角不大时,可近似认为 $Y=G=C_y\rho V^2S/2$,则 $C_y=2G/(\rho V^2S)$,代入式(6-29),得

$$\delta_{舵}=\Big[m_{z0翼-身}-kAa_{平尾}(\alpha_0-\phi-\varepsilon_0)+(\bar{x}_G-\bar{x}_{F机})\frac{2G}{\rho V^2S}\Big]/(kAa_{平尾}n) \tag{6-30}$$

式(6-30)即为飞行速度与舵偏角之间的对应关系,舵偏角与飞行速度的平方成反比。

低速飞行时,可忽略空气的压缩性,认为在同一高度上空气密度为常数,根据式(6-29)和式(6-30),可画出升降舵偏角与飞行速度或升力系数之间的关系曲线,称为舵面平衡曲线,如图 6.14 所示。

图 6.14 中还表示了舵面平衡曲线随高度的变化。随飞行高度增加,空气密度减小,在相同速度下飞行时,为使升力等于重力,必须增大迎角,升降舵应向上偏转,舵面平衡曲线下移,如图 6.14 所示。

由式(6-29)和式(6-30)知,飞机重心的前后移动也会影响到舵面平衡曲线。重心前移,$\delta_{舵}$-C_y 曲线斜率的绝对值变大,曲线变陡;而 $\delta_{舵}$-V 曲线下移。

另外由图 6.14 可见,要改变相同的速度,大速度时需要的升降舵偏角小,而在小速度时需要的升降舵偏角大。

计及压缩性的影响得到的舵面平衡曲线在跨声速区出现了"勺形",如图 6.15 所示。

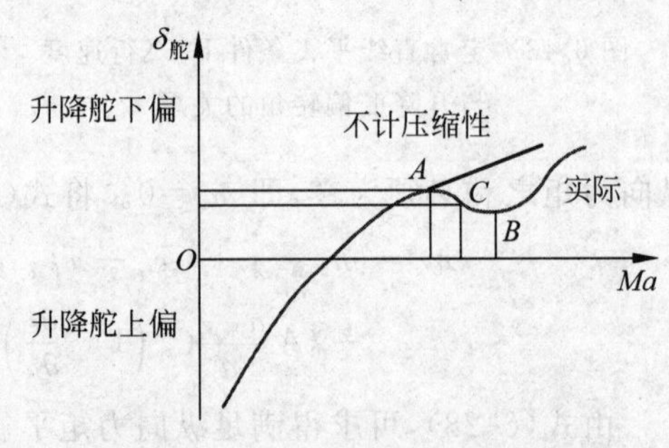

图 6.15　计及压缩性的舵面平衡曲线

在平衡曲线上 AB 段飞行时，操纵不符合飞行员的生理习惯，称为反操纵区。当不计压缩性影响时，速度增加，为保持升力不变，C_y要减小，迎角要减小，升降舵偏角要往下偏。但是在 AB 段飞行时，由图可见，速度增加，舵面偏角反而要进一步上偏。

另外在 AB 段飞机还容易出现自动俯冲现象。例如，飞机原来在 A 点处飞行，由于外界扰动，飞行速度增加到 A、B 间的某一点 C，这时飞机所需要的升降舵下偏角小于 A 点处的升降舵下偏角，多余的下偏角形成了使飞机下俯的力矩，使飞机进入俯冲，称为"自动俯冲"现象。

因此飞机设计中应对平衡曲线中"勺形区"的宽度和深度加以限制，以减小不正常操纵范围。目前大多数现代喷气运输机都采用了马赫数自动配平装置。当飞行马赫数进入反操纵区，马赫数自动配平装置会额外产生一个抬头力矩，消除反操纵的影响。

6.3.3 驾驶杆的杆力

杆力是飞行员操纵飞机过程中施加在驾驶杆上的力。如图 6.16 所示，当飞行员推杆时，升降舵下偏，在升降舵上产生了一个向上的气动力 $Y_{舵}$，这个力对升降舵的铰链轴形成了一个铰链力矩 $M_{枢轴}$，在这个力矩的作用下，升降舵和驾驶杆将回到原来的位置。因此飞行员必须用一定的力推杆，在驾驶杆上施加一个与 $M_{枢轴}$ 大小相同的力矩，这样才能维持驾驶杆和升降舵在所要求的位置上，这个力即称为杆力。

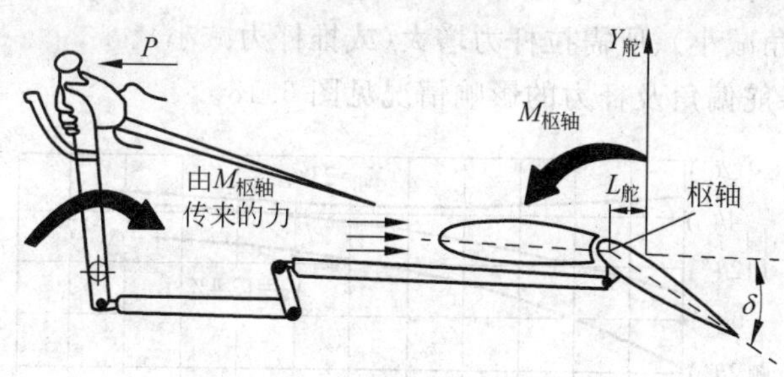

图 6.16 杆力的产生

杆力的大小可以用下式求得：

$$P_{杆} = K_z M_{枢轴} \tag{6-31}$$

式中，K_z为传动比，取决于操纵系统的几何尺寸和传动关系；$M_{枢轴}$ 为升降舵上的气动力对升降舵的铰链轴形成的铰链力矩，其大小与飞行速度、升降舵偏角等有关。

由式(6-31)可见，影响杆力的主要因素有以下几个。

1. 升降舵偏角

相同飞行速度下，升降舵偏角越大，作用在升降舵上的气动力就越大，$M_{枢轴}$ 越大，杆力也越大。

2. 速度

速度越大，气流动压就越大，作用在升降舵上的气动力就越大，杆力也越大，因此速度和杆力之间也存在一定的对应关系。杆力与速度之间的关系曲线称为杆力曲线，如图 6.17 所示。由图可见，随着速度增大，升降舵逐渐由上偏转为下偏，杆力由拉杆力逐渐转为推杆力，速度越大，推杆力越大。

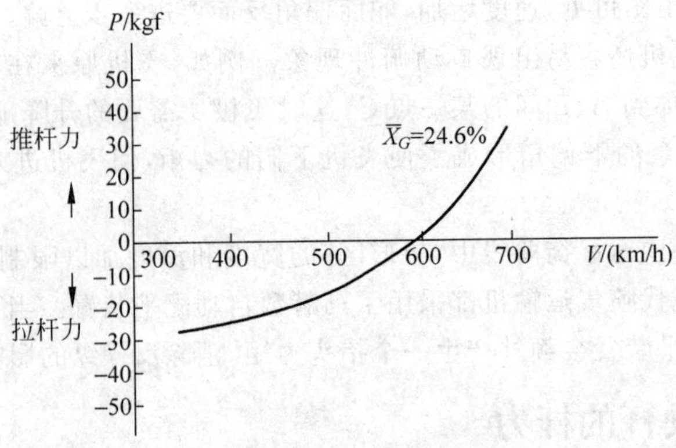

图 6.17 杆力曲线

3. 重心位置

重心位置前移，相同飞行速度(迎角)下，具有静稳定性的飞机，机翼上的升力对重心形成的下俯力矩增大。为满足俯仰平衡条件，就需要增加平尾上的负升力，因此所需升降舵的上偏角增大(或下偏角减小)、所需拉杆力增大(或推杆力减小)。

重心位置对升降舵偏角及杆力的影响情况见图 6.18。

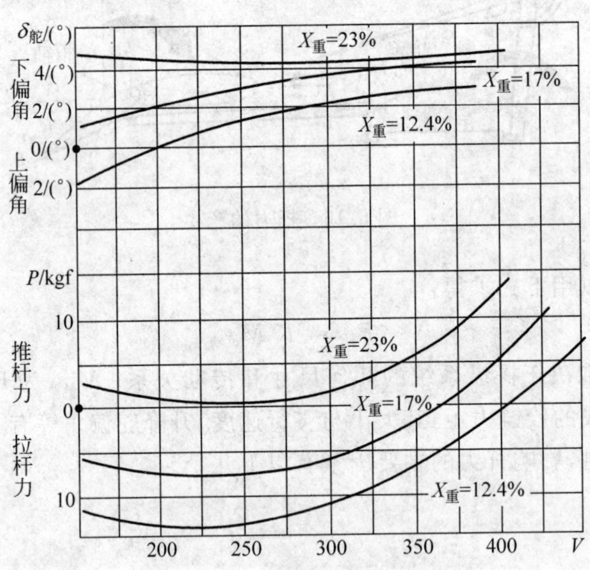

图 6.18 重心位置对升降舵偏角及杆力的影响

6.3.4 曲线飞行中改变迎角的原理

在垂直平面内的曲线飞行中飞行员改变相同迎角所需要的操纵力矩的大小与直线飞行时有所不同。

垂直平面内的曲线飞行中飞机会以恒定角速度绕横轴旋转。例如当飞机沿倾斜向上的轨迹作等速曲线运动时，如图 6.19 所示。飞机的航迹倾角逐渐增大，飞机每一瞬间的迎角与前一时刻的迎角相比有减小的趋势，因此平尾上负升力增加，产生使飞机机头上仰的稳定力矩，迫使飞机机头绕横轴向上转动，力图保持原来的迎角不变。同时由于机头的转动，产生俯仰阻尼力矩，当稳定力矩和阻尼力矩相等时，飞机以恒定角速度绕横轴向上转动。同样的，当飞机沿倾斜向下的轨迹作等速曲线运动时，飞机在稳定力矩和阻尼力矩的作用下会以恒定角速度绕横轴作下俯转动。也就是说当飞机作曲线运动时，机头会不断地追气流转动。

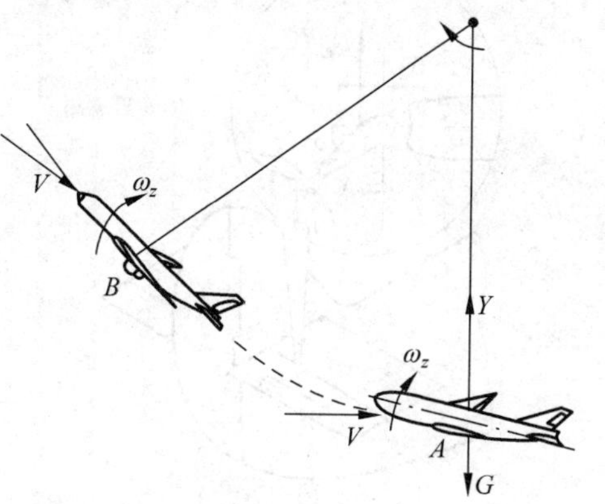

图 6.19　垂直平面内的曲线飞行

因此在等速曲线运动中，飞机速度方向上的角速度(简称为轨迹角速度)和飞机绕横轴转动的角速度(简称为转动角速度)都保持不变，飞机迎角保持不变。当飞行员拉杆，升降舵上偏角增大，会产生附加的上仰操纵力矩，使飞机迎角增加。由于迎角增加，会产生附加的下俯稳定力矩；同时由于机头不断上仰绕横轴转动，产生向下的阻尼力矩，当上仰操纵力矩等于附加的下俯稳定力矩和下俯阻尼力矩时，飞机在新的较大的迎角下飞行。

所以曲线飞行中飞行员操纵驾驶杆试图改变迎角时，由升降舵偏转产生的俯仰操纵力矩不仅要克服附加的稳定力矩，还要平衡阻尼力矩。这就导致了在相同的操纵力矩下，曲线飞行中的迎角改变量比直线飞行的迎角改变量要小。

6.3.5　调整片

1. 调整片的工作原理

实际飞行中，只要在升降舵的铰链轴上存在铰链力矩，就需要飞行员施加一定的操纵杆力以保持所需要的升降舵偏角。长时间飞行，即使不大的操纵力也会使飞行员感到疲劳。为此，飞行中通常使用调整片来减小或消除杆力。调整片通常附在操纵面后缘，可由飞行员单独操纵，如图 6.20 所示。在保持平尾升力不变的前提下，通过偏转调整片可使升降舵面上的铰链力矩为零。

调整片可以改变不同速度下的杆力大小。例如，飞行中当升降舵下偏一个角度时，飞行员必须施加一个推杆力。这时，若将调整片上偏一个角度，则调整片上将产生向下的空气动力，它对升降舵铰链轴产生的力矩可抵消一部分或全部铰链力矩，减轻了飞行员的推杆力。

而调整片下偏转则会使各个速度下的杆力增加额外的推杆力，即会使拉杆力的大小减小，如图 6.21 中的曲线 b，调整片下偏转，可使小速度 V_1 下的杆力为零，而在大速度下推杆力显著增加；曲线 c 则相反，表示了调整片上偏的情况，会使小速度下拉杆力增加，大速度下推杆力减小。

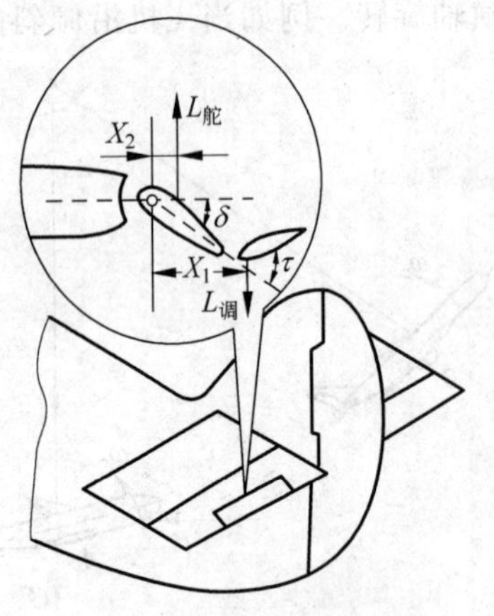

图 6.20 调整片示意图

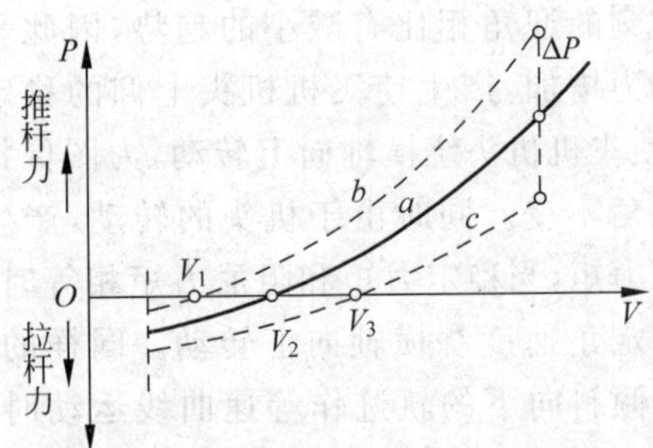

图 6.21 调整片对杆力的影响

2. 调整片分类

调整片通常有以下 4 种类型。

(1) 配平调整片(一般简称调整片):安装在常规舵面后缘,正确使用可消除或减轻杆、舵力。

(2) 随动调整片:安装在舵面后缘。无需操纵,随主操纵面的偏转而自动反向偏转,减小主操纵力。

(3) 平衡调整片:工作原理与配平调整片相同,直接操纵调整片,再通过调整片来带动舵面操纵飞机。弹簧调整片是通过操纵弹簧张力来操纵调整片,然后再通过调整片来操纵舵面。

(4) 反补偿片:安装在全动水平尾翼上,其作用是适当增加杆力,防止操纵感觉力太轻而造成"操纵过量"。使用时补偿片的转动方向与舵面同向(和调整片工作原理相反),构造上采用随动方式,无需人为操纵。

反补偿片有时也可以作为配平调整片使用,使用时其转动方向与舵面反向。

6.3.6 影响飞机纵向操纵性的主要因素

飞机的纵向操纵性受到许多因素的影响,如重心位置、飞行速度和飞行高度等。

1. 重心位置

前面讲过,重心的前后位置对飞机的纵向稳定性有影响,重心前移,重心到焦点的距离增加,俯仰稳定力矩增大,飞机的稳定性增加。为了确保飞机的稳定性,规定了"重心后限",即飞机重心必须位于飞机焦点之前,并留有一定安全裕量。

飞机重心的前后位置对飞机的纵向操纵性也有影响。由图 6.18 可知,飞机重心前移,会导致飞机拉杆力增大,升降舵的上偏角增大,使俯仰操纵性变差(因为升降舵上偏时,相同速度变化量下的舵偏角变化量增加)。尤其在近地面飞行时,由于地面效应的影响,平尾受到的下洗作用减弱,平尾上负升力减小,平尾产生的使机头上仰的力矩减小,为保持平衡,飞行员要多拉杆,即升降舵上偏角增大。但是,升降舵的上偏角受到气动结构和气流分离的限

制，不能无限增大。重心如果前移过多，有可能会出现即使将驾驶杆拉到底，也达不到所需要的迎角的情况。因此，为保证飞机的俯仰操纵性，重心位置必须有个前限，即"重心前限"。

可见，为保证飞机具有足够的纵向稳定性和良好的纵向操纵性，飞机重心应该在前后限的规定范围内。不仅如此，为提高飞行性能，飞机除了规定重心位置前限和后限外，还规定了飞机的有利重心范围。因为重心即使在规定范围内靠前或靠后，也会造成杆力过大或过小，造成操纵不便，并且重心在规定范围内靠前的话，会使平飞所需升降舵偏角变大，飞机阻力增加，飞机的燃油经济性会变差。

为使飞机重心位置能在规定范围内，飞机装载、燃油消耗顺序、空投次序均应严格按规定执行。

2. 飞行速度

飞行速度增加，气流动压就增加，同样升降舵偏角产生的俯仰操纵力矩增加，舵面效率高，飞机反应快，能很快达到所需要的迎角，因而操纵性好。但飞行速度增加，会使铰链力矩增大，使得驾驶杆上的杆力增加。

3. 飞行高度

飞机以同一个真空速飞行，高度增加，空气密度降低，操纵力矩和阻尼力矩都减小，飞机反应慢，操纵性差(空气密度降低导致舵面效率低)。因此高空飞行有杆、舵变轻，反应迟缓的现象。

另外在不同高度用同一个真空速飞行，为保持升力不变，高空飞行时要增大迎角，因此高空飞行飞机的拉杆量大。

本章小结

飞机的平衡、稳定性和操纵性是阐述飞机在力和力矩的作用下，飞机状态的保持和改变的基本原理。飞机的纵向稳定性是指飞行中，飞机受微小扰动使迎角发生变化以至俯仰平衡遭到破坏，在扰动消失后飞机恢复到原俯仰平衡的特性。稳定力矩和阻尼力矩是飞机具有稳定性的两个必要条件。飞机的俯仰稳定力矩和俯仰阻尼力矩均由平尾产生。飞机的纵向操纵性是指飞行员操纵驾驶盘偏转升降舵后，飞机绕横轴转动而改变其迎角等飞行状态的特性。飞行中，驾驶杆前后的每一个位置(或升降舵偏角)对应着一个迎角。

思考与练习

一、思考题

1. 飞机的纵向平衡条件是什么？
2. 影响飞机俯仰平衡的主要因素有哪些？它们各是如何影响的？
3. 飞机的纵向运动是指飞机围绕纵轴转动的运动，这种说法对吗？为什么？
4. 物体稳定性的基本概念是什么？需具备哪些条件？
5. 稳定力矩最大时，也就是阻尼力矩最大时，这种说法对吗？为什么？

6. 稳定力矩和阻尼力矩是同时产生并同时消失的,这种说法对吗?为什么?

7. 有稳定力矩就一定有稳定性,这种说法对吗?为什么?

8. 什么叫飞机的动稳定性?必须具备什么条件飞机才具有动稳定性?

9. 飞机的阻尼力矩有时也能起稳定力矩的作用,这种说法对吗?为什么?

10. 什么是飞机的俯仰(纵向)稳定性?

11. 如何从俯仰力矩系数曲线判断该飞机是否具有稳定性及稳定性大小?什么叫飞机的纵向(俯仰)静稳定度?

12. 飞机焦点离重心越远、飞机的稳定性就越大,这种说法对吗?为什么?

13. 飞机水平尾翼的作用有哪些?

14. 重心前、后移动,飞机的纵向稳定性有什么变化?飞机重心的后限是如何规定的?

15. "飞机阻尼力矩的大小与速度平方成正比"的说法正确否?为什么?

16. 高空飞行时飞机的稳定性变差,是因为空气密度减小、阻尼力矩减小了,这种说法对吗?为什么?

17. 速度、高度变化对飞机的稳定性有什么影响?为什么?

18. 有人说:直线飞行时,飞行员要减小飞机的迎角。要向前推杆,当迎角减小到所需的迎角时,还必须回杆才能保持新的迎角,否则迎角会越来越小。这种说法对吗?为什么?

19. 有人说:"速度越大,同一舵偏角的操纵力矩越大,改变的迎角就越大",这种说法对吗?为什么?

20. 推、拉驾驶杆时升降舵如何偏转、飞机迎角如何变化?为什么?速度变化对其有无影响?

21. 飞机的驾驶杆力是如何产生的?大小与哪些因素有关?

22. 调整片的作用是什么?

23. 曲线飞行中为什么会出现机头追气流的现象?

24. 为什么在相同的操纵力矩下,曲线飞行中的迎角改变量比直线飞行的迎角改变量要小?

25. 为什么有飞机重心前、后极限位置的规定?对飞行有何重要意义?

26. 影响飞机纵向操纵性的主要因素有哪些?各是如何影响的?

27. 地面效应如何影响飞机的纵向操纵性?

二、练习题

1. 具有纵向稳定性的飞机,飞机重心位于飞机焦点的________。

2. 常规布局的飞机机翼升力对飞机重心的力矩常为使飞机机头________的力矩。

3. 常规布局飞机的平尾对飞机重心的力矩常为使飞机机头________的力矩。

4. 相同飞机质量,当飞机重心越靠前,为了维持飞机(力)的平衡,机翼产生的升力需________。

5. 飞机的焦点是________。

6. 飞机的焦点位于飞机重心之后越远,飞机的纵向静稳定性越________。

7. 在风洞中测量某飞机的纵向力矩系数,当 $\alpha=4°$ 时,$m_{z1}=0.005$,当 $\alpha=6°$ 时,$m_{z2}=0.0025$。设全机的 $\alpha_0=0$,m_z 与 α 为线性关系,又知升力系数曲线斜率为 3.5,试求该机的纵向静稳定度。

拓展阅读

“2·24”空难事故原因分析

1. 事件回放

1999 年 2 月 24 日，某航空公司的 B-2622 号图-154 型飞机执行 SZ4509 航班，14:00 从成都起飞，目的地是温州。

该飞机飞行 2h 之后，依照空管的指令，已经开始下降高度。16:00，飞机过德兴、高度为 9 600m。16:30 左右，飞机在最后下降着陆时失速坠地，飞机几乎是直插地面，炸出了一个方圆 60m、深 3m 的大坑。机上乘客 50 人、机组 11 人全部罹难。

具体失事过程如下：

16:02，飞机过上饶前，机组感到驾驶杆位置太靠前了，“好像杆位靠前”、“杆舵不一致”，驾驶杆“俯仰变化好像是断开的”。

16:07 到 16:08，为保证飞机能按时下降，机组采取了让乘客前移、乘务员进入驾驶舱以及向中央油箱输油等方式调整飞机重心和不断减小发动机油门、保持空中最小推力等，来控制飞机下降姿态。

16:16，机长感觉：“一加油门，机头就翘起来”，并说：“杆的位置和舵面位置不一致。”

16:26，机长说：“驾驶杆都顶到底了，飞机没有下降”。

16:27，机长感觉：“杆‘轻’得很”。

16:28，机长说：“驾驶杆的俯仰操纵就像飞模拟机断开阻尼器的感觉”。

16:29，机长布置副驾驶在放襟翼时注意观察，如果有异常要帮助稳住飞机。

16:29:50，机长命令放起落架。

16:30:04，起落架放下。起落架放好后，机组放襟翼（据数据记录器译码，襟翼并未放出）。

16:30:09，机组有人喊：“收起来!”

16:30:12，驾驶舱出现“稀里哗啦”的物品碰撞声，并出现了“迎角或过载大”警告。接着，又出现近地警告声音以及机组人员的“释压！释压!”，“拉起来！拉起来……”的喊声，直至录音结束，飞机失事。

2. 事故原因分析

1）直接原因

“2·24”空难事故的直接原因是：在大修厂发生升降舵操纵连杆装配错误，错误地安装了不符合规定的自锁螺母，而维修时又未能发现该情况，导致飞机在飞行中螺母旋出，连接螺栓脱落、飞机俯仰通道的操作失效，造成飞机失事。

B-2622 飞机于 1995 年 10 月 5 日在俄罗斯“伏努科沃飞机维修厂”完成第一次大修。B-2622 飞机升降舵操纵系统的关键部件是摇臂和拉杆，摇臂和拉杆采用螺栓、螺帽连接。在大修中，由于失误，摇臂和拉杆的连接螺帽采用了自锁螺帽，而非规定的开口销锁住的花式保险螺帽，属装配错误，而且该螺栓的螺纹与螺帽的螺纹又不匹配。这一“装配错误”在例行阶段检修及日常维修中又未能被发现，导致该机在航班运营中自锁螺帽先期松脱，连接螺栓再逐渐退出，直至连杆与摇臂的铰链最终完全脱开，从而使升降舵操纵连杆脱开、失去俯仰操控能力。

2）飞机最终坠毁原因

由于俯仰操纵系统故障，导致飞行中飞机一直受有上仰力矩，飞机始终具有一定的上仰角。飞机下降过程中，机组已经觉察到飞机"好像杆位靠前"、"杆舵不一致"，驾驶杆"俯仰变化好像是断开的"。尽管如此，在俯仰操纵失灵初期，飞行机组还是能够平稳地操控飞机下降。为保证飞机能按时下降，机组采取了让乘客前移、乘务员进入驾驶舱以及向中央油箱输油等方式调整飞机重心和不断减小发动机油门、保持空中最小推力等方法，来控制飞机下降姿态，使飞机从 9 600m 下降到 1 200m。

但是当飞机准备着陆，在放起落架时却导致了致命的事故。

随着起落架放出，飞机产生下俯力矩，飞行员拉杆试图保持飞机状态，但是，由于升降舵的操纵已不正常，飞机继续下俯，操纵出现反常情况。飞行员加大拉杆量，这时，正如事后地面试验所表明，由于拉杆与摇臂的触碰，升降舵突然上偏，飞机猛烈上仰。为了克服这种猛烈上仰的趋势，飞行员快速推杆，由于俯仰操纵已经失去了线性变化规律，升降舵急速向下偏转至最大，飞机大幅度下俯，冲向地面。最后，飞行员虽尽力拉杆，但舵面没有相应的变化，飞机未能改出俯态。

当机组最后喊出"拉！拉起来！"的同时，两位驾驶员的拉升动作是本能的，但已无济于事，飞机迅速坠毁。飞机几乎是直插地面，炸出了一个方圆 60m、深 3m 的大坑。

3）机组失误

这起事故中，机组也有一定的责任。

首先飞行人员在感觉到飞机操作不正常之际，未能及时反映报告、记录在案。根据舱音记录：机长："下降 6 600m，我把油门收光了。我觉得可能舵机有问题。"副驾驶："2622 这个飞机我知道，操纵不咋的。"说明早于本次航班之前，该机俯仰操纵系统存在的隐患已有显现，只是在本次飞行过程中，逐渐退出的螺栓完全失去铰链作用，最终使升降舵操纵连杆与摇臂分离脱开，使飞机完全丧失俯仰操纵能力。

另外在危急时刻，机组缺少应急处理资源和应对准备，也是导致飞机坠毁的原因之一。

3. 事故结论

B-2622 号飞机，由于大修厂发生升降舵操纵连杆装配错误、日常维修又未能及时发现问题隐患，导致该机在航班运营中升降舵操纵连杆脱开、失去俯仰操控能力；在此危急时刻，机组缺少应急处理资源和应对准备，致使飞机在最后下降着陆过程中失速坠地。

思考题

1. 飞行员如何对飞机进行俯仰操纵？
2. 在升降舵失去控制的情况下，飞行员如何操作才能确保飞机安全着陆？

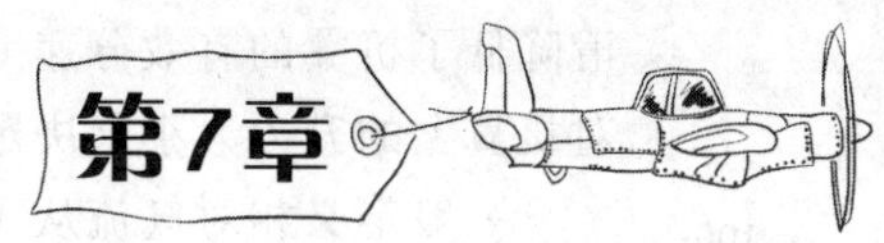

飞机的侧向稳定性和操纵性

关键词

侧向平衡(lateral balance)　偏航力矩(yaw moment)
侧向稳定性(lateral stability)　侧滑(sliding)
滚转力矩(rolling moment)　侧向操纵性(lateral controllability)

通常把飞机绕 Ox 轴的运动称为横向运动或滚转运动,把飞机绕 Oy 轴的运动称为航向运动。凡出现侧滑、航向运动和横向运动这三者之一,或同时具有其中几项运动的都称为侧向运动。

侧向运动有可能是由于外界干扰引起的,也可能是飞行员有意操纵副翼和方向舵来实现。本章只讨论定常侧滑直线飞行时飞机的侧向平衡及其稳定性和操纵性。

7.1 侧滑

前面已经提到,侧滑是指相对气流方向与飞机对称面不一致的飞行状态。飞机带有侧滑,会使作用在飞机上的力和力矩发生变化,使飞机偏离预定的飞行状态,并使空气动力性能变差。因此,飞行中一般应避免产生侧滑。但是,在某些情况下,又会有意操纵飞机带侧滑,如着陆时为修正侧风的影响,可以采用侧滑法修正。

飞机侧滑后,相对气流从飞机的侧前方流过飞机,使得机身和垂尾左右两侧的压力差不等,从而产生了侧力 Z,方向沿气流横轴,如图 7.1 所示,与升力 Y 方向及阻力 X 方向垂直。侧力大小可用下式描述:

$$Z = C_z \frac{1}{2}\rho V^2 S \tag{7-1}$$

式中,C_z 为侧力系数,其大小取决于侧滑角和飞机外形。在一定范围内,侧滑角越大,侧力系数也越大。

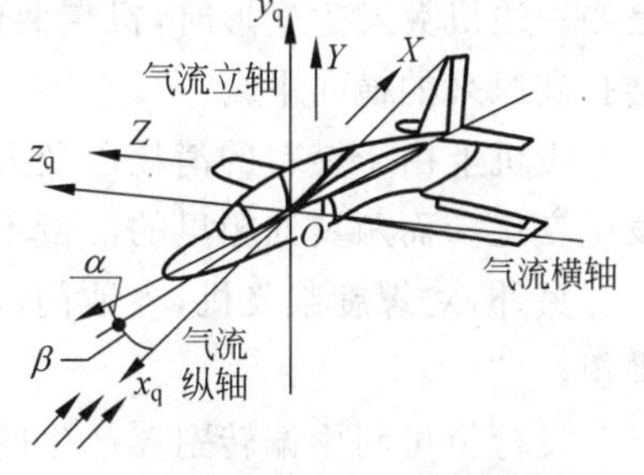

图 7.1　侧滑飞行中的侧力

飞机侧滑时,气流从飞机侧前方流过来,在迎着气流的一侧(上风侧),气流受机身及垂尾的阻挡,流速减慢,压力增大,而在机身和垂尾的下风侧的某些地方,会产生许多的漩涡,因此与没有侧滑时相比,侧滑使飞机阻力增加。另外,侧滑降低了机翼的有效分速度。所谓有效分速度，是指飞行速度沿飞机对称面的分量，该速度对机翼上的升力大小起决定作用。因此，侧滑还导致了飞机升力减小，空气动力性能变差。

一般定义相对气流从飞机右侧过来为右侧滑，侧滑角为正。

7.2 飞机的侧向平衡

飞机的侧向平衡包括飞机的横向平衡和方向平衡。

1. 飞机的横向平衡

1）飞机横向平衡的条件

绕飞机纵轴（Ox_t轴）的转动称为滚转运动，飞机的横向平衡是指作用于飞机的各滚转力矩之和为零，飞机的滚转角速度为零或保持不变。

作用在飞机上的滚转力矩主要有：两翼升力对纵轴形成的滚转力矩和垂尾上的侧力对重心产生的滚转力矩，螺旋桨飞机还要考虑螺旋桨反作用力矩对重心产生的滚转力矩，如图 7.2 所示。

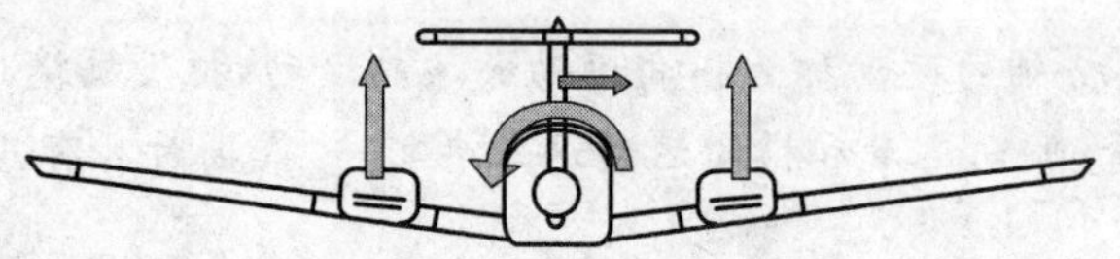

图 7.2 飞机的滚转力矩

获得横向平衡的条件：

$$M_x = 0 \quad 或 \quad m_x = \frac{M_x}{\frac{1}{2}\rho V^2 Sl} = 0 \tag{7-2}$$

式中，M_x 为作用在飞机上的各滚转力矩之和；m_x 为滚转合力矩系数；S 为机翼表面积；l 为翼展。

2）影响飞机横向平衡的主要因素

正常情况下，飞机两翼受到的升力对重心产生的滚转力矩是相等的，可以互相抵消。但是当一边机翼发生变形时，机翼两侧的升力就会不同，因此两侧的滚转力矩产生了差异，就会打破原来的横向平衡。

飞机上由于燃料的消耗以及人员、货物的移动可能会造成重心的左右移动，使滚转力矩发生变化。而两翼油箱里的油量不等，也会影响飞机的横向平衡。

另外，对螺旋桨飞机，当油门改变时，螺旋桨的反作用力矩会发生改变，从而影响横向平衡。

飞行员可利用偏转副翼产生的横向操纵力矩来平衡滚转力矩以保持横向平衡。

2. 飞机的方向平衡

1）飞机方向平衡的条件

飞机绕立轴（Oy_t轴）的转动称为偏转运动。飞机的方向平衡是指作用于飞机的各偏转

力矩之和为零，即左偏力矩和右偏力矩相等，侧滑角不变或侧滑角为零。

作用在飞机上的偏转力矩主要有：飞机两翼受到的阻力对重心产生的偏转力矩、垂尾上的侧力对重心产生的偏转力矩、双发或多发飞机推力产生的偏转力矩等，如图7.3所示。

要获得方向平衡的条件：

$$M_y = 0 \quad \text{或} \quad m_y = \frac{M_y}{\frac{1}{2}\rho V^2 Sl} = 0 \tag{7-3}$$

式中，M_y为作用在飞机上的各偏航力矩之和；m_y为偏转合力矩系数。

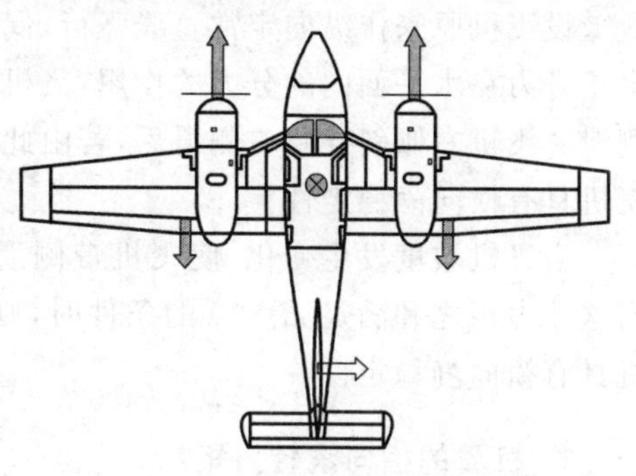
图7.3 飞机的偏转力矩

2）影响飞机方向平衡的因素

正常情况下，飞机两翼受到的阻力对重心产生的偏转力矩是相等的，可以互相抵消。但是当一边机翼发生变形时，机翼两侧的阻力就会不同，因此两侧的偏转力矩产生了差异，就会打破原来的方向平衡。

同样，对双发飞机，当两侧发动机工作状态不同时，也会使两侧的偏转力矩产生差异。

另外，对螺旋桨飞机，当油门改变时，螺旋桨的滑流扭转作用会发生变化，从而影响到飞机的方向平衡。

飞行中飞行员可利用偏转方向舵产生的方向操纵力矩来平衡偏转力矩以保持方向平衡。

7.3 飞机的侧向静稳定性

7.3.1 飞机侧向静稳定性的判据

和纵向力矩系数曲线的斜率 m_z^α 的意义类似，可以用侧向力矩系数曲线的斜率表示飞机的侧向静稳定性。分别定义 m_x^β 和 m_y^β 为飞机的横向静稳定度和方向静稳定度，其定义如下：

$$m_x^\beta = \frac{\partial m_x}{\partial \beta} \tag{7-4}$$

$$m_y^\beta = \frac{\partial m_y}{\partial \beta} \tag{7-5}$$

式中，β为飞机的侧滑角。

当 $m_x^\beta < 0$ 时，称飞机具有横向静稳定性，而且随着 m_x^β 绝对值的增加，飞机的横向静稳定性增加；当 $m_y^\beta < 0$ 时，称飞机具有方向静稳定性，而且随着 m_y^β 绝对值的增加，飞机的方向静稳定性增加。一般飞机需要具有侧向稳定性，而且还应保证在各种飞行情况下，飞机的横向静稳定度和方向静稳定度具有一定的大小。

7.3.2 飞机的横向静稳定性

飞机的横向稳定性，指的是飞行中飞机受微小扰动以至横向平衡遭到破坏，在扰动消失后，飞机自动恢复原横向平衡状态的特性。横向稳定性是横向稳定力矩和横向阻尼力矩共同作用的结果。

设飞机原来作纵向定常直线飞行，偶然使飞机向右倾斜了一个角度 γ(右翼下沉为正)。由于升力在水平面内的分力的作用，飞机将向右运动，而飞机对称面方向未变，因此产生右侧滑。飞机右倾斜导致右侧滑后，若由此产生的 $m_x^\beta<0$，则飞机有减小坡度 γ 到 0 的趋势，飞机具有横向静稳定性。

当飞机坡度发生变化，使飞机带侧滑时，飞机机翼、垂尾等部件会产生横向滚转力矩。当这些力矩之和满足 $m_x^\beta<0$ 的条件时，则飞机具有横向静稳定性。飞机设计中，应保证飞机具有横向静稳定性。

1. 机翼的横向滚转力矩

当飞机出现侧滑时，机翼的上反角和后掠角的设计等(见图 7.4)会产生滚转力矩。

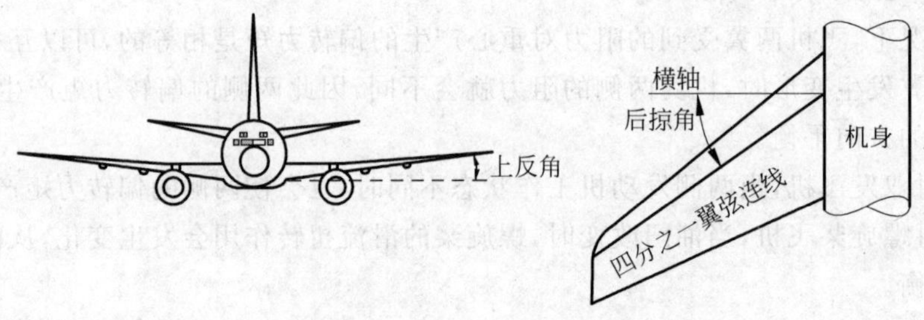

图 7.4　机翼的上反角和后掠角

1) 上反角产生的滚转力矩

具有上反角的机翼，在产生侧滑时，左右两翼的有效迎角不等，产生的升力不一样，因而产生滚转力矩。

如图 7.5 所示，当飞机产生右侧滑时，可以将来流速度分解为平行于机翼和垂直于机翼的两个速度分量。垂直于机翼的速度分量($V\cos\beta$)称为有效速度，飞机升力的大小取决于其有效速度。对于具有上反角的飞机，平行于机翼方向的分速度($V\sin\beta$)又可以进一步分解为沿机翼弦面和垂直于机翼弦面方向的两个速度分量：$V\sin\beta\cos\psi$ 和 $V\sin\beta\sin\psi$，ψ 为上反角。对于右侧滑的情况，右侧机翼垂直于机翼弦面方向的速度分量方向向上，使右侧机翼的迎角增大；而左侧机翼垂直于机翼弦面方向的速度分量方向向下，左侧机翼迎角减小，从而造成左右两侧机翼产生的升力不等，产生滚转力矩。

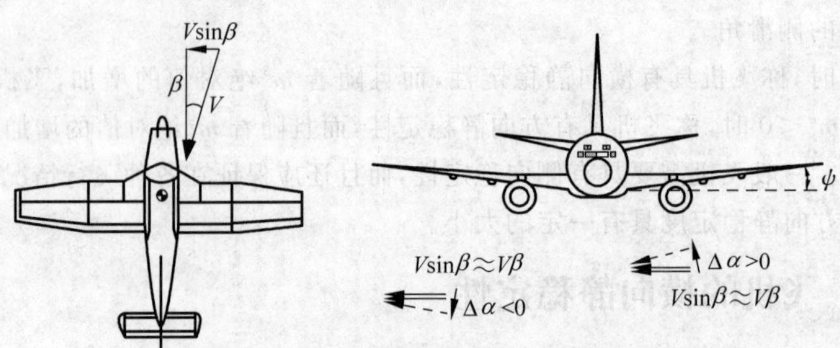

图 7.5　机翼上反角的作用

左、右两翼的迎角增量分别为

$$\Delta\alpha_{右} \approx \tan\Delta\alpha_{右} = \frac{V\sin\beta\sin\psi}{V\cos\beta} \approx \beta\psi \tag{7-6}$$

$$\Delta\alpha_{左} \approx \tan\Delta\alpha_{左} = -\frac{V\sin\beta\sin\psi}{V\cos\beta} \approx -\beta\psi \tag{7-7}$$

式中，ψ 为飞机的上反角。

在左、右机翼上沿机翼弦面各取一微段 $\mathrm{d}l$，其面积为 $\mathrm{d}S$，在小于临界迎角的范围内，则其产生的升力增量分别为

$$\mathrm{d}Y_{右} = a(\beta\psi)\frac{1}{2}\rho V^2\cos^2\beta\mathrm{d}S \tag{7-8}$$

$$\mathrm{d}Y_{左} = a(-\beta\psi)\frac{1}{2}\rho V^2\cos^2\beta\mathrm{d}S \tag{7-9}$$

引起的滚转力矩系数为

$$m_{x\psi} = \frac{M_{x\psi}}{\frac{1}{2}\rho V^2 Sl} = \frac{\int_0^{\frac{l}{2}}(z\mathrm{d}Y_{左} - z\mathrm{d}Y_{右})}{\frac{1}{2}\rho V^2 Sl} = -2a\beta\psi\int_0^{\frac{l}{2}}\frac{zb}{Sl}\mathrm{d}z \tag{7-10}$$

式中，b 为剖面弦长；$\mathrm{d}S=b\mathrm{d}z$ 为机翼微段面积；z 为机翼微段到质心的横向距离。

式(7-10)对侧滑角 β 求导，得

$$m_{x\psi}^{\beta} = -2a\psi\int_0^{\frac{l}{2}}\frac{zb}{Sl}\mathrm{d}z \tag{7-11}$$

由式(7-11)可见，具有上反角的飞机，其 $m_{x\psi}^{\beta}<0$，也就是说上反角具有横向静稳定作用，飞机受扰滚转后，上反角能产生横向稳定力矩。

2）后掠角在侧滑中产生的滚转力矩

飞机侧滑时，后掠角的存在，使流过飞机左右两翼的相对气流的有效分速度不一致，导致两翼升力不同，从而产生滚转力矩。

如图7.6所示，飞机右侧滑时，由于机翼后掠角的作用，使得侧滑前翼即右翼的有效分速度大于左翼的有效分速度：

$$V_{有效右} = V\cos(\chi-\beta) \tag{7-12}$$

$$V_{有效左} = V\cos(\chi+\beta) \tag{7-13}$$

式中，χ 为机翼的后掠角。

另外对于后掠机翼，其机翼的有效迎角 $\alpha_{有效}$ 可按下式计算：

$$\sin\alpha_{有效} = \frac{V_y}{V_{有效}} \tag{7-14}$$

式中，V_y 为 $V\cos\beta$ 在立轴方向的投影，即

$$V_y = V\cos\beta\sin\alpha \tag{7-15}$$

在 α 和 β 很小时，可近似认为：$\cos\alpha\approx1$，$\cos\beta\approx1$，$\sin\alpha\approx\alpha$，$\sin\beta\approx\beta$，代入式(7-14)，得

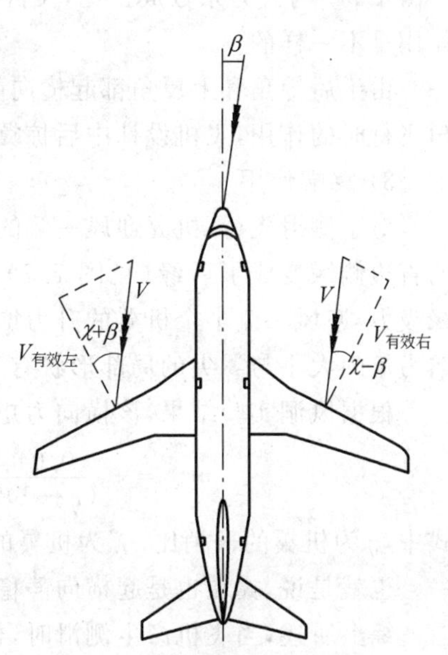

图7.6 机翼后掠角的作用

$$\alpha_{有效右} \approx \sin\alpha_{有效右} = \frac{V_y}{V_{有效右}} = \frac{V\cos\beta\sin\alpha}{V\cos(\chi-\beta)} = \frac{\alpha}{\cos(\chi-\beta)} \tag{7-16}$$

$$\alpha_{有效左} \approx \sin\alpha_{有效左} = \frac{V_y}{V_{有效左}} = \frac{V\cos\beta\sin\alpha}{V\cos(\chi+\beta)} = \frac{\alpha}{\cos(\chi+\beta)} \tag{7-17}$$

由式(7-16)和式(7-17)知，对后掠翼，左右两翼迎角不同，右翼迎角小于左翼迎角。在β很小时，可近似认为$\alpha_{有效右}=\alpha_{有效左}=\alpha/\cos\chi$，即相对于平直翼，后掠翼迎角变大，零升迎角也相应变大，升力系数为相同翼型平直翼的$1/\cos\chi$。

在左、右机翼上沿机翼弦面各取一微段dl，其面积为dS，可求得左、右微段上的升力分别为

$$dY_{右} = \frac{C_y}{\cos\chi}\frac{1}{2}\rho V^2\cos^2(\chi-\beta)dS \tag{7-18}$$

$$dY_{左} = \frac{C_y}{\cos\chi}\frac{1}{2}\rho V^2\cos^2(\chi+\beta)dS \tag{7-19}$$

式中，C_y为相同翼型平直翼的升力系数。

右侧滑时($\beta>0$)，右翼的有效分速度大于左翼的有效分速度，因此右翼升力大于左翼升力，产生左滚力矩，即$M_{x\chi}<0$。可计算得到由于两侧升力不同引起的滚转力矩系数为

$$m_{x\chi} = \frac{M_{x\chi}}{\frac{1}{2}\rho V^2 Sl} = \frac{\int_0^{\frac{l}{2}}(z dY_{左} - z dY_{右})}{\frac{1}{2}\rho V^2 Sl} = -2\beta C_y\sin\chi\int_0^{\frac{l}{2}}\frac{zb}{Sl}dz \tag{7-20}$$

式(7-20)对侧滑角β求导，得

$$m_{x\chi}^{\beta} = -2C_y\sin\chi\int_0^{\frac{l}{2}}\frac{zb}{Sl}dz \tag{7-21}$$

由上式可见，具有后掠角的飞机，其$m_{x\chi}^{\beta}<0$，也就是说后掠角具有横向静稳定作用。另外由于$m_{x\chi}^{\beta}$与升力系数成正比，飞机在不同的升力系数下飞行时，后掠角所起的横向静稳定作用是不一样的。

由于后掠角和上反角都起横向静稳定作用，有可能过大。因此为了抵消后掠角在大迎角飞行时的作用，飞机设计中后掠翼往往做成下反角。

3）翼端作用

对于侧滑飞行，机翼迎风一侧的直边缘变成了前缘，另一侧的直边侧缘变成了后缘(见图7.7)，使迎风直边缘上部存在侧缘吸力，迎风一侧半个机翼的升力增加，产生了滚转力矩。此横向力矩的大小与翼尖的局部形状有关。

根据风洞实验结果，该横向力矩对侧滑角β的导数为

$$m_{x0}^{\beta} = -\frac{0.04}{(\eta-1)^3}\frac{C_y}{\lambda} < 0 \tag{7-22}$$

式中，η为机翼的根梢比；λ为机翼的展弦比。

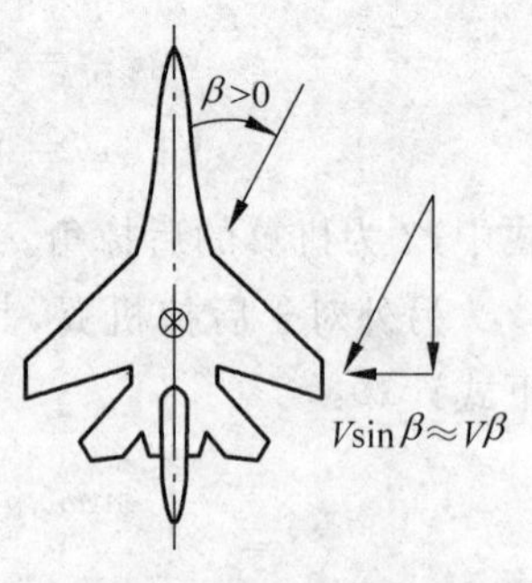

图7.7　翼端作用

也就是说，翼端也是起横向静稳定作用。

综上所述，当飞机产生侧滑时，机翼的上反角、后掠角以及机翼迎风一侧的直边侧缘都会产生横向静稳定力矩。整个机翼的横向静稳定度为

$$m^{\beta}_{x机翼} = m^{\beta}_{x\psi} + m^{\beta}_{x\chi} + m^{\beta}_{x0} \tag{7-23}$$

2. 机身的滚转力矩

侧滑时作用于机身的侧向力不通过飞机的重心，所以也会产生横向力矩。但是由于现代飞机的机身非常接近于旋成体，侧向力的作用点接近于 Ox 轴，因此机身的侧力产生的横向滚转力矩非常小，可以忽略。

此外，由于翼身的干扰作用，会引起附加的滚转力矩，这种干扰作用有时会很显著，主要取决于机翼在机身上的上下位置。对上单翼的情况，当飞机右倾斜引起右侧滑时，气流流过侧滑前翼即右翼的下表面时，由于机身的阻挡，气流速度减慢，压力升高，导致右翼升力变大，形成了横向滚转力矩。该滚转力矩力图减小飞机的倾斜角，因此是横向静稳定力矩。下单翼的情况正相反，形成了横向静不稳定力矩。对中单翼来说，对横向静稳定性没什么影响。

3. 垂尾产生的滚转力矩

侧滑中，垂尾产生的侧力不通过重心，对重心形成了滚转力矩，如图 7.8 所示。

定常直线飞行出现侧滑时，在飞行侧滑角范围内，可认为作用在垂尾上的侧力与侧滑角成正比，用下式估算：

$$Z_{垂尾} = -a_{垂尾}\beta k \frac{\rho V^2}{2} S_{垂尾} \tag{7-24}$$

式中，$a_{垂尾}$为垂尾侧力系数曲线（$C_z - \beta$）的斜率；$S_{垂尾}$为垂尾的面积。

式中负号表示右侧滑（$\beta > 0$）时，侧力方向沿横轴（Oz_t轴）负方向，即侧力方向向左；反之，左侧滑，侧力方向向右。

图 7.8 垂尾的滚转力矩

侧力产生的横向滚转力矩为

$$M_{x垂尾} = Z_{垂尾} y_{垂尾} = -a_{垂尾}\beta k \frac{\rho V^2}{2} S_{垂尾} y_{垂尾} \tag{7-25}$$

式中，$y_{垂尾}$为沿立轴方向，侧力作用点到飞机重心的距离，是侧力形成滚转力矩的力臂。这里要注意的是，计算飞机的力矩平衡时，采用的是机体轴坐标系，但作用在飞机上的空气动力（包括升力、阻力和侧力）都相对于气流轴坐标系而言，即沿气流轴的方向。因迎角和侧滑角通常较小，计算中，近似认为空气动力方向与机体轴坐标系方向一致。

横向滚转力矩系数为

$$m_{x垂尾} = \frac{M_{x垂尾}}{\frac{\rho V^2}{2} Sl} = -ka_{垂尾} \frac{S_{垂尾} y_{垂尾}}{Sl}\beta \tag{7-26}$$

横向滚转力矩系数对侧滑角 β 的导数为

$$m^{\beta}_{x垂尾} = \frac{\partial m_{x垂尾}}{\partial \beta} = -ka_{垂尾} \frac{S_{垂尾} y_{垂尾}}{Sl} \tag{7-27}$$

由上式知，由垂尾的侧力产生的横向滚转力矩起静稳定作用。

4. 全机的横向滚转力矩

全机的横向滚转力矩为上述机翼、机身、垂尾的滚转力矩之和，由于机身产生的滚转力矩相对较小，因此主要是机翼和垂尾的滚转力矩之和。全机的横向滚转力矩系数对侧滑角的导数为

$$m_x^\beta = m_{x机翼}^\beta + m_{x垂尾}^\beta = m_{x\psi}^\beta + m_{x\chi}^\beta + m_{x0}^\beta + m_{x垂尾}^\beta \tag{7-28}$$

表 7.1 为某超声速歼击机各部件产生的横向滚转力矩的情况。

表 7.1 飞机各部件横向滚转力矩系数对侧滑角的导数($Ma=0.6, \alpha=8°$)

飞机部件	全机值	机翼下反角	机翼后掠角	机身	垂尾	其他
m_x^β	−0.002 34	0.000 15	−0.001 39	—	−0.001 39	0.000 29

由表 7.1 可见，侧滑时产生横向稳定力矩的主要因素是机翼后掠角和垂尾，飞机的横向静稳定性是由机翼后掠角和垂尾来保证的。

7.3.3 飞机的方向静稳定性

飞机的方向稳定性指的是飞行中飞机受微小扰动产生侧滑以至方向平衡遭到破坏，在扰动消失后，飞机自动消除侧滑角，恢复方向平衡状态的特性。飞机的方向稳定性是作用在飞机上的方向稳定力矩和方向阻尼力矩共同作用的结果。

设飞机原来作纵向定常直线飞行，由于偶然的原因使飞机产生右侧滑。飞机产生右侧滑后，若由此产生的 $m_y^\beta<0$，则飞机有减小侧滑角的趋势，飞机就具有方向静稳定性。

当飞机有侧滑时，飞机机翼、垂尾等部位会产生偏转力矩。当这些力矩之和满足 $m_y^\beta<0$ 的条件时，则飞机具有方向静稳定性。飞机设计中，应保证飞机具有方向静稳定性。

要注意的是：具有方向静稳定性的飞机，并不意味着飞机有保持航向的趋势，而只代表飞机有减小侧滑的趋势，即飞机有始终迎着相对风的趋势。所以方向静稳定性有时也称为“风标”静稳定性。

1. 机翼的偏转力矩

如前所述，具有上反角的机翼，在产生侧滑时，左右两翼的有效迎角不等，产生的阻力不一样，因而产生偏航力矩。

右侧滑时，$\beta>0$，由于右侧机翼迎角大于左侧机翼迎角，则由左右两侧机翼上的阻力差产生的偏转力矩 $M_{y阻}<0$，即有

$$m_{y机翼}^\beta = \frac{\partial m_{y机翼}}{\partial \beta} < 0 \tag{7-29}$$

也就是说，由上反角产生的偏转力矩是方向稳定力矩。

同样后掠角的存在，使侧滑前翼的相对气流的有效分速度大于另一侧半翼的有效分速度，造成两侧阻力不等，也要产生偏转力矩。该偏转力矩也是方向稳定力矩。

但总的来说，由机翼形成的偏转力矩通常很小，在初步近似估算时可忽略。

2. 机身的偏转力矩

侧滑时作用于机身的侧向力不通过飞机的重心，所以也会产生偏转力矩，如图 7.9 所

示。机身产生的偏转力矩主要取决于机身产生的侧力矩重心的距离和机身侧面积的大小，通常可按经验公式估算。

由于侧滑时作用在机身上的侧力的作用点一般在重心之前，因此右侧滑时产生正的偏转力矩。可见，机身为方向静不稳定部件。

3. 垂尾产生的偏转力矩

飞机受扰动出现侧滑时，垂尾上产生附加侧力，如图 7.10 所示。由于垂尾产生的侧力不通过重心，因此对重心形成了偏转力矩。右侧滑时，侧力向左，垂尾上的侧力一般作用在重心之后，因此产生负的偏转力矩，其大小可按下式计算：

$$M_{y垂尾} = Z_{垂尾} L_{垂尾} = -a_{垂尾} \beta k \frac{\rho V^2}{2} S_{垂尾} L_{垂尾} \tag{7-30}$$

式中，$L_{垂尾}$为沿纵轴方向，侧力作用点到重心的距离。

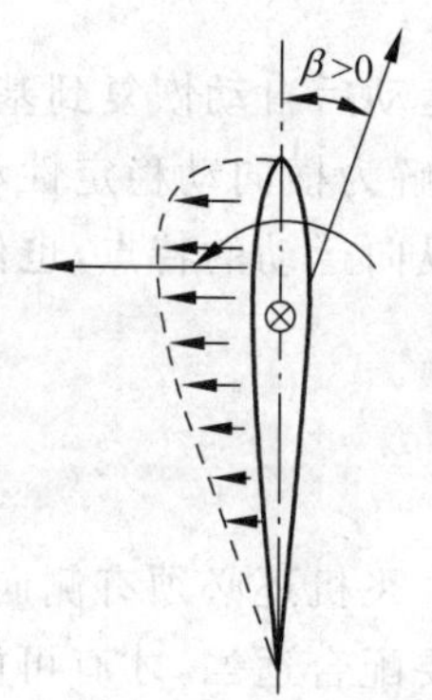

图 7.9 机身的偏航力矩

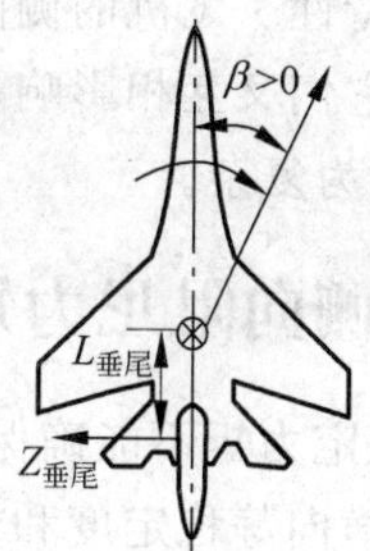

图 7.10 垂尾的偏航力矩

垂尾的偏转力矩系数为

$$m_{y垂尾} = \frac{M_{y垂尾}}{\frac{\rho V^2}{2} Sl} = -a_{垂尾} k \frac{S_{垂尾} L_{垂尾}}{Sl} \beta \tag{7-31}$$

垂尾的偏转力矩系数对侧滑角的导数为

$$m^{\beta}_{y垂尾} = -a_{垂尾} k \frac{S_{垂尾} L_{垂尾}}{Sl} \tag{7-32}$$

可见，垂尾为方向静稳定部件，作用在飞机上的方向稳定力矩主要是飞机出现侧滑时由垂尾产生的。

由式(7-32)可见，垂尾面积越大，方向稳定力矩越大。因此飞机设计中常通过改变垂尾面积来调整飞机方向静稳定度的大小。还在机身后上部安装背鳍和在机身后下部安装腹鳍，以增加飞机的方向稳定度。

4. 全机的偏转力矩

全机的偏转力矩为上述机翼、机身、垂尾的偏转力矩之和。全机的偏转力矩系数对侧滑角的导数为

$$m^{\beta}_{y} = m^{\beta}_{y机翼} + m^{\beta}_{y机身} + m^{\beta}_{y垂尾} \tag{7-33}$$

表 7.2 为某超声速歼击机各部件产生的偏转力矩的情况。

表 7.2　飞机各部件偏转力矩系数对侧滑角的导数($Ma=0.6,\alpha=8°$)

飞机部件	全机值	机翼下反角	机翼后掠角	机身	垂尾	其他
m_y^β	−0.003 85	—	—	0.001 44	−0.005 79	0.000 50

由表 7.2 可见,侧滑时产生偏转力矩的主要因素是机身和垂尾。飞机的方向静稳定性主要是由垂尾来保证的。

7.4　飞机的侧向动稳定性

飞机在飞行中,遇到侧风或多发飞机的一边发动机突然停车等干扰,会使飞机产生侧滑或倾斜,从而进入侧向扰动运动。

飞机的侧向动稳定性就是研究飞机进入侧向扰动运动后自动恢复到基本运动状态(定常直线运动)的特性。飞机的侧向动稳定性一般可以分解为横向动稳定性和方向动稳定性两个方面,但是它们又互相影响,这是侧向运动不同于纵向运动的特点,也使得侧向运动的动稳定性问题更为复杂。

7.4.1　侧向阻尼力矩

仅有侧向稳定力矩不能确保飞机具有侧向稳定性。飞机还必须有侧向阻尼力矩,并且两个静稳定度(横向静稳定度和方向静稳定度)的大小要配合适当,才有可能使飞机具有侧向动稳定性。侧向阻尼力矩包括横向阻尼力矩和方向阻尼力矩。

1. 飞机的横向阻尼力矩

产生飞机横向阻尼力矩的部件有机翼、平尾和垂尾,其中机翼是产生横向阻尼力矩的主要部件。

下面分析一下机翼所产生的横向阻尼力矩。

飞机在受扰后的转动过程中,由图 7.11 可见,由于机翼存在附加上、下气流分量,使两翼沿展向的局部迎角不等。迎角变化量可近似表示为

$$\Delta\alpha(y)=\frac{\omega_x z}{V} \tag{7-34}$$

式中,ω_x 为受扰后的滚转角速度;z 为机翼上某处到纵轴的横向距离。

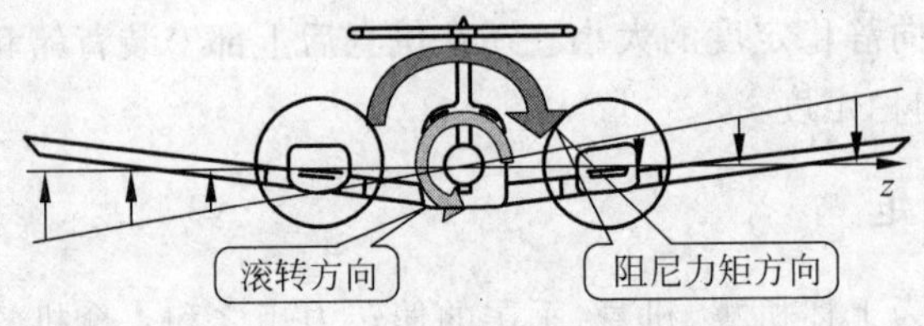

图 7.11　机翼的横向阻尼力矩

因此上扬机翼的迎角将减小,下沉机翼的迎角将增大,从而导致两翼升力不等,产生一个滚转力矩,该力矩对飞机转动起阻碍作用,称为横向阻尼力矩。

平尾和垂尾也会产生横向阻尼力矩,平尾产生横向阻尼力矩的原理类似于机翼,但产生的阻尼力矩远小于机翼。垂尾产生横向阻尼力矩的原理如下:飞机受扰后转动过程中,垂尾上的运动,使相对气流产生了附加速度,如飞机左转过程中,垂尾向左运动,相当于气流产生了向右的附加速度,由此产生的侧力对重心形成的横向力矩是阻止飞机转动的,故也是横向阻尼力矩的一部分,但相对机翼要小得多,见表7.3。表7.3为根据某飞机横向阻尼力矩的计算结果整理得到。

表7.3 某飞机各部件产生的横向阻尼力矩的比例

飞机部件	全机值	机翼	垂尾	其他
比例/%	100	98.4	1.1	0.5

高速飞机一般采用小展弦比机翼,会对飞机的横向动稳定性产生一定的影响。

2. 方向交叉力矩

飞机受扰动后滚转的过程中,除了产生横向阻尼力矩外,还产生了方向交叉力矩,即产生了使飞机偏转的偏转力矩。产生方向交叉力矩的主要部件是机翼和垂尾。

上面已分析过飞机受扰后滚转过程中,左右机翼各剖面的迎角不等,这不仅使两边升力不等,也使两边阻力不等,形成了偏转力矩,此力矩称为方向交叉力矩。飞机左滚过程中,机翼上产生使机头左偏的方向交叉力矩。

此外,在飞机左滚过程中,垂尾上侧力产生的方向交叉力矩也会使机头左偏。

方向交叉力矩是飞机滚转过程中产生的偏转力矩,飞机左滚时,产生向左偏的方向交叉力矩。

3. 方向阻尼力矩

方向阻尼力矩主要由垂尾产生。

飞机绕立轴转动的过程中,垂尾处出现附加的侧向气流速度分量,导致垂尾出现侧力。如图7.12所示,当飞机机头右偏时,垂尾向左运动,附加相对气流方向向右,产生向右的侧力。侧力对重心形成的偏转力矩起到阻碍转动的作用,称为方向阻尼力矩。

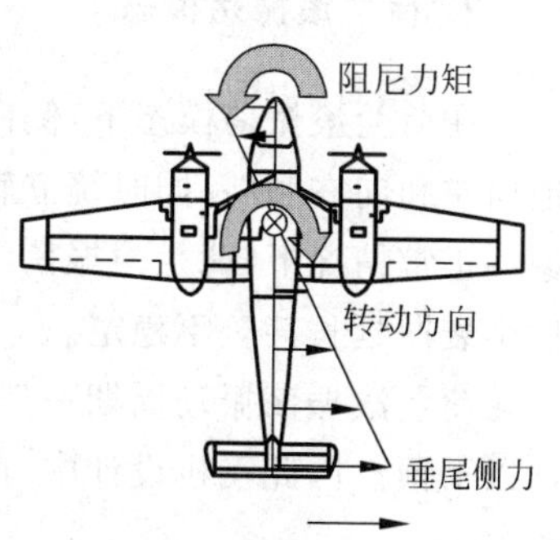

图7.12 垂尾的方向阻尼力矩

机翼也会产生方向阻尼力矩。当飞机机头右偏时,右翼向后运动,左翼向前运动,改变了流过左右两翼的相对速度的大小,左翼相对速度增加,阻力增加,右翼相对速度减小,阻力减小,左右两翼阻力产生的力矩不再平衡,形成了一个与转动方向相反的阻转力矩,这就是机翼产生的方向阻尼力矩。一般情况下,机翼的阻尼力矩要比垂尾的阻尼力矩小得多,但在大迎角时不能忽略。

机身和平尾部分的作用一般可忽略。表 7.4 为根据某飞机方向阻尼力矩的计算结果整理得到的各部件产生的方向阻尼力矩的比例。

表 7.4　某飞机各部件产生的方向阻尼力矩的比例

飞机部件	全机值	机翼	垂尾	其他
比例/%	100	1.4	97.9	0.7

4. 横向交叉力矩

和方向交叉力矩类似，当飞机绕立轴偏转时，左、右机翼速度不等，使得两边升力不等，形成了使飞机滚转的力矩，称为横向交叉力矩。例如当飞机机头向右偏转时，左侧机翼上相对气流速度增加，左侧机翼升力增加，而右侧机翼上相对气流速度减小，右侧机翼升力减小，从而产生了使飞机右滚的交叉力矩。

此外，垂尾上由于偏转而产生的侧力也会产生使飞机滚转的力矩。

横向交叉力矩是飞机偏转过程中产生的横向力矩。

7.4.2　飞机的侧向动稳定性

飞机的侧向动稳定性主要研究飞机受侧向扰动，扰动消失后飞机运动的整个过程，以判断飞机是否能自动地回到原来的平衡状态。

飞机受侧向扰动后的运动过程一般有以下 3 种运动模态。

1. 滚转模态

在滚转模态下，侧向扰动消失后，飞机作衰减的滚转运动，这是非周期性的稳定运动。该模态下，飞机容易滚转形成坡度，而不容易偏转造成侧滑。由于滚转阻尼力矩一般都比较大，所以扰动衰减很快，在不到一秒的时间内就消失了。

2. 荷兰滚振荡模态

在荷兰滚振荡模态下，侧向扰动消失后，飞机作滚转和偏转周期振荡，表现为飞机交替地向左和向右倾斜，同时绕立轴偏转，坡度与侧滑角交替变化，形成左右振荡或左右摇摆现象。正常情况下，荷兰滚振荡半衰期很短，但当方向稳定性和横向稳定性不协调时，易使飘摆半衰期延长甚至不稳定。

荷兰滚振荡振动周期一般为 2～4s。由于振动周期很短，如果振荡不稳定，飞行员很难加以干预。因此飞机设计中，应保证飞机具有振荡稳定性。

3. 螺旋模态

在螺旋模态下，侧向扰动消失后，飞机作盘旋下降运动，是飞机沿螺旋轨迹运动的一种非周期运动，表现为飞机高度和半径的变换，如图 7.13 所示。螺旋运动发展很慢，即使振荡不稳定，飞行员也有时间加以干预和修正。对于轻微螺旋不稳定的飞机，不致造成危险

事故。

飞机侧向受扰动后的运动是由上述 3 个运动模态叠加而成的,在不同阶段,3 种模态的主次有所不同。只有当 3 个运动模态都稳定时,飞机才具有侧向动稳定性。

上述荷兰滚振荡运动和螺旋运动是否稳定,与横向静稳定度和方向静稳定度是否配合适当有关。如果两者的大小配合适当,则这两种运动都是稳定的。如果由于制造上的考虑两者不能配合适当时,须尽力确保荷兰滚振荡运动稳定。因为螺旋运动即使不稳定,飞行员可以进行干预和修正。

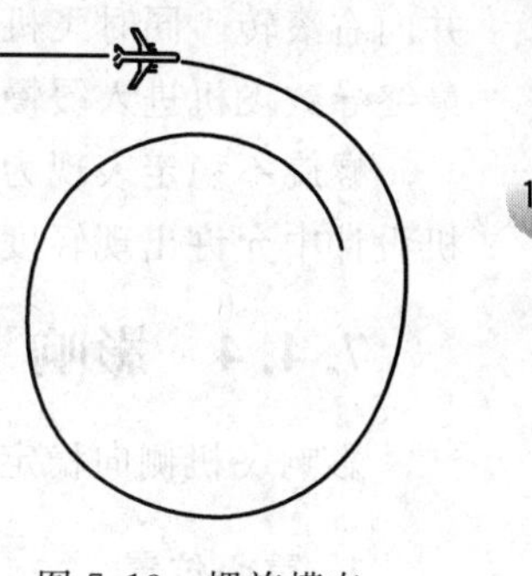

图 7.13 螺旋模态

7.4.3 飞机的侧向动不稳定

当飞机受侧向扰动而出现侧滑后,具有静稳定性的飞机,就会在横向稳定力矩和方向稳定力矩的作用下试图回到原来的平衡状态。但如果横向静稳定度和方向静稳定度的大小配合不当,就会导致飞机的侧向动不稳定,出现荷兰滚振荡不稳定运动和螺旋不稳定运动。

1. 荷兰滚振荡不稳定运动

当飞机的横向稳定性过强而方向稳定性过弱时,易产生明显的飘摆现象,称为荷兰滚振荡不稳定运动。

如飞机在平飞中受微小扰动向右倾斜。飞机有了坡度后,升力在水平面内的分力形成了向心力,使飞机向右移动,飞行轨迹弯曲形成右侧滑,同时产生横向稳定力矩和方向稳定力矩。在飞机滚转和偏转的过程中,又出现了横向阻尼力矩和方向阻尼力矩。如果飞机的横向稳定性过强而方向稳定性过弱,则飞机很快改平坡度,但未能消除右侧滑。这时,侧滑前翼即右翼的升力大于左翼,产生的滚转力矩以及飞机原来向左滚转的惯性使飞机开始向左滚转,飞机带左坡度,在升力分力的作用下,飞机向左移动,右侧滑角逐渐减小为零,飞机开始带左侧滑。飞机左右往复摇摆,形成振荡,称为荷兰滚振荡不稳定运动。

飞行中,如果出现荷兰滚振荡不稳定运动,将会严重危及安全。因为荷兰滚振荡周期只有几秒,修正飘摆超出了人的反应能力,修正过程中极易造成推波助澜,加大飘摆。

大型运输机在高空和低速飞行时由于稳定性发生变化易发生飘摆。因此广泛使用飘摆阻尼器。

2. 螺旋不稳定运动

当飞机的横向稳定性过弱而方向稳定性过强时,飞机在受到侧向干扰产生倾斜和侧滑后,易产生缓慢的螺旋下降,称为螺旋不稳定运动。

如飞机在平飞中受侧向干扰向右倾斜,飞机带右坡度,在升力分量的作用下,飞机向右移动,产生右侧滑,同时产生横向稳定力矩和方向稳定力矩。在飞机滚转和偏转的过程中,又出现了横向阻尼力矩和方向阻尼力矩。如果飞机方向稳定性过强时,则飞机右偏的速度很快,导致飞机左翼升力增加,形成使飞机右滚的力矩。而由于飞机的横向稳定性过弱,由于右倾斜产生的使飞机左滚的稳定力矩较小,有可能小于飞机右偏过程中产生的右滚力矩,这样飞机的右坡度非但没减小,反而增加了。右坡度增大,飞机进一步向右侧增大侧滑角,并向右滚转。同时飞机坡度增加，升力在铅锤方向的分力减小，小于重力，飞机开始掉高度，最终导致飞机进入缓慢的盘旋下降过程，称为螺旋不稳定运动。

螺旋不稳定表现为飞机高度和半径的变换，它的周期较大，对飞行安全不构成威胁，飞机设计中允许出现轻度的螺旋不稳定。

7.4.4 影响飞机侧向稳定性的因素

影响飞机侧向稳定性的因素主要有重心位置、速度及高度的大小以及大迎角飞行等。

1. 重心位置

重心位置的移动会对飞机的侧向稳定性产生影响。重心位置的前后移动对飞机的方向稳定性有影响。因为飞机的方向稳定力矩主要是由垂尾产生的。重心靠前，重心到垂尾侧力作用点的距离加大，方向稳定力矩变大，但影响不大。

2. 速度

飞机受扰后摆动的衰减时间与阻尼力矩的大小有关。飞行速度越大，阻尼力矩越大，飞机摆动衰减时间越短，稳定性就越好。

3. 高度

高度越高，空气密度越小，飞机的阻尼力矩变小，飞机稳定性变弱。

4. 大迎角飞行

飞机在大迎角下飞行，对飞机的方向稳定性和横向稳定性都有影响。

大迎角飞行时，翼身对垂尾的遮蔽作用增强，垂尾几乎全部处于翼身产生的涡流区中，使垂尾的效能降低，方向静稳定性减弱。因此，如果迎角过大，某些飞机甚至会丧失方向静稳定性。

另外对于低速飞机，大迎角下有可能出现机翼自转现象。例如当飞机受干扰后向左倾斜，左翼下沉，飞机左翼迎角增大；右翼上扬，飞机右翼迎角将减小。若飞机受扰前在临界迎角附近，就可能导致飞机左翼迎角增大，升力反而变小的现象，从而导致横向阻尼力矩方向改变，飞机进一步向左倾斜，出现机翼自转现象。

总之，飞机的稳定性是相对的、有条件的，同一架飞机，当飞行条件（如飞行速度、高度、飞机迎角、重心位置等）发生变化时，飞机的稳定性也会随之变化。对于具有侧向稳定性的飞机，飞机受扰偏离原平衡状态后，虽然飞机能自动消除倾斜和侧滑，但飞机只能恢复到原来的力和力矩平衡，而不能自动恢复到原来的飞行状态，因为飞机的高度和速度方向都已经改变了。如果希望飞机恢复到原来的飞行状态，飞行员必须及时地对飞机实施操纵。

7.5 飞机的侧向操纵性

飞机的侧向操纵性，是指飞行员操纵方向舵和副翼改变飞机的飞行状态的特性。

7.5.1 飞机的方向操纵性(飞机无滚转)

飞机的方向操纵性是指飞行员操纵方向舵以后,飞机绕立轴偏转而改变其侧滑角等飞行状态的特性。

1. 方向操纵的基本原理

飞行中通过操纵方向舵改变侧滑角的基本原理同操纵升降舵改变飞机迎角的原理基本类似。如图 7.14 所示,飞行员通过蹬右舵,操纵方向舵向右偏转,垂直尾翼上产生向左的附加气动力,它对飞机重心产生的力矩打破了原有的方向平衡,使飞机机头向右偏转。机头右偏,产生左侧滑,由左侧滑引起的方向稳定力矩有使飞机机头左偏的趋势。开始时,由于操纵力矩大于方向稳定力矩,飞机机头继续左偏。随着侧滑角的增加,方向稳定力矩增加,当方向稳定力矩和操纵力矩相等时,飞机稳定在一个新的较大的侧滑角上。可见,在不带滚转的直线飞行中,每一个脚蹬位置对应着一个侧滑角。蹬右舵,飞机产生左侧滑。蹬左舵,飞机产生右侧滑。

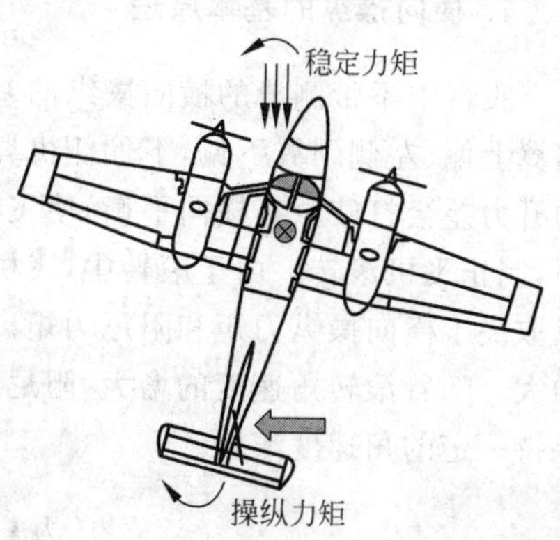

图 7.14 飞机的方向操纵原理

类似于升降舵的偏转,方向舵偏转后也会产生方向铰链力矩,飞行员需用力蹬舵才能保持方向舵偏转角不变。方向舵偏转角越大,气流动压越大,蹬舵力就越大。

2. 方向舵偏角与操纵力矩的关系

侧滑时,作用在垂尾上的侧力 $Z_{垂尾}$ 产生的偏转力矩系数可按式(7-31)计算。方向舵偏转,相当于垂尾处的气流侧滑角发生了变化,在舵面偏转不大的范围内,与方向舵的偏转角度 δ_y(右偏为正,左偏为负)相当的侧滑角 $\Delta\beta$ 为

$$\Delta\beta = \eta_y \delta_y \tag{7-35}$$

式中,η_y 称为方向舵效率。

因此由操纵方向舵引起的偏转操纵力矩系数可按下式计算:

$$m_{y方} = -ka_{垂尾}\eta_y \frac{S_{垂尾}L_{垂尾}}{Sl}\delta_y \tag{7-36}$$

侧滑时,作用在垂尾上的侧力不仅产生偏转力矩,同时也产生横向滚转力矩。因此操纵方向舵,还会产生横向操纵力矩,可按式(7-26)计算得到由操纵方向舵引起的横向操纵力矩系数:

$$m_{x方} = -ka_{垂尾}\eta_y \frac{S_{垂尾}y_{垂尾}}{Sl}\delta_y \tag{7-37}$$

可见偏转方向舵,主要产生偏转力矩,同时也产生侧力和横向力矩。说明飞机的方向操纵和横向操纵是互相关联的。

将由操纵方向舵引起的偏转操纵力矩系数对方向舵的偏转角度 δ_y 求导数,得

$$m_{y方}^{\delta_y} = -ka_{垂尾}\eta_y \frac{S_{垂尾}L_{垂尾}}{Sl} \tag{7-38}$$

导数 $m_{y方}^{\delta_y}$ 表示方向舵偏转1°所产生的偏转力矩系数，说明方向舵对方向的操纵能力，故称为方向舵的操纵效能。负号表明，方向舵右偏，产生使机头右偏的力矩。

7.5.2 飞机的横向操纵性（无侧滑）

飞机的横向操纵性是指飞行员操纵副翼以后，飞机绕纵轴转动而改变其滚转角速度、坡度等飞行状态的特性。飞行员通过左右压杆（或左右转动驾驶盘）来完成飞机的横向操纵。

1. 横向操纵的基本原理

飞行中不带侧滑的横向操纵的基本原理如下：如图7.15所示，飞行员向右压杆，右侧副翼上偏、左侧副翼下偏，下偏侧机翼上的升力增加，上偏侧机翼上的升力减小，两侧副翼上的升力差会打破原有横向平衡，使飞机开始向右滚转。向右滚转过程中会产生滚转阻尼力矩，制止飞机滚转。由于滚转中，飞机不带侧滑，因此没有横向稳定力矩，滚转角速度的变化只取决于横向操纵力矩和阻尼力矩。开始时，横向操纵力矩大于阻尼力矩，滚转角速度逐渐增大。随着滚转角速度的增大，阻尼力矩逐渐增大。当横向操纵力矩等于阻尼力矩时，飞机保持一定的角速度滚转。

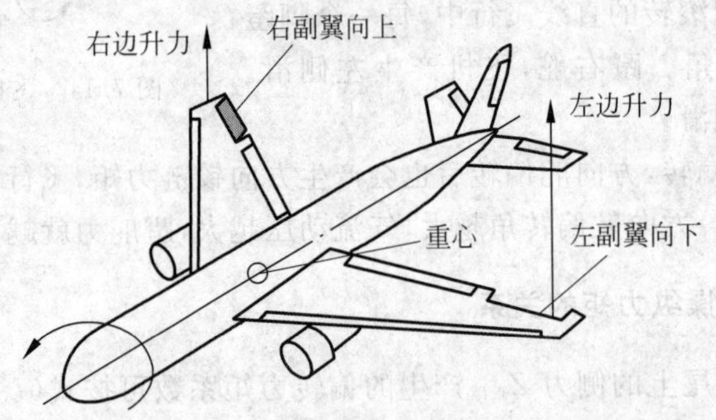

图7.15 飞机的横向操纵原理

可见，不带侧滑的横向操纵中，驾驶杆左右移动的每个位置都对应着一个稳定的滚转角速度。压左杆，飞机左滚转，压右杆，飞机右滚转。驾驶杆左右移动的位移越大，滚转的角速就越大。这是与俯仰操纵和方向操纵不一样的地方。

对俯仰操作，前后推拉驾驶杆，驾驶杆的每一个前后位置对应一个迎角；对方向操纵，左右蹬舵，每一个舵位移对应一个侧滑角；而对横向操纵，左右压杆，驾驶杆的每一个左右位置对应的是一个稳定的滚转角速度，而不是一个坡度。

飞行中，如果要达到一个预定的坡度，例如飞行中进行转弯或盘旋的操纵时，必须在接近预定坡度时将驾驶杆回到中立位置，消除横向操纵力矩，飞机才能在横向阻尼力矩的作用下，使滚转角速度逐渐消失，飞机稳定在预定坡度上。

2. 副翼偏转角与操纵力矩的关系

飞机横向操纵的主要机构是副翼。驾驶杆右偏，右副翼上偏，左副翼下偏，右翼升力减小，左翼升力增加，飞机向右滚转。

设 δ_x 为副翼偏角，一般在垂直于副翼铰链轴的平面上测量的，正负号规定以右副翼为

准，下偏为正，上偏为负。副翼偏转 δ_x，在舵面偏转不大的范围内，可认为相当于机翼迎角改变了 $\eta_x\delta_x$，η_x 称为副翼效率。副翼所在剖面升力系数的增量为

$$\Delta C_y = a\eta_x\delta_x \tag{7-39}$$

假设副翼所在剖面上的机翼升力系数都相等，则可计算出副翼偏转所引起的横向力矩系数为

$$m_{x副} = -\frac{\Delta C_y \dfrac{1}{2}\rho V^2 \dfrac{S_x}{2} l_x}{\dfrac{1}{2}\rho V^2 Sl} = -a\eta_x\delta_x \frac{S_x l_x}{2Sl} \tag{7-40}$$

式中，S_x 为副翼的总表面积；l_x 为左右副翼中心位置间的距离。

式中负号表示右副翼下偏时，产生负的横向力矩，即左滚力矩。

将副翼偏转所引起的横向力矩系数对副翼偏角求导数得

$$m_{x副}^{\delta_x} = -\zeta a\eta_x \frac{S_x l_x}{2Sl} \tag{7-41}$$

式中，ζ 是考虑副翼偏转后引起的升力系数的变化所作的修正。

导数 $m_{x副}^{\delta_x}$ 表示副翼偏转 $1°$ 所产生的横向力矩系数，说明副翼对飞机滚转的操纵能力，故称为副翼的操纵效能。

此外，副翼偏转时，不仅两翼升力不同，两翼的阻力也不同。通常副翼下偏一侧的机翼阻力大于副翼上偏一侧的机翼阻力，因此当飞行员向左压杆，使左副翼上偏、右副翼下偏时，还产生了使机头右偏的偏转力矩。机头右偏，会产生左侧滑，左侧滑将产生使飞机右滚的力矩，该力矩会抵消偏转副翼的操纵效果。因此飞机设计中不希望出现这部分力矩。

为此设计中常采用“差动副翼”，使得左右压杆时，左右副翼的偏角不等，向上的偏角较大，下偏的偏角较小，使偏转副翼后两翼阻力大小相仿。

由此可见飞机的方向操纵性和横向操纵性是互相联系、互相影响的。在操纵效果上，存在杆舵互换的效果，但效率不高。例如，当飞行员蹬左舵，飞机向左偏转，同时产生右侧滑，由于机翼上反角和后掠角的作用，侧滑前翼升力增大，产生使飞机左滚的力矩，飞机左滚；同理蹬右舵，飞机不仅向右偏转，还会向左滚转。而当飞行员向右压杆时，飞机向右滚转，同时产生右侧滑，使机头右偏；压左杆，飞机左滚，同时左偏。

杆舵互换效应有时在飞行中很有用处。如大迎角飞行时，副翼的操纵效能变差，飞机的横向操纵性变差，这时可用蹬舵来改变或修正飞机的坡度。另外，飞行中，如果方向舵或副翼其中一个失去功效，仍然可以进行操纵。

7.5.3 影响飞机侧向操纵性的因素

1. 飞机重心位置

飞机重心位置的左右移动会对飞机的横向操纵性产生影响。如飞机重心向左移动，相当于增加了一个向左滚转的力矩，要保持横向平衡，飞行员必须向右压杆，使驾驶杆向右的移动行程受到限制，从而限制了向右滚转的能力。

因此，飞机重心的左右移动也有严格的限制。

2. 飞行速度

飞行速度增加,同样的舵偏角所产生的操纵力矩比较大,使飞机转动的角加速度也比较大,因此飞机到达与此舵偏角相对应的侧滑角和坡度所需的时间也短,飞机的侧向操纵性好。

3. 迎角

小迎角下,飞机的横向操纵性比较好。大迎角飞行时,副翼的操纵效能会严重下降,飞机的横向操纵性变差,甚至可能出现横向反操纵现象。

前面介绍过,偏转副翼时,产生滚转力矩的同时,还会因左右两翼阻力不同,产生侧滑,形成阻止飞机滚转的力矩。例如,向右压杆,飞机的左副翼下偏,升力增加,右副翼上偏,升力减小,产生使飞机向右滚转的操纵力矩,飞机右滚,形成右侧滑,同时由于两翼阻力不同,副翼下偏侧的左翼阻力大于副翼上偏侧的右翼阻力,出现使机头左偏的力矩,进一步加大右侧滑,增加了阻止右滚的横向稳定力矩,使副翼操纵效能变差。小迎角时,两翼阻力差小,由阻力差引起的侧滑角小,操纵力矩大于稳定力矩,所以,向右压杆,飞机右滚。但是当迎角接近临界迎角时,机翼上出现严重的气流分离,副翼处于涡流区内,偏转副翼产生的左右两翼的升力差减小,副翼效能变差;另一方面,在大迎角下,两侧的阻力差却加大。例如向右压杆,下偏副翼的左侧机翼阻力很大,上偏副翼的右侧机翼阻力较小,这一阻力差引起的偏航力矩使飞机机头左偏,产生右侧滑,飞机因右侧滑产生左滚的横向稳定力矩。当左滚稳定力矩大于右滚操纵力矩时,会出现向右压杆却导致飞机左滚的现象,称为横向反操纵现象。

横向反操纵现象是非常危险的。消除横向反操纵的关键在于消除大迎角下压杆导致的机翼阻力差,可以使用差动副翼、阻力副翼、开缝副翼、翼尖前缘缝翼和扰流板等措施来改善飞机的横向操纵性。在大迎角飞行时,也可采用方向舵来辅助副翼操纵。

4. 高速飞行

1) 飞行马赫数的影响

当飞行马赫数进入跨声速范围时,如果机翼上产生的激波在副翼转动轴的前面,副翼转动影响不了激波前的气流流动,因而偏转副翼后两翼上升力的改变量要减小,副翼操纵效能变差。

2) 大表速下结构变形的影响

大表速下,飞行动压很大。如低空大速度飞行时,由于动压很大,机翼结构的扭转变形量很大,会削弱副翼的操纵效能,因此飞行中要限制最大表速。

本章小结

飞机的侧向平衡包括飞机的横向平衡和方向平衡。飞机的横向平衡是指作用于飞机的各滚转力矩之和为零,方向平衡是指作用于飞机的各偏转力矩之和为零。飞机的横向稳定力矩主要由机翼后掠角和垂尾产生,横向阻尼力矩主要由机翼产生;而飞机的方向稳定性则主要是由垂尾来保证的。横向静稳定度和方向静稳定度的大小要配合得当,否则会导致

飞机的侧向动不稳定，出现荷兰滚振荡不稳定运动和螺旋不稳定运动。飞行员通过左右压杆(或左右转动驾驶盘)实现飞机的横向操纵；通过左右蹬舵实现飞机的方向操纵。飞机的方向操纵性和横向操纵性是互相联系、互相影响的，在操纵效果上，存在杆舵互换的效果。

思考与练习

一、思考题

1. 飞机产生侧滑的两种主要原因是什么?

2. 影响飞机侧向平衡的主要因素有哪些? 它们各是如何影响的?

3. 什么叫飞机的方向静稳定度、横向静稳定度?

4. 如何从(俯仰、方向、横向)力矩系数曲线判断该飞机是否具有静稳定性及其大小?

5. 飞机的上反角、上单翼、后掠角能产生侧向稳定力矩，因此，所有飞机的机翼都应该采取这种安装形式，这种说法对吗? 为什么?

6. 有人说：飞机的方向稳定力矩是由垂直尾翼产生的，与机翼后掠角、上反角无关，对吗? 为什么?

7. 飞机的方向稳定力矩是如何产生的?

8. 常规布局飞机的横向稳定力矩通常是如何产生的?

9. 只要飞机偏转，就会产生方向稳定力矩，这种说法对吗? 为什么?

10. 有人说：飞机有方向稳定性和横向稳定性就一定有侧向稳定性，对否? 为什么?

11. 速度、高度变化对飞机的侧向稳定性有什么影响? 为什么?

12. 大迎角对飞机的横向稳定性有什么影响?

13. 飞机只有在直线飞行中才具有稳定性，这种说法对吗? 为什么?

14. 飞机水平尾翼的作用有哪些?

15. 直线飞行时，为什么一个方向舵位置对应一个侧滑角?

16. 飞机的方向操纵性与横向操纵性各有什么特点? 二者有什么关系?

17. 飘摆(荷兰滚)现象是怎么造成的? 有何防止措施?

18. 无侧滑时，为什么一个压杆位置不能对应一个坡度?

19. 改善飞机横向操纵性的常用措施有哪些?

20. 向左压盘后，飞机向左滚转而出现左坡度，不蹬舵飞机也能向左转弯，是什么力矩使飞机向左偏转?

21. 在小速度飞行时，为什么副翼的操纵效率会降低? 如何弥补?

二、练习题

1. 上反角具有横向稳定性的原因是：侧滑时上反角使侧滑一侧机翼的迎角________，升力________。

2. 方向舵控制飞机绕________旋转。

3. 向左压盘时：飞机右副翼________，右机翼升力________、阻力________；飞机左副翼________，左机翼升力________、阻力________。

4. 飞行中只蹬舵时，飞机会向________方向滚转。

5. 飞行中只压杆时，飞机会向________方向偏转。

拓展阅读

西安空难

1. 事件回放

1994 年 6 月 6 日上午，某航空公司的 WH2303 航班执行西安至广州任务。其中飞行员 5 人，乘务员 9 人，旅客 146 人。机型为图-154M 型 B2610 号，由苏联图波列夫航空设计局 1986 年制造。

飞机起飞爬升过程中，飞机开始飘摆，机组没能发现故障原因，在处理故障过程中，飞机姿态变化异常，飞行员难以控制，飞机飘摆继续加大，终于在左坡度急剧下降的过程中，超过飞机强度极限，飞机空中解体。具体情况如下所述。

08：13，该航班从咸阳机场升空起飞。飞机离地 24s 后，机体发生异常飘摆，幅度很大。机组随即向地面报告飞机摆动并有异响。通过驾驶舱语音记录明显听到机体发出“嗯嗯”的响声。

08：15，机组用 400km/h 的速度保持爬升，争取高度。此时机体左右摇摆，幅度增大。机组向地面报告正、副驾驶都稳定不住姿态。

08：16：24，机组再次报告飞机难以控制，响声越来越大，摆幅瞬时达到 20°。

08：16：58，机组报告飞机摆幅达到 30°。

08：18：06，机组见正、副驾驶均无力改出异常姿态，接通了自动驾驶仪，试图让飞机自行改出。5s 后发现摇摆持续增大，机组随即断开自动驾驶。

08：19，飞机自动偏离了爬升航路，开始向右作不规则的转弯。此时飞机已到达 4 717m 高度，爬升十分缓慢。

08：21，机长教员辛天才替换副驾驶杨民，与机长李刚强共同操纵。但飞机摇摆持续加重，驾驶舱响起倾斜角度过大警告。

08：22：27，飞机出现自动抬头现象，迎角达到 20°，速度瞬间降到 380km/h，驾驶舱持续响起失速告警。

08：22：30，飞机突然向左滚转，接着进入大角度、高速度俯冲，俯仰角由 0°下俯到 −65°，侧倾角达到 66.8°，速率到达 747km/h，超速警告响彻驾驶舱。飞机在 12s 中，从气压高度 4 717m 疾速下降到 2 884m，平均每秒下降 150m，严重过载，最大法向过载达 2.7g，最大侧向过载达 1.4g，远远超过了飞机额定的承受能力，飞机航向由 250°左转到 110°。

08：22：42，驾驶舱语音记录传来“哐！哐！”两声机体断裂巨响，随即黑匣子停止记录。飞机在 2 884m 高度上空中解体，失事地点距咸阳机场 49km 处。机上乘客 146 人和机组 14 人全部罹难。

2. 事故原因分析

飞机失事原因源于两个相互插错的插头。维修人员在进行维护更换时，将倾斜阻尼插头Ⅲ7 和航向阻尼插头Ⅲ8 接错插口，并且没有仔细检查核对。由于操纵系统的维修差错故障，造成飞机空中严重飘摆、机组未能恰当改出，致使飞机在空中解体。

1）操纵系统的维修差错故障造成飞机空中严重飘摆

事故发生的前两日，飞机飞行后，在更换 ПКА-31 安装架时，地面维护人员将倾斜阻尼插头(Ⅲ7)和航向阻尼插头(Ⅲ8)相互错插,由于错插后地面通电试验检查不出故障(事故发生前两日维修后未检查出,当日起飞前检查不出),从而导致事故当日带着错插故障起飞。

6月6日飞机带着Ⅲ7、Ⅲ8错插毛病起飞。正常的阻尼插头的功用是:倾斜阻尼陀螺感受到倾斜角速率信号应传送给副翼舵机,航向阻尼陀螺感受到的偏航角速率信号应传送给方向舵舵机。但是由于Ⅲ7、Ⅲ8插头错插,造成倾斜阻尼陀螺感受到的倾斜角速率信号传给了方向舵舵机,而航向阻尼陀螺感受到的偏航角速率信号传给了副翼舵机。

因此在起飞滑跑的后段,飞行员蹬舵拟保持航向,产生偏航角速率信号,这一信号传给了副翼舵机,从而使副翼偏转,此时由于地面的限制,飞行员并未感到飞机有倾斜。但飞机离地后,很快形成明显倾斜。飞行员为修正姿态而压驾驶盘,产生的倾斜角速率信号却传给了方向舵舵机,使方向舵偏转,导致飞机姿态发生异常的变化,飞行员感到无法控制,因而进行反复修正,这又使飞机飘摆不断加大,最后造成飞机急剧盘旋下降,表速和侧向过载都超过飞机强度极限,导致飞机解体。

2) 飞机设计没有防错插措施

图-154M型飞机ΠKA-31安装架和ABCY系统的设计没有防错插措施,Ⅲ7、Ⅲ8插头相邻,几何尺寸相同,插头的线数相同,仅用色标来表示其差别,容易错插。在事故调查组访问外方期间,了解到外方也曾多次发生类似的错插现象。同时ABCY控制系统的故障搜索系统通过内检和自检程序无法检查出错插故障。相应的维护规程及快速检查单也不完善。

3) 飞行员未按飞行手册操作

按飞行手册的规定,排除飘摆故障必须同时关断航向和倾斜阻尼器,从飞行试验结果看关断阻尼器后飞机仍然是可操纵的,但是从舱音记录器听到飞行员没有按照这一要求去做。

4) 模拟机飞行训练大纲中没有对排除飘摆故障进行训练的课目

模拟机飞行训练大纲中没有对排除飘摆故障进行训练的课目,飞行员在赴外方的实际飞行训练中,也没有接受过按照飞行手册同时关掉航向和倾斜两个通道、排除有关ABCY系统出现侧向周期性摆动的训练。这对侧向稳定性差的图-154M型飞机飞行员应急处置能力的培养是一个重大缺陷。

3. 事故结论

这一事故的直接原因是地面维修人员在更换ΠKA-31安装架时,将Ⅲ7、Ⅲ8插头相互错插,导致飞机操纵性异常,使动稳定性变坏,最后失去控制,造成飞机空中解体失事。

思考题

1. 此次飞行中,为何飞机起飞后会出现明显的倾斜?

2. 飞机在空中解体的原因是什么?

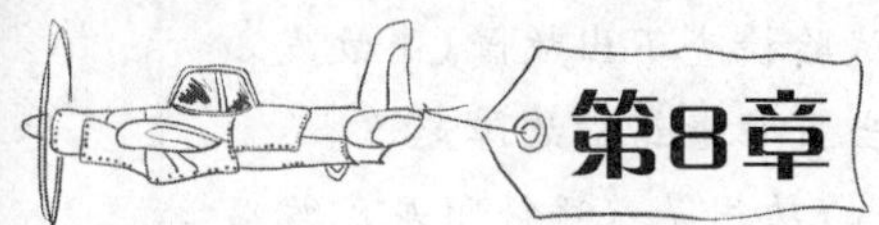

基本飞行技术

关键词

飞行技术(flight technology)　　滑行(taxi)

起飞(take off)　　着陆(landing)

目测(visual reference)

飞行技术是指操纵飞机在地面和空中运动的技能。基本飞行技术是指在目视飞行条件下,轻型飞机的操纵技术。

虽然每种飞机都有自己的飞行特性,但一些基本的操纵技能和安全习性可应用于任何飞机。

本章主要介绍飞机的基本飞行技术,包括滑行、平飞、上升、下降、盘旋操纵原理和起飞、着陆技术等。

8.1 滑行

飞机不超过规定的速度,在地面所作的直线或曲线运动叫滑行。飞机在起飞前,要先滑行到起飞线上。

滑行是飞机利用自身的动力,在地面上的移动。正常的滑行速度大约与步行速度相同。

8.1.1 滑行阶段运动分析

滑行时飞机所受的力有:推力(P)、机轮摩擦力($F_{主}$、$F_{前}$)、飞机重力(G)、地面的反作用力($N_{前}$、$N_{主}$)、升力(Y)以及气动阻力(X)等。当飞机在滑行中速度很小时,升力和气动阻力可忽略不计。

滑行中,飞行员通过操纵油门和刹车可改变推力和摩擦力,从而改变或保持滑行速度。前三点式飞机在直线滑行中受扰偏转时,由于主轮上承受的载荷很大,主轮的侧向摩擦力对重心形成了较大的方向稳定力矩,足以克服前轮的侧向摩擦力对重心形成的方向不稳定力矩,因而方向容易保持,如图 8.1 所示。前三点式飞机在滑行中具有方向稳定性,而后三点式飞机的方向则较难保持。

滑行中需要转弯时,前三点式飞机一般通过偏转前轮进入转弯。例如,左转弯时,飞行

员蹬左舵，前轮左偏，产生侧向摩擦力，和主轮的侧向摩擦力一起，构成滑行转弯的向心力，如图 8.2 所示。

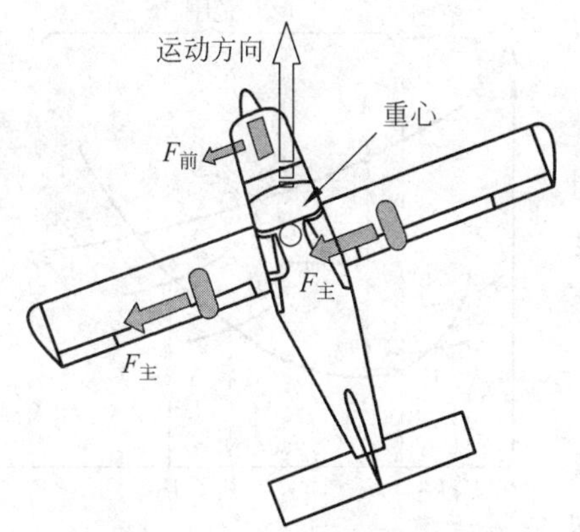

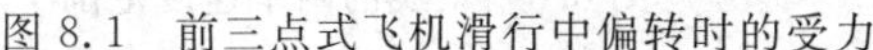
图 8.1　前三点式飞机滑行中偏转时的受力

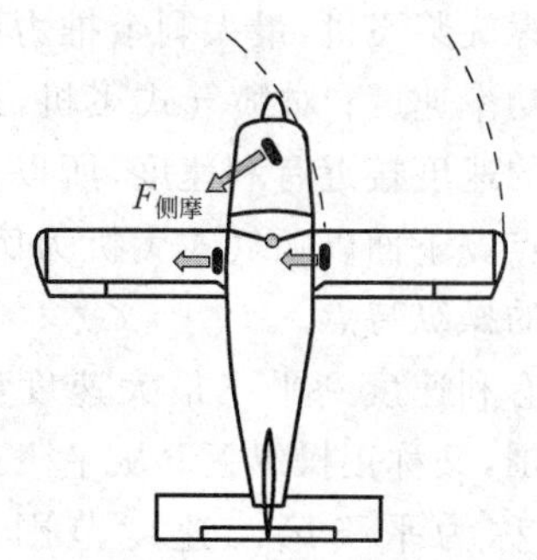

图 8.2　前三点式飞机滑行转弯时的向心力

也可使用转弯方向的单刹车使机头偏转进行转弯。但是单刹车转弯时，转弯内侧主轮上部不仅承受侧向摩擦力，还要承受因刹车而增加的向后的摩擦力。速度越大，转弯半径越小，则内侧主轮上的摩擦力越大。所以禁止使用刹车进行大速度小半径转弯。

8.1.2　滑行阶段的操纵

飞机要平稳地开始滑行。这时，飞机从静止开始移动，推力必须大于最大静摩擦力，故飞机开始滑行时应适当加大油门。飞机开始移动后，因滑动摩擦力小于静摩擦力，摩擦力减小，则应酌量减小油门，以防加速太快不能保持平稳滑行。滑行中，如果要增大滑行速度，应柔和加大油门，使推力大于摩擦力，产生加速度，使速度增大；如果要减小滑行速度，则应收小油门，必要时，可使用刹车。

滑行中要注意保持好速度和方向，接近预定位置前，需提前柔和地减小油门和使用刹车减速，并使飞机能停止在预定的位置。

转弯时，禁止使用刹车进行大速度小半径转弯。转弯前，要先减小速度，然后向转弯方向蹬舵，使飞机进入转弯；转弯中，用蹬舵量的多少控制转弯角速度，蹬舵量不宜过大，必要时可适当使用刹车；改出转弯时，要逐渐减小蹬舵量，直至脚蹬放平，使飞机对准预定中心线，退出转弯。

8.2　平飞、上升和下降

当作用在飞机上的所有力和力矩都处于平衡时，飞机处于定常直线飞行状态。飞机的定常直线运动包括平飞、上升和下降三种飞行状态。

8.2.1　平飞操纵原理

从理论上讲，飞机可以在飞行包线的范围内以任意速度实现平飞。飞行速度的改变可以通过飞行员操纵油门大小和升降舵偏角来实现，但具体的操纵方法与飞机所处的平飞速度范围有关。

通常把平飞的速度范围分为两个：第一速度范围和第二速度范围，分界点为最大剩余推力所对应的速度，见图 8.3。

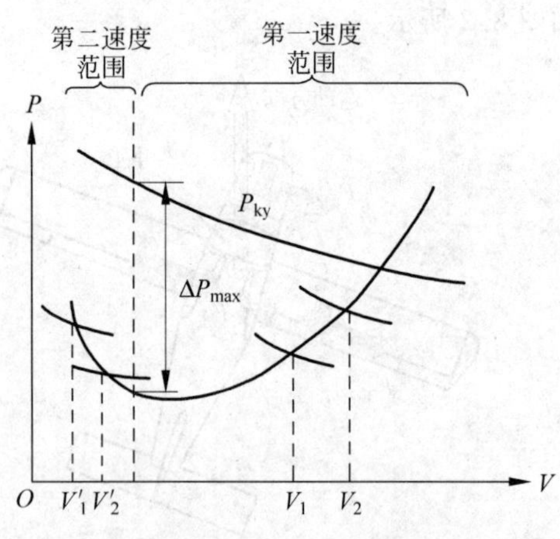

图 8.3 平飞的两个速度范围

对螺旋桨飞机，最大剩余推力所对应的速度为最小功率速度；对喷气式飞机，最大剩余推力所对应的速度接近有利速度，所以常以有利速度为分界点。下面以喷气式飞机为例，介绍两个速度范围的操纵特点。

从有利速度到平飞最大速度称为平飞第一速度范围，又称正操纵区；从平飞最小速度到有利速度称为平飞第二速度范围，又称为反操纵区。

1. 平飞第一速度范围的操纵

在平飞第一速度范围，飞机要从速度 V_1 加速到 V_2 时，必须加大油门，使可用推力大于所需推力，让飞机获得加速度而加速。随速度的增加，飞机的升力也要增加，会引起飞机高度增加，为保持高度不变，飞行员需顶杆减小迎角，使升力等于重力。随着速度增大，剩余推力不断减小(见图 8.3)，当剩余推力为零时，速度增大到 V_2，飞机以 V_2 平飞。反之从 V_2 减速到 V_1 时，要收油门，并且随速度的降低，要拉杆增大迎角以保持高度。

对螺旋桨飞机，要注意修正加减油门引起的螺旋桨副作用。

2. 平飞第二速度范围的操纵

在平飞第二速度范围，飞机要从速度 V'_1 加速到 V'_2 时，最初需加大油门，使可用推力大于所需推力，让飞机获得加速度而加速，并顶杆保持高度。但当速度增大到 V'_2 时，必须逐步收油门到与速度 V'_2 对应的位置，从而使飞机以 V'_2 平飞。反之从 V'_2 减速到 V'_1 时，最初需收油门使飞机减速，并拉杆保持高度，然后逐步加油门到与速度 V'_1 对应的位置。

第二速度范围相对于第一范围来讲，只是油门反效而杆不反效。即在所有的平飞速度范围都是顶杆低头加速，拉杆抬头减速。

第二速度范围改变速度时，操纵复杂、反常，不利于飞行安全；且速度小，飞机的稳定性和操纵性差，易失速，另外速度不易稳定。例如，当飞机受阵风扰动，速度增大时，由于升力增加，飞机会转入上升，因此飞行员会顶杆减少迎角，飞行阻力减少，使平飞所需推力小于可用推力，飞机的飞行速度将进一步加大。反之，如果飞机受扰动，飞行速度减小，则会出现平飞所需推力大于可用推力的情况，使飞行速度进一步减小，甚至失速。因此，一般不在第二速度范围飞行。一旦误入第二速度范围，必须及时增速退出。

从第二速度范围改出回到第一速度范围的操纵方法如下：首先加大油门，随速度的增加顶杆减小迎角以保持高度。最初的加速度是越来越大，但当飞机的速度超过有利速度后加速度开始逐渐减小，直至加速至可用推力曲线与需用推力曲线的右交点。这时飞机在第一速度范围内稳定平飞。

8.2.2 飞机上升操纵原理

1. 上升两个速度范围的划分

按照拉杆后飞机上升角的变化特点，可将上升速度分为两个范围。由式(2-22)知，当飞机质量一定时，上升角取决于剩余推力的大小。因此以最大剩余推力对应的速度(即陡升速度，对喷气飞机为有利速度，对螺旋桨飞机，为最小功率速度)为界，将上升速度分为两个范围。

大于陡升速度为第一速度范围，这时飞行员拉杆，迎角增大，阻力增大，在油门不变的情况下，由式(2-2)知，速度将减小。由图8.3知，速度减小，剩余推力增加，从而使上升角增加。这与人的正常操纵习惯一致：拉杆，上升角增大，推杆，上升角减小。

小于陡升速度为第二速度范围，在此速度范围内，飞行员拉杆，飞机迎角增大，在油门不变的情况下，同样速度将减小，但剩余推力也减小，因而上升角减小，不符合正常操纵习惯。

在上升第二速度范围内，不仅操纵与人的正常操纵习惯相反，而且由于速度小，飞机的稳定性和操纵性变差，飞行不安全，因此一般不在第二速度范围内上升。在带杆上升时，应特别注意空速表指示读数是否小于陡升速度。

2. 飞机由平飞转入上升的操纵

飞机由平飞转入上升，首先必须使飞机的升力大于重力，飞机的轨迹才能向上弯曲。飞行中增大升力的方法有两种：增大迎角或加大飞行速度。拉杆可以增大迎角，而飞行速度可以通过加油门来增加。

先讨论飞行员只拉杆的情况。

设飞机以速度 V 平飞，这时 $P=X, Y=G$。飞行员拉杆后迎角变大，在小于临界迎角的范围内，升力将增大，即 $Y>G$，飞机转入上升；但同时阻力也要增大，加上重力在航迹方向的分力，使飞机在上升的过程中开始减速。最终稳定时的上升角取决于拉杆量的大小，稳定后 $P-X=G\sin\theta$。因此，飞行员只拉杆的话，飞机将以较小的速度上升。只拉杆上升，飞机稳定后的速度比平飞时的速度小。

如果飞行员只加油门不拉杆的话，加油门后飞机开始加速，随着速度增加，升力增大，飞机转入上升；同时，速度增大也会使阻力增大，加上重力在航迹方向的分力，使飞机在上升的过程中又开始减速。因此，只加油门，飞机基本保持原速度上升。最终稳定时的上升角取决于加油门的大小，稳定后 $P-X=G\sin\theta$。

实际上，飞行员在进行平飞转上升的操纵时，一般同时采用加油门和拉杆两种措施。首先加油门至预定位置，同时柔和带杆，使飞机逐渐转入上升，接近预定上升角时，适当顶杆使飞机稳定在预定的上升角。对螺旋桨飞机，因为进行了加油门的操作，所以同时要注意修正螺旋桨的副作用。

3. 飞机由上升转入平飞的操纵

同样的，在进行飞机由上升转平飞的操纵时，也要油门和杆并用。上升转平飞时，首先应柔和向前推杆，使升力减小，小于重力分量 G_1，产生向下的加速度，飞机的上升角和上升率不断减小，重力沿航迹方向的分力不断减小，这时飞机有加速趋势，为保持预定速度，需逐渐收小油门，使飞机逐渐转入平飞，待上升角（率）接近零时，适当带杆保持平飞。对螺旋桨飞机，同时要注意修正螺旋桨的副作用。

8.2.3 飞机下降操纵原理

1. 下降的两个速度范围

同上升情况类似，在零推力下滑过程中按照拉杆后飞机下滑角的变化特点，也可将下滑速度分为两个范围。

由式(2-29)可知，无推力下滑时，下滑角取决于飞机的升阻比，以有利速度下滑，升阻比最大，下滑角最小。

因此以有利速度为界，将速度分为两个范围：大于有利速度为第一速度范围，小于有利速度为第二速度范围。在第一速度范围内，飞行员拉杆，迎角增大，阻力增加，下滑速度将减小，升阻比增大，下滑角将减小；在第二速度范围内，飞行员拉杆，迎角增大，阻力增加，速度将减小，升阻比则随之减小，导致下滑角增大，不符合人的正常操纵习惯。而且在第二速度范围内飞行，飞机飞行速度小，迎角大，飞机的稳定性和操纵性差，飞行不安全，通常不在第二速度范围内飞行。

2. 下降的操纵原理

在下降过程中，飞行员通过推拉驾驶杆和改变油门大小，可以改变下降角、下降速度和下降距离，从而控制下降性能。

在下降第一速度范围，不动油门而后拉驾驶杆，则飞机迎角增大，阻力系数、升力系数增加，下降速度减小，导致下降角及下降率减小，下降距离增长。

在下降中，如果不动驾驶杆而增大油门，则可用推力增加，导致下降速度增加，升力增加，飞机将产生向上的加速度，从而使下降率、下降角减小，下降距离增长。下降角减小使得重力在航迹方向上的分力减小，导致下降速度又将下降。最后飞机稳定在较小的下降角和稍大的下降速度上。反之，下降中减小油门的话，会使下降角增大，下降速度稍减小，下降距离缩短。

因此下降中可用油门与杆配合来改变下降角、下降速度、下降率、下降距离。一般将油门设定在规定的位置，通过操纵驾驶杆保持好规定的下降速度就可以获得规定的下降角和下降率。

3. 平飞转入下降的操纵

飞机由平飞转入下降，首先必须使飞机的升力小于重力，飞机的轨迹才能向下弯曲。飞行中飞行员可以通过推杆和减油门来减小升力。

如果飞行员操纵中不收油门只顶杆，则顶杆后，迎角减小，飞机升力减小，飞行轨迹向下弯曲，飞机下降。这时在重力分量的作用下，飞机开始加速，导致阻力增加，加速度逐渐减小，直至增加的阻力和重力分力相等，升力和重力的另一个分力相等，最后飞机以较大的速度稳定下降。

反之如果飞行员在操纵中不动杆只收油门的话，则收油门导致推力减小，飞行速度减小，从而升力减小，小于重力，飞行轨迹向下弯曲，飞机转入下降。这时在重力分量的作用下，飞机又开始加速，导致阻力增加，直至增加的阻力和重力分力相等，升力和重力的另一个分力相等，最后飞机以比原速度稍小的速度下降。

实际操纵中，平飞转下降时，飞行员往往是同时顶杆和减油门，首先柔和顶杆转入下降，随下降角增大，同时收小油门，待接近预定下降角(率)时，带杆保持稳定下降。对螺旋桨飞机，要注意修正螺旋桨副作用。

4. 下降转平飞的操纵

当由下降转入平飞时，应先加油门至预定平飞位，同时柔和带杆，待接近平飞时，适当顶杆保持平飞。对螺旋桨飞机，注意修正螺旋桨副作用。

8.3 盘旋

盘旋飞行可分为进入盘旋、稳定盘旋和改出盘旋三个阶段。进入盘旋阶段，飞机坡度逐渐增大；在稳定盘旋阶段，坡度保持不变；而在改出盘旋阶段，坡度逐渐减小。飞行员应根据不同盘旋阶段的特点来操纵飞机。

8.3.1 盘旋操纵原理

1. 进入阶段的操纵原理

从平飞进入盘旋，所需升力增大。要增大升力，可从增大迎角和加大速度这两个方面来实现。单纯拉杆加大迎角，如果迎角大于有利迎角较多，会使升阻比下降，阻力增加，就不经济。另外迎角过大，还可能引起飞机抖动，不安全。因此实际操纵中，进入盘旋是通过同时增大迎角和速度的方法来实现。

进入盘旋前，先加油门提高速度，同时顶杆减小迎角以保持高度。加油门的量，一般是要获得保持预定坡度和速度作盘旋所需的推力。等速度增大至规定值，应手脚一致地向预定盘旋方向压杆和蹬舵。压杆是为了使飞机倾斜，产生盘旋所需向心力。蹬舵是为了让飞机偏转机头，使飞机纵轴方向与飞行轨迹保持一致，从而不产生侧滑。

随着坡度增大，平衡飞机重力的升力分量减小，这时要逐渐带杆增大迎角加大升力以保持高度。随着坡度和升力增加，盘旋向心力增大，为防止侧滑，要继续向盘旋方向蹬舵。

在飞机达到预定坡度以前，应及时提前回杆，以防止飞机继续滚转，从而使飞机稳定在预定坡度上。在回杆同时，要相应地回舵。这时的舵量要比进入盘旋时小。

对大型飞机，因飞机上有方向舵偏航阻尼器在工作，因此飞行员可以忽略方向舵的操纵。

2. 稳定阶段的操纵原理

在稳定盘旋阶段，飞行员要及时发现和修正各种偏差。稳定盘旋中，经常出现的偏差是高度、速度保持不好。所以稳定盘旋中，飞行员要注意保持好高度和速度。

1）保持高度

盘旋中，高度是通过保持一定的坡度和迎角来确保的。保持好坡度是保持高度的重要条件。坡度大了，平衡飞机重力的升力分量会减小，会导致飞机掉高度；反之，坡度小了，飞行高度会增加。坡度是通过压杆来调节的。

在保持正确坡度的前提下，要带杆适当才能保持好高度，带杆多了，迎角增加，升力增加，飞机高度增加；反之，带杆少了，飞机高度会降低。

2）保持速度

盘旋中要保持好速度，就要正确使用油门和杆。进入盘旋时使用的油门是否适当，还要在盘旋中加以检验。盘旋中，如果高度和坡度不变，而速度增大了，就要适当收小油门。在收油门的同时，要同时带杆保持高度。反之，若速度偏小，就要加油门和适当顶杆。

盘旋中的高度变化也会影响到盘旋速度。盘旋中，如果因盘旋坡度过小，而使飞行高度增加，则飞机上升过程中重力在上升轨迹上的分力会导致飞机速度减小。如果飞机高度增加是由带杆过多造成的，则由于迎角增加，阻力也要增加，从而使速度减小。反之，盘旋高度降低过程中，会引起速度增大。

所以当盘旋高度和速度同时存在偏差时，应先保持好高度，再修正速度。

3）消除侧滑

飞行中还要注意保持盘舵协调，随时消除侧滑。

在稳定盘旋中，由于飞机两侧机翼的运动路径不同（见图 8.4），因此两侧机翼的运动速度不同，外侧机翼的速度大于内侧机翼的速度，从而导致外侧机翼升力大于内侧机翼升力，需向盘旋反方向压盘修正。小坡度盘旋，盘一般在中立位置，大坡度盘旋，压反盘的量要增大，以保持坡度为准。

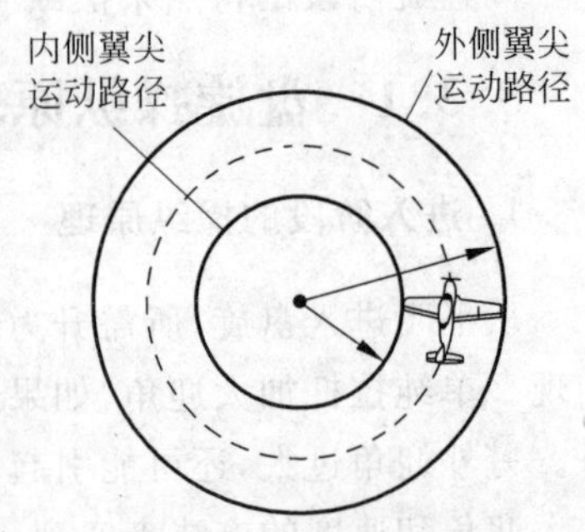

图 8.4　盘旋中两侧机翼的运动路径

总之，为确保稳定盘旋，基本操纵方法是：主要用杆保持高度和坡度，用舵保持不带侧滑，用油门保持速度。杆、舵、油门正确配合是做好稳定盘旋的关键。飞行员要合理地进行注意力的分配，以地平仪为中心，交叉扫视其他仪表，一旦发现偏差，要及时修正。

3. 改出阶段的操纵原理

从盘旋改为平飞，飞机的坡度不可能一下减小到零，需要一个过程。因此，在改出过程中，飞机仍带有坡度，飞机还会继续偏转。为了使飞机在预定方向改出盘旋，需要提前做改出动作。坡度越大，盘旋速度越大，提前量也必须大一些。因此要根据坡度大小，注意提前量。提前改出的角度可定为盘旋坡度的一半。飞行员要注意改出时机，以免偏离预定方向。

改出盘旋首先需要消除向心力，为此要向盘旋的反方向压杆，以减小飞机坡度。因坡度减小，飞行轨迹会发生变化，为避免侧滑，在压杆同时还要向盘旋反方向蹬舵。随着坡度减小，平衡重力的升力分量逐渐变大，为保持飞行高度，飞行员还需要逐渐向前顶杆，以减小迎角。由于迎角减小，飞机阻力减小，因此改出盘旋过程中同时还要柔和地收

小油门,使推力和阻力平衡,保持速度不变。接近平飞状态时,杆和舵要回到中立位置,以保持平飞。

改出盘旋的操纵要领如下：提前一定角度,向盘旋反方向手脚一致地压杆、蹬舵,逐渐减小飞机坡度,并防止侧滑。随着坡度的减小,向前顶杆,并收小油门,飞机接近平飞状态时,将杆和舵回到中立,保持平飞。改出过程中要始终注意保持高度。

8.3.2 盘旋中的侧滑

1. 侧滑产生原因

盘旋中,当飞行员对杆、舵的操纵不协调时,就会出现侧滑。侧滑是飞机对称面和气流方向不一致的飞行,侧滑将引起作用在飞机上的力和力矩发生变化,使飞机偏离预定的飞行状态,同时使飞机的空气动力性能降低,因此一般情况下应避免侧滑。

盘旋中产生侧滑的原因有以下两个。

1）飞行轨迹偏离飞机的对称面

当飞行员在飞行操纵中只压杆或压杆过多时,会使飞机的飞行轨迹偏离飞机的对称面,形成内侧滑。如图 8.5(a)所示,盘旋中,如果飞行员只压左杆,则飞机向左倾斜,升力在水平面内的分量使飞机向左作曲线运动,即左转弯。由于飞行员没有及时蹬舵,因此机头方向仍朝向前,从而使飞行轨迹偏离了飞机对称面,形成左侧滑。由于侧滑方向与飞机的转弯方向一致,故称为内侧滑。

2）飞机对称面偏离飞行轨迹

当飞行员在飞行操纵中只蹬舵或蹬舵量过大时,会使飞机的对称面偏离飞行轨迹,形成外侧滑。如图 8.5(b)所示,飞行中,如果飞行员只蹬左舵,则飞机机头会向左偏转一个角度,但开始时飞行速度方向没有发生变化,仍向前飞行,因此使飞机对称面偏离了飞行轨迹,形成右侧滑。侧滑形成后,飞机受到向左的侧力,在侧力作用下,飞机将向左作曲线运动,即左转弯。由于侧滑方向与飞机的转弯方向相反,故称为外侧滑。

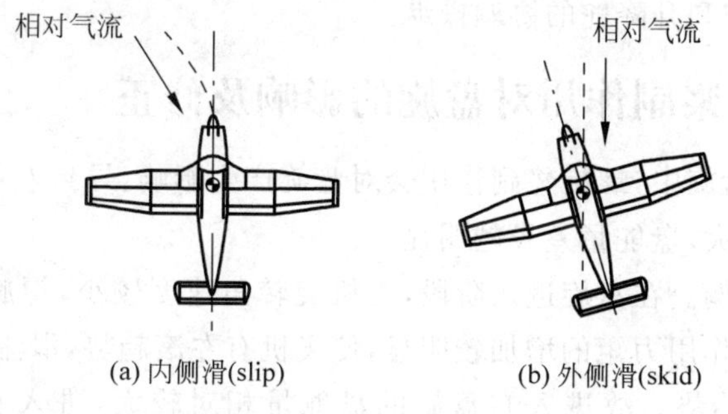

图 8.5 侧滑产生原因

2. 侧滑对盘旋的影响

盘旋中,如果盘旋坡度正常,但是蹬舵过多产生外侧滑(见图 8.6(a)),这时侧滑产生的侧力 Z 向内,侧力的垂直分力方向向下,使盘旋高度降低,水平分力加大了向心力,使盘旋半径减小。侧滑还导致两翼产生升力差,侧滑前翼升力增加,促使飞机坡度增加。

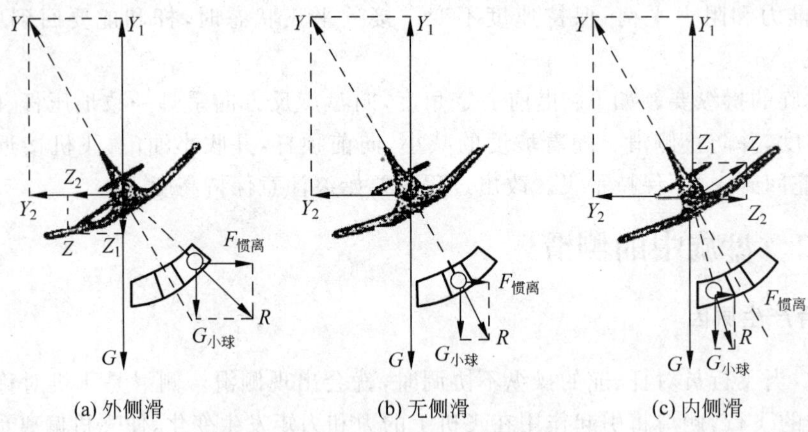

图 8.6　侧滑对盘旋的影响

外侧滑时，侧滑仪小球因惯性离心力加大而滚向玻璃管的外侧，即表示飞机带有外侧滑，如图 8.6(a)所示。

盘旋中，如果盘旋坡度正常，但蹬舵过少，产生内侧滑，如图 8.6(c)所示，这时侧滑产生的侧力向外，其垂直分力方向向上，将使盘旋高度增加，水平分力减小了向心力，使盘旋半径增大。侧滑导致的两翼升力差促使飞机坡度减小。

内侧滑时，侧滑仪小球因惯性离心力减小而滚向玻璃管的内侧，即表示飞机带有内侧滑，如图 8.6(c)所示。

盘旋中，如果发现侧滑仪小球不在中央，则说明飞机带侧滑，这时应先检查飞机坡度是否正常。如果坡度正常、飞机外侧滑，则应向盘旋反方向蹬舵，使侧滑仪小球回到中央，消除侧滑。在坡度正常，飞机内侧滑时，则应向盘旋方向蹬舵，使侧滑仪小球回到中央，消除侧滑。

总之，盘旋中，杆的作用是使飞机带坡度，舵的作用是使飞机不产生侧滑。不带侧滑的盘旋需要副翼、方向舵和升降舵的协调操纵。

8.3.3　螺旋桨副作用对盘旋的影响及修正

对螺旋桨飞机，盘旋中，螺旋桨副作用会对盘旋产生影响，导致左右盘旋时，盘舵的操纵量不同。盘旋坡度越大，盘舵量差异越明显。

以右转螺旋桨为例。在盘旋进入阶段，飞机旋转角速度较小，螺旋桨的进动作用不大，但是加油门引起的反作用力矩的增加较明显，使飞机有左滚趋势，滑流扭转力矩的增加也较明显，使飞机有左偏趋势。故进入右盘旋的盘舵量相对较大，进入左盘旋的盘舵量相对较小。

在盘旋稳定阶段，飞机保持恒定的旋转角速度，这时进动作用较明显。右盘旋中，进动使机头垂直下移，产生外侧滑，导致坡度增大。因此，左右盘旋舵量不同，向右盘旋时飞行员应多回一些舵，向左盘旋时则相反。

在改出阶段，收油门使反作用力矩和滑流扭转力矩减弱，飞机有右滚和右偏趋势。因此，改出右盘旋，盘舵量稍大，而改出左盘旋，盘舵量稍小。

8.4 起飞技术

起飞涉及操纵系统的地面和空中操作两个部分,必须使操纵系统平稳而协调地从地面功能转变到飞行功能。

起飞过程可分为三个阶段:地面滑跑阶段、离地阶段和加速上升到安全高度阶段,下面分别介绍这三个阶段的操纵特点。

8.4.1 地面滑跑

起飞滑跑阶段的操纵方法如下:首先确认发动机处于正常工作状态;襟翼和配平设置于起飞位;高度表设定正确。

飞机对正跑道后,松刹车,柔和连续地加油门至最大位置,用盘舵保持滑跑方向,随滑跑速度的增加,盘舵效能增强,盘舵量需适当减小。滑跑速度增加到抬前轮速度 V_R时,柔和一致地向后带杆抬起前轮以增大迎角,飞机抬前轮后从三点滑跑转为两点滑跑,随着滑跑速度的增大,要向前顶杆使两点滑跑的姿态不变。继续保持姿态加速,直到飞机自动离地。

起飞滑跑阶段的操纵要注意解决三个问题:如何尽快加速;如何正确抬前轮;如何保持好滑跑方向。

1. 加速

起飞滑跑的目的是为了增大飞机的速度,直到获得离地速度。飞机的推力越大,剩余推力也越大,飞机增速就越快。起飞中,为了尽快地增速,应把油门推到最大位置,并应尽可能地保持小迎角以三点滑跑增速。

2. 抬前轮

抬前轮的目的是为了增大离地迎角,减小离地速度,缩短起飞滑跑的距离。

前三点式飞机的停机角比较小,如果在整个起飞滑跑阶段都保持三点姿态滑跑,则迎角小,升力系数也较小,需要较大的离地速度才能产生足够的升力使飞机离地,这样滑跑距离就比较长。因此,为了减小离地速度,缩短滑跑距离,当速度增大到一定程度时飞机就需要抬前轮,以两点姿态滑跑,从而增大迎角和升力系数。

飞行中要注意控制好抬前轮的时机以及前轮抬起的角度。

抬前轮的时机不宜过早或过晚。抬前轮时机过早,抬前轮速度小,则动压小,要抬起前轮,拉杆量就增加;其次抬前轮时机过早,容易造成飞机小速度升空,飞机的稳定性和操纵性将变差;另外,抬前轮时机过早还会使飞机的安全裕量变小,有可能导致飞机升空后由于地面效应的消失或减弱,升力减小而再次接地。

但是如果抬前轮的时机过晚,飞机将以大速度离地,这不仅使滑跑距离增长,而且还由于拉杆抬前轮到离地的时间很短,飞行员不易修正前轮抬起的高度以保持适当的离地迎角,甚至容易使升力突增很多而造成飞机猛然离地。

因此应该严格地按照手册中规定的抬前轮速度拉杆。现代很多大型飞机抬前轮时机比较晚，抬前轮速度(V_R)比较大，大飞机通常规定：V_R为离地速度的95%～98%。

前轮抬起的角度同样很关键，前轮抬起高度应正好保持飞机离地所需的迎角。前轮抬起低，则迎角小，离地速度增大，两点滑跑距离增长。而前轮抬起高，会导致飞机小速度离地，还可能造成机尾擦地。

各型民航飞机抬前轮的高度一般可在飞行手册中可查到。各型飞机前轮抬起高度都有其具体规定，飞行员可从飞机上的俯仰指示器或从机头与天地线的关系位置来判断前轮抬起的高度是否适当。

而对后三点式飞机，当滑跑速度增大到一定时，飞行员则应前推驾驶杆，抬起机尾作两点滑跑，以减小迎角。这是因为后三点式飞机的停机角比较大，因此三点滑跑中迎角较大，接近其临界迎角，如果整个滑跑阶段都保持三点滑跑，升力系数比较大，飞机在较小的速度下即能产生足够的升力使飞机离地。此时滑跑距离虽然很短，但大迎角小速度离地后，飞机稳定性和操纵性都较差，甚至可能导致失速。因此后三点式飞机当滑跑速度增大到一定值时要抬尾轮。各型飞机抬机尾的速度和高度也都有其具体规定。

3. 保持滑跑方向

对螺旋桨飞机而言，起飞滑跑中引起飞机偏转的主要原因是螺旋桨的副作用。起飞滑跑中，螺旋桨的反作用力矩力图使飞机向螺旋桨旋转的反方向倾斜，造成两主轮对地面的作用力不等，从而使两主轮的摩擦力不等，两主轮摩擦力之差对重心形成偏转力矩。加油门和推拉驾驶杆的动作越粗猛，螺旋桨副作用影响就越大。为减轻螺旋桨副作用的影响，加油门和推拉驾驶杆的动作应柔和适当。其次，螺旋桨滑流作用在垂直尾翼上也会产生偏转力矩。此外前三点式飞机抬前轮时和后三点式飞机抬尾轮时，螺旋桨的进动作用也会使飞机产生偏转。

滑跑前段，因舵的效用差，一般可用偏转前轮和刹车的方法来保持滑跑方向。滑跑后段应用舵来保持滑跑方向。随着滑跑速度的不断增大，方向舵的效用不断提高，就应当回舵，以保持滑跑方向。

而喷气式飞机的起飞滑跑方向容易保持，其原因如下：一是喷气飞机都是前三点式飞机，而前三点式飞机在滑跑中具有较好的方向稳定性，二是没有螺旋桨副作用的影响，所以在加油门和抬前轮时，飞机不会产生偏转。

8.4.2 离地

飞机离地时的操纵动作，前三点式飞机和后三点式是不同的。

前三点式飞机是由飞行员拉杆产生上仰操纵力矩，使飞机作两点滑跑。随着滑跑速度的增大，上仰力矩增大，迎角将会增大。因此当飞机接近预定离地姿态时，应回杆保持姿态，待飞机自动离地。飞机离地后，机轮摩擦力消失，飞机有上仰趋势，应回杆保持姿态。所以，前三点式飞机一般都是等其自动离地。

后三点式飞机则不然，飞机到达离地速度时，一般都需带杆增大迎角而后离地。这是因为后三点式飞机在两点滑跑中，飞行员是前推杆，下偏升降舵来保持滑跑的，随着速度增大，下俯操纵力矩增大，将使迎角减小，飞行员虽不断带杆以保持两点滑跑，但在到达离地速度时，迎角仍会有减小的趋势。所以，必须向后带杆增大迎角飞机才能离地。

对后三点式飞机，正确掌握离地时机很重要。离地过早或过晚，都将给飞行带来不利。机轮离地后，机轮摩擦力消失，飞机有上仰趋势，应向前迎杆制止。对螺旋桨飞机，机轮摩擦力矩也消失，飞机有向螺旋桨旋转方向偏转的趋势，应用舵制止。

8.4.3 加速上升

对剩余拉力比较小的活塞式螺旋桨飞机，飞机离地后还尚未达到所需的上升速度，故需作一段平飞或小角度上升来积累速度。

飞机离地后在 12m 高度向前迎杆，减小迎角，使飞机平飞加速或作小角度上升加速。飞机刚离地时，不宜用较大的上升角上升；上升角过大，会影响飞机增速，甚至危及安全。

为了减小阻力，便于增速，飞机离地后，一般在不低于 5m 高度处收起落架。收起落架时机不可过早或过晚。收起落架过早，飞机离地太近，如果飞机下俯，就可能重新接地，危及安全；收起落架过晚，速度太大，起落架产生的阻力很大，不易增速，还可能造成起落架收不好。

在平飞或小角度上升阶段，特别要防止飞机出现坡度，因为这时飞行高度低，飞机如果有坡度，就会向下降而可能使飞机撞地。因此发现飞机有坡度应及时纠正。当速度增加到规定值时，应柔和带杆使飞机转入稳定上升，上升到规定高度起飞阶段结束。

对于喷气飞机，飞机离地后用杆保持规定的俯仰姿态继续加速上升。离地一定高度时将起落架收起以减小阻力。

8.5 着陆技术

8.5.1 着陆阶段的操纵

小型飞机的着陆一般分下降、拉平、平飘、飘落接地、着陆滑跑 5 个阶段进行，下面分别介绍各阶段的操纵特点。

1. 下降

下降是飞机最后进近的延续。在五边后段，关键是要保持 3°下降角和五边下降速度，进入跑道前要减速，使飞机以 15m 安全高度过跑道头，并将速度调整至进场速度，然后继续下降至拉开始高度。

下降时，发动机处于慢车状态，即一般采用带小油门下降的方法下降，航迹接近于直线。

2. 拉平

拉平是飞机由下滑转入平飘的曲线运动过程，即飞机由下滑状态转入近似平飞状态的过程。飞行员在规定高度(5～10m)开始拉杆并收油门，使飞机逐渐退出下滑角，形成接地姿态。拉平过程中，飞机俯仰姿态和迎角逐渐增大，下滑角逐渐减小，飞机的速度和下滑率也不断减小。

拉平前，飞行员要保持好下滑角和下滑速度，正确把握拉平开始的高度。然后拉杆增加迎角，使升力大于重力，下滑角减小。对某些飞机，因放襟翼后，上仰力矩较大，下滑中通常是向下顶杆以保持飞机的平衡，所以开始拉平时只需松杆，然后再逐渐转为拉杆。拉杆或松杆增大迎角的过程中，阻力也同时增大，并且因下滑角不断减小，重力在下滑方向上的分力也随之减小，所以阻力大于重力分量，飞行速度不断减小。可见飞机在拉平阶段中，下滑角和下滑速度都逐渐减小，同时高度不断降低。

飞行员应根据飞机的离地距离和下沉快慢，掌握好拉杆的分量和快慢。如高度高、下沉慢、俯角小，拉杆的动作应适当慢一些；反之，高度低、下沉快、俯角大，拉杆的动作应适当快一些。应根据目测柔和均匀地收油门，最迟在接地前，把油门收完。拉平中要注意用舵保持好方向，及时修正坡度。

拉平时的视线应保持适当角度、范围和移动速度。夜间着陆，当跑道的橡胶沉积可见时，开始拉杆。

3. 平飘阶段

在拉平的后段，飞机接地前，飞机的轨迹通常为下滑角很小的直线，飞机接近水平飞行，这段飞行称为平飘阶段。平飘的目的是把飞机拉成两点接地姿态，同时减速到接地速度，以便接地。

飞机进入平飘阶段后，在阻力的作用下，速度逐渐减小，升力不断降低。为了使飞机升力与飞机重力近似相等，让飞机缓慢下沉接近地面，飞行员应相应不断地拉杆增大迎角，以提高升力。在离地 0.15～0.25m 的高度上将飞机拉成接地迎角姿态，同时速度减至接地速度，使飞机轻轻接地。但拉杆量在平飘前段和后段有所不同。

一般来说：在平飘前段，需要的拉杆量较少。因为此时飞机的速度较大，在速度减小、升力减小时，只需稍稍拉杆增加少量的迎角，就能保持平飞减速所需的升力。如拉杆量过多，会使升力突增，飞机将会飘起。而在平飘后段，需要的拉杆量较多。因为此时飞机的速度较小，如拉杆量与前段相同，增加同样多迎角，升力增加小，飞机将迅速下沉；此外随着迎角的增大，阻力增大，飞机减速快，也将使飞机迅速下沉，因此只有多拉杆，使迎角增加多一些，才能得到所需的升力，使飞机缓慢下沉。

总之，在平飘中，拉杆的时机、拉杆量和拉杆快慢要由飞机的速度和下沉情况来决定。飞机速度大，下沉慢，拉杆的动作应慢些；反之，速度小，下沉快拉杆的动作应适当加快。

此外，为了使飞机平稳地按预定方向接地，在平飘过程中，还须注意用舵保持好方向。如有倾斜，应立即杆舵一致地加以修正。由于平飘时迎角大速度小，副翼效用差，因此应利用方向舵支援副翼，即向倾斜的反方向蹬舵，帮助副翼修正飞机的倾斜。

4. 飘落接地

飞机在接地前会出现机头自动下俯的现象。这是因为飞机在下沉过程中，迎角要增大，由此产生的俯仰稳定力矩会使机头下俯，另外由于飞机接近地面，地面效应的影响增强，下洗速度减小，平尾有效迎角增大，产生向上的附加升力，对重心形成的力矩使机头下俯。故在接地前，还要继续向后带杆，飞机才能保持好所需的接地姿态。

为减小接地速度和增大滑跑中阻力，以缩短着陆滑跑距离，接地时应有较大的迎角，故前三点式飞机以两主轮接地，而后三点式飞机通常以三轮同时接地。

5. 着陆滑跑

着陆滑跑的中心问题是如何减速和保持滑跑方向。

飞机接地后，为尽快减速，缩短着陆滑跑距离，必须在滑跑中增大飞机阻力。滑跑中的飞机阻力有气动阻力、机轮摩擦力以及喷气反推力等。滑跑中，保持两点姿态以增大飞机迎角，放减速板，以及使用反推（或反桨）、刹车等都能增大飞机阻力。

而飞机的滑跑方向主要靠舵和刹车来保持。在着陆滑跑前段，速度较大，用舵保持方向；而着陆滑跑后段，速度减小，可以用刹车配合舵来保持滑跑方向。

因此着陆滑跑的操纵要领如下：飞机两点接地后，应带住杆保持两点滑跑，待机头自然下沉接地后，松杆过中立，随即柔和使用刹车减速，同时注意用舵保持方向。

对后三点式飞机，三点同时接地，接地后拉杆，保持升降舵上偏，以压住机尾，保持方向；另外刹车不能过早、过急。

8.5.2 着陆中常见的偏差及修正

着陆中常见的偏差有拉高、拉低、拉飘、着陆跳跃等。

1. 拉高和拉低

飞机在较高的高度上（一般 1.2m 以上），过早地改变飞机的姿态，叫拉高。飞机在较低的高度上（一般在 0.75m 以下），尚未形成相应的飞机姿态角，称为拉低，见图 8.7。

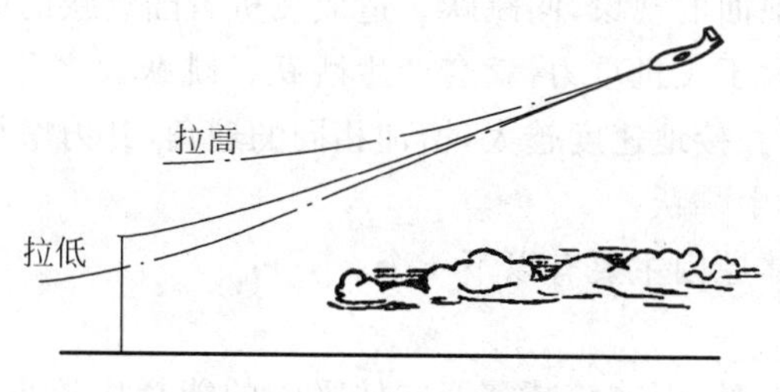

图 8.7 拉高和拉低

拉高和拉低的原因主要有以下 4 个：

(1) 拉平时机过早（拉开始高度高），若仍按正常动作拉杆，就会形成拉高；反之，则拉低。

(2) 下滑速度过大，却仍按原来的动作和时机拉杆，使得拉平过程中飞机降低高度少，则形成拉高。反之，形成拉低。

(3) 下滑角过小，拉平过程中降低高度少，也容易形成拉高。反之，容易形成拉低。

(4) 视线过远或过近，导致高度判断不准。收油门和拉杆的动作配合不协调，也可能导致拉高或拉低。

总之拉平时机早、速度大、下滑角小、下沉慢而拉杆快，易造成拉高；反之，拉低。

一旦发现拉高和拉低，飞行员应及时加以修正。发现有拉高趋势时，应适当减慢或停止拉杆，待飞机下沉到合适高度再继续拉杆。如果在 2m 以上高度由于拉高形成平飘，且速度小，未能及时修正时，应及时果断复飞。

拉低情况下,应适当增大拉杆量,避免飞机重接地。

2. 拉飘

在拉开始后,飞机向上飘起的现象,叫拉飘,如图 8.8 所示。拉飘后,飞机迎角增加引起阻力增加,速度迅速减小,易导致失速。

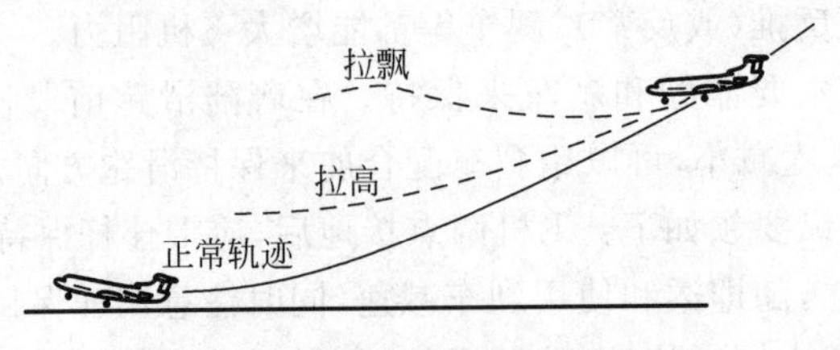

图 8.8 拉飘

拉飘的主要原因是拉杆过多,致使升力增加很多,飞机会向上飘起。另外大逆风情况下,虽然飞机相对于地面移动不大,但空速很大,如果拉杆与无风时相同,会引起升力过大而拉飘。

拉飘的修正方法,一般分三种情况:如飘起高度不高,应稳住杆,待飞机下沉时,及时带杆;如飘起高度较高,应及时顶杆制止上飘;待飞机下沉时,根据下沉快慢,及时适量拉杆;飘起高度超过 2m 时,应看好地面果断复飞。

3. 跳跃

飞机接地后又跳离地面的现象,叫跳跃。造成飞机着陆跳跃的原因很多,只要接地时飞机升力与机轮弹力之和大于飞机重力,就会产生跳跃。跳跃大多是由于接地瞬间迎角突然增加,使升力增大引起的。接地速度越大,增加相同的迎角,升力增加得越多,因此接地速度大于规定数值时,容易产生跳跃。

引起着陆跳跃的具体原因主要有以下 4 个。

1) 飞机重三点接地

当飞机以重三点接地时,因前轮减震器支柱吸收的能量比较小,离飞机重心又远,其弹力对重心形成的上仰力矩就比较大,若前轮弹力对飞机重心形成的上仰力矩大于主轮弹力对飞机重心形成的下俯力矩,机头就要上抬,迎角增大,升力和弹力之和大于重力,飞机离开地面,形成跳跃,如图 8.9 所示。

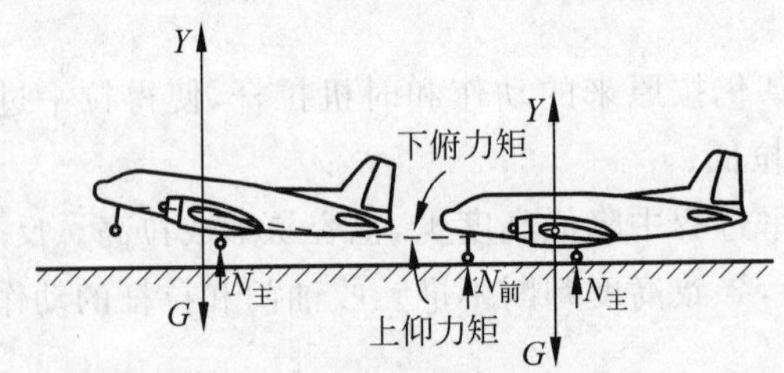

图 8.9 飞机重三点接地导致跳跃

而造成飞机重三点接地的直接原因是飞行员在飞机接地前没有把飞机拉成规定的两点接地姿态。

2）飞机重两点接地

飞机完成两点接地姿态的高度太高，造成飞机重两点接地时，作用在主轮上的反作用力比较大，形成较大的下俯力矩，迫使前轮撞击地面弹起，以致迎角增大，飞机跳离地面。

直接原因是飞行员在飞机接地前没把飞机在规定的高度拉成两点姿态。

3）放前轮时机过早或推杆动作过猛

当放前轮时机过早或推杆动作过猛时，会使前轮触地后又弹起，迎角增大，升力增大，造成跳跃。

4）主轮接地时，飞行员向后拉杆过多

主轮接地时，飞行员如果向后拉杆过多，会导致迎角增大，升力增大，飞机跳跃。

根据接地速度的大小，着陆跳跃一般可分为两种情况：大速度跳跃和小速度跳跃。大速度跳跃是指大于正常接地速度所产生的跳跃。其特点是：由于接地速度大，同样的迎角增量下，附加升力较大，飞机跳得高；飞机稳定性、操纵性都比较好。如果跳起高度与小速度跳跃跳起高度一样较低，则迎角较小，阻力也较小，速度消失较慢，下沉也慢，飞机在空中停留时间较长。

小速度跳跃是指小于或等于正常接地速度所产生的跳跃。其特点是：因速度小，在同样的迎角增量下，附加升力较小，飞机跳起高度低；飞机稳定性、操纵性都较差。如果跳起高度与大速度一样比较高，则跳起时的迎角较大，阻力也大，速度消失较快，飞机在空中停留的时间短，下沉快。

修正跳跃的基本原则是视线不应离开地面，首先要判明飞机上跃趋势、离地高度、下沉快慢再进行适当处置。对大速度跳跃：应稳住杆，待飞机自动停止上飘。如飞机继续上飘，应向前迎杆制止，当飞机下沉时，应根据下沉速度的快慢，相应柔和拉杆，缓慢而轻盈地接地。

对小速度跳跃：一般不应向前迎杆，而应稳杆，等待飞机下沉，由于速度小，下沉比较快，舵面效率低，拉杆动作量大一些。

如果飞行员修正不当，飞机可能产生连续跳跃，即飞机着陆后多次跳离地面、运动轨迹为波浪形的跳跃。

8.5.3 着陆目测

目视进近中，飞行员根据当时的飞行高度、位置和速度操纵飞机沿预定的方向降落在预定的接地地点叫做着陆目测，简称目测。

准确的目测是操纵飞机在预定接地点一定范围内接地。没有达到这一范围就接地，叫目测低；超过了这一范围才接地，叫目测高，如图 8.10 所示。

图 8.10 目测高和目测低

1. 着陆目测的要点

要做好着陆目测,关键是做到以下四点：正确选择下滑点；保持规定的下滑角；保持规定的下滑速度以及正确掌握收完油门的时机(本节将着陆前的下降阶段称为下滑)。

1）正确选择下滑点

做好着陆目测,首先要保持正确的下滑点。

着陆五边下滑轨迹对准地面的一点,叫下滑点。对小型飞机,将预定接地点减去预定平飘段长度后即为下滑点。平飘段长度主要取决于下滑速度、襟翼位置、天气情况等,一般根据经验确定。

实际下滑点在预定下滑点之后,易目测低；反之易目测高。

2）保持规定的下滑角

在保持下滑点的前提下必须保持好规定的下滑角,飞机进近下滑的下滑角一般为3°,下滑角过大或过小,都会导致目测不准。在相同油门的情况下,下滑角大,下滑速度就大,运动轨迹会向上弯曲,引起下滑线变高,易形成目测高。下滑角小,下滑速度就小,运动轨迹会向下弯曲,下滑线变低,易形成目测低。因此必须保持好规定的下滑角。

保持下滑角也就是保持"高距比",一般可以用在特定地点上空检查高度的方法来加以实施的。如在特定地点上空的高度偏大,说明飞机下滑角偏大,反之则偏小。

而五边下滑角是否正确,取决于四转弯改出后的位置是否正确。如果四转弯改出后,离下滑点的水平距离正常,但高度较高；或者高度正常,但离下滑点的水平距离较近,都会使下滑角增加。

而四转弯改出的位置正确与否,又取决于进入四转弯的位置、四转弯坡度以及四转弯下滑率的大小。

如图8.11所示,四转弯进入的时机过早,若按正常坡度转弯,会使改出位置偏左,为了使改出位置对准跑道,必须减小坡度,加大四转弯半径,结果会导致改出点离下滑点的水平距离太近,引起下滑角增大。反之,四转弯进入的时机过晚,会使改出位置偏右,必须增大坡度以减小四转弯半径,这样改出转弯时会导致改出点离下滑点的水平距离太远,引起下滑角减小。

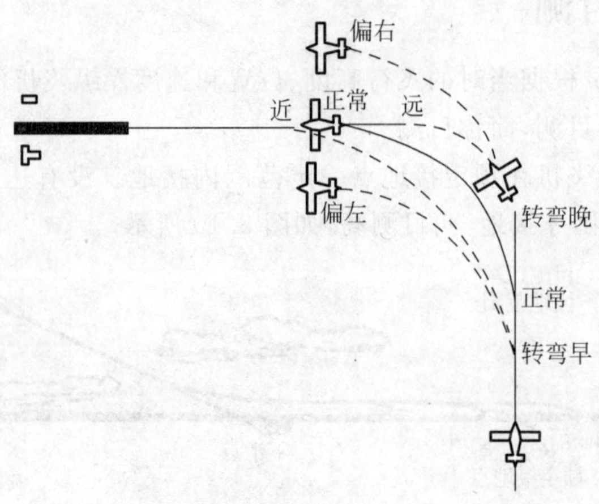

图8.11　进入四转弯的位置对改出位置的影响

如果四转弯进入时机恰当，但四转弯下滑率大，则四转弯改出的高度低，也会使下滑角减小。

总之，四转弯进入的时机过早、高度高、改出的高度高都会造成下滑角增大。相反四转弯时机晚、高度低、改出转弯高度低都会造成下滑角减小。因此要固定四转弯进入时机、进入高度和改出高度以保证五边的下滑角正常。

事实上进入四转弯的位置，还受到四边下滑率、四边长度以及三转弯进入时机的影响。因此在起落航线的目视进近着陆中，目测实际上从三转弯就开始了。所以从三转弯就开始，就应该根据飞机的状态进行调整和修正。

3）保持相应的下滑速度

在飞机飞行轨迹正确的前提下，即在下滑点和下滑角正确的前提下，应保持好规定的五边下滑速度。下滑速度大，飞机过跑道头的速度就大，易形成目测高；反之目测低。

在保持下滑角正确的前提下，下滑速度的大小主要取决于油门位置。

4）正确掌握收油门的时机

如果飞机以规定的下滑角和速度进场时，在拉平中收油门过早过快，则造成目测低；反之，目测高。

总之，要做好着陆目测，飞行员应掌握好“三定（点、角、线），一保（速度），一活（油门）”，同时根据飞机实际状态，及时适量地进行调整和修正，使飞机沿着预定的下滑线下滑，准确地降落在预定接地点上。

2. 目视错觉对目测的影响

1）地形坡度引起的错觉

上坡地形易引起下滑角大的错觉，容易导致实际下滑角小；而下坡地形易引起下滑角小的错觉，容易导致实际下滑角大。

2）跑道宽度引起的错觉

高距比正确，跑道宽度不同会引起目视错觉。窄跑道引起下滑点远的错觉，容易导致实际下滑点近；宽跑道引起下滑点近的错觉，容易导致实际下滑点远。

3. 着陆目测的修正

着陆过程中，受客观条件的影响或主观操纵不当，会使着陆目测出现偏差，要及时加以修正。

1）下滑点偏差修正

如果发现飞机没有向正常下滑点下滑，则首先应改变飞机的下滑角，重新对准下滑点。这时飞机的重力沿航迹方向的分量会改变，飞机下滑速度会改变，因此要相应地调整油门以保持规定的速度。如果实际下滑点在预定下滑点后面，这时目测低，要带杆减小下滑角，对准正常下滑点；但由于下滑角小，重力第二分量小，故应同时加大油门，保持下滑速度。反之若实际下滑点在预定下滑点前面，这时目测高，要顶杆加大下滑角，对准正常下滑点；但由于下滑角大，重力第二分量大，故应同时减小油门，保持下滑速度。

2）下滑角偏差修正

在下滑点正确的前提下，下滑角出现偏差时，应先用杆和油门使飞机的高距比恢复正常，然后再让飞机对准正常下滑点，同时适当调整油门保持规定的下滑速度。

如下滑角过小，应先带杆加油门，减小下滑角，待飞机接近正常高距比时，再顶杆对准下滑点下滑，同时收小油门以保持规定的下滑速度，见图 8.12。反之，下滑角过大，应先顶杆收油门，加大下滑角，待飞机接近正常高距比时，再带杆对准下滑点下滑，同时增加油门以保持规定的下滑速度。

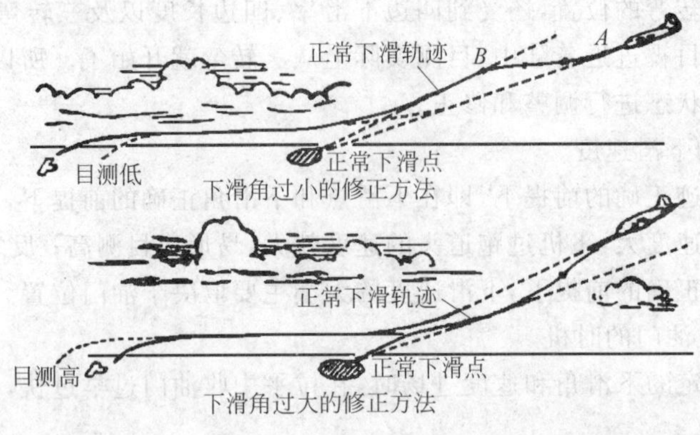

图 8.12　下滑角偏差修正

3）下滑速度偏差修正

下滑速度不正确的原因有两个：一是下滑角不合适；二是油门不合适。修正速度应先保持好规定的下滑点和下滑角，然后检查下滑速度。

速度过大，应适当减油门，随速度减小，带杆保持下滑角不变。反之，如速度过小，应适当加油门并顶杆。

综上所述，着陆过程中目测出现的偏差都可以通过操纵驾驶杆和油门改变下滑角和下滑速度来进行修正。

8.6　风对起飞、着陆的影响及修正

风是空气在水平面内的流动，是常见的自然现象，飞机经常在有风的条件下起飞和着陆。研究风对起飞着陆的影响及其修正十分重要。本节只研究稳定风场的影响及修正。

在稳定风场中，飞机除了相对于空气运动外，还随风一起飘移，所以空速与地速不同。飞机的起飞、着陆过程都必须以地面跑道为基准。在无风的情况下，飞机相对于空气和相对于跑道的运动是一致的，在有风的情况下，要按运动合成的方式考虑。飞机对空气的运动（空速）是相对运动，空气对跑道的运动（风速）是牵连运动，这两个运动合成起来，即得到飞机对跑道的运动（地速），称为绝对运动。

8.6.1　飞机在逆风中起飞、着陆的特点

1. 飞机在逆风中起飞

飞机在逆风中起飞的特点是：在相同的地速下，空速较大，因此在滑跑中，方向舵效用强，容易保持滑跑方向；达到同样抬前轮的空速所对应的地速小，所以抬前轮的时机稍提

前，动作更应柔和，否则前轮容易抬起过高；另外离地空速是一定的，但因离地的地速小，所以起飞滑跑距离短。

大逆风的风速和风向常常不稳定，因此，有时需要把前轮抬低一点，适当减小飞机离地迎角，增大离地空速，这样当飞机离地后风速突然增减时，对空速的影响小，升力变化小，飞机不会突然明显地上飘或下沉。

2. 飞机在逆风中着陆

飞机在大逆风中着陆，下滑角增大，下滑点后移，目测容易低。常采用增大下滑速度的方法修正目测，使拉平和平飘中空速都偏大，舵面效应增强，因此，拉杆动作应更加柔和，防止拉飘、拉高，如图 8.13 所示，图中 A、B、C 三点分别代表正常下滑点、逆风下滑点和顺风下滑点。

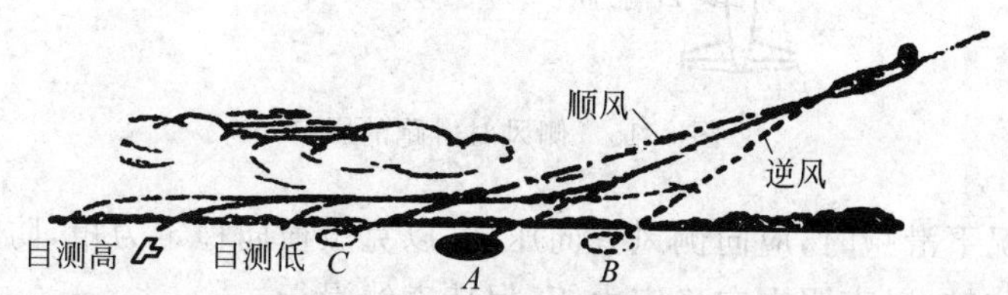

图 8.13　顺、逆风对着陆的影响

在接地姿势一定的条件下，接地空速是一定的。由于逆风的影响，使接地的地速减小，因而着陆滑跑距离缩短。

顺风情形正好相反。

8.6.2　侧风对滑跑的影响及修正原理

飞机侧风中滑跑时，机轮的侧向摩擦力阻止飞机向侧向运动，使飞机仍沿跑道方向运动。侧风使空速与飞机对称面不平行而向风的来向形成侧滑，侧风方向、侧风速度和滑跑速度都将影响侧滑角的大小。同一滑跑速度下，侧风角一定时，侧风速度越大，侧滑角越大，对滑跑的影响也越大；侧风速度一定时，侧风角越大（接近 90°时，侧滑角最大），侧滑角也越大，侧风对滑跑的影响也越大，如图 8.14 所示。

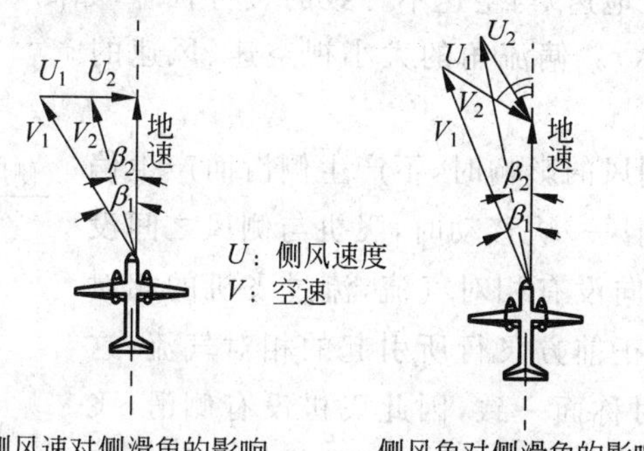

图 8.14　侧风方向、侧风速度对侧滑角的影响

而当侧风速度和方向一定时，滑跑速度越大，侧滑角越小，侧风对滑跑的影响也越小。

侧滑所产生的方向稳定力矩，使机头有向侧风方向偏转的趋势；而侧滑所产生的横向稳定力矩，使飞机有向侧风反方向倾斜的趋势，如图 8.15 所示。

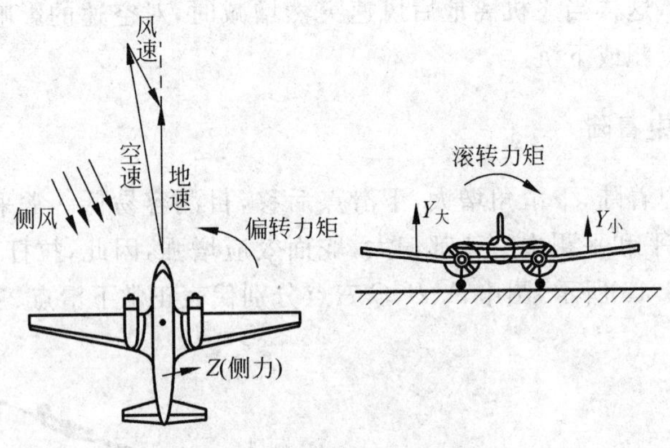

图 8.15　侧风对滑跑的影响

因此侧风情况下滑跑时，应向侧风方向压杆，以克服横向稳定力矩，防止飞机倾斜，并向侧风的反方向抵住舵，以克服方向稳定力矩，保持直线滑行。

侧风中滑跑时，操纵中还应注意以下几点：

(1) 起飞滑跑时，随速度的增大，舵面效用增强，应相应地减小前轮和方向舵的操纵量，以保持滑跑的方向；压杆量也应随之减小，以保持机翼水平。着陆滑跑则相反。

(2) 起飞滑跑时，可适当顶杆以增大前轮摩擦力，易于保持方向，同时可适当增大抬前轮速度，以增加安全裕度。

(3) 对螺旋桨飞机，螺旋桨副作用和侧风的影响可能相互加强，也可能相互削弱，导致不同的盘、舵修正量。

8.6.3　空中侧风导致的偏流及其修正

飞机在侧风中离地后或接地前，地面给机轮的侧向摩擦力消失了，这时如果不加以修正，在稳定风场中，飞机在空中会随(稳定)风飘移，使地速方向与空速方向不一致而产生偏流。所谓偏流，是指航迹(地速)与空速不一致的飞行状态，如图 8.16 所示。地速与空速之间的夹角称为偏流角(DA)。偏流角的大小视空速、风速的大小及其方向而定。

飞机在空中受稳定侧风的影响时，不产生侧滑而产生偏流。这是因为当飞机随侧风一块移动时，飞机与侧风之间没有相对运动，即沿侧风方向没有相对气流，流过飞机的相对气流只有一股，是飞机向正前方飞行所引起的相对气流，这时相对气流方向与飞机对称面一致，因此飞机没有侧滑，飞机的空气动力与无风时相同。可见偏流只是使航迹偏离了飞机对称面，对空气动力学和飞机姿态没有什么影响。而当飞机在侧风中地面滑跑时，则只有侧滑而无偏流。

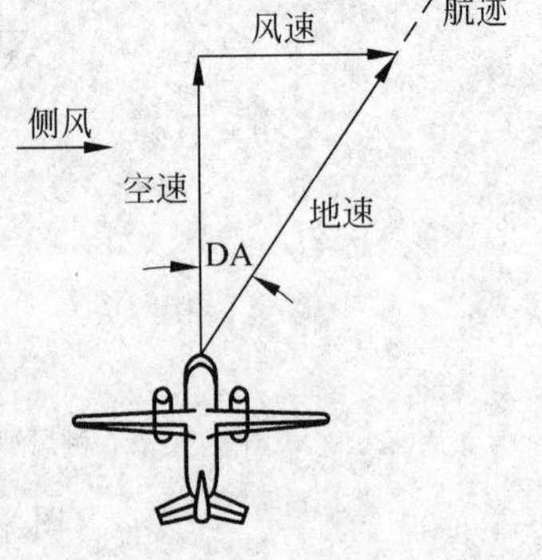

图 8.16　偏流

侧风中飞行，如果不加修正的话，飞机只有偏流而无侧滑。偏流将使飞机离开预定的航迹，因此必须加以修正。在空中修正侧风影响的基本原理是改变空速方向，使地速方向与无风时的空速方向一致。修正偏流的方法主要有两种：一是航向修正法，二是侧滑修正法。

1. 航向法修正侧风

采用航向法修正侧风时，操纵飞机向侧风方向改变一个航向角，当改变的航向角正好等于偏流角时，地速方向正好与跑道方向一致，飞机沿预定的航迹飞行，从而修正了偏流，如图 8.17 所示。

用航向法修正侧风时，飞机不带侧滑和坡度，如果没有其他参照，会认为飞机是朝着机头指向飞行的。

采用航向法修正偏流时，航向角的改变量必须与当时的侧风情况相适应，飞行员应根据航迹偏离情况适当调整航向偏角，以保持飞机沿预定航迹飞行。

着陆中采用航向法修正侧风可以一直使用到接地。接地后，应及时向侧风的反方向蹬舵，使飞机纵轴与跑道的中心线平行，保持好滑跑方向。同时向侧风来向压住杆。

2. 侧滑法修正侧风

采用侧滑法修正偏流时，先向侧风来向压杆，使飞机向侧风方向形成坡度产生侧滑，同时向侧风去向蹬反舵，以平衡侧滑产生的方向稳定力矩，保持机头方向不变。当侧滑角和未修正前的偏流角相等时，如果杆、舵协调，就可以使飞机作直线侧滑，如图 8.18 所示。

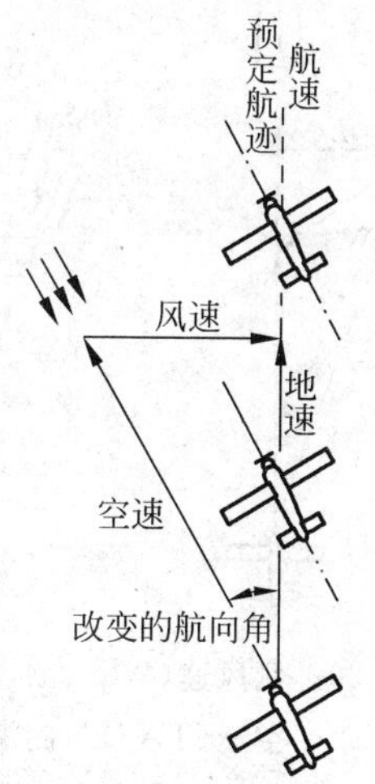

图 8.17　航向法修正侧风

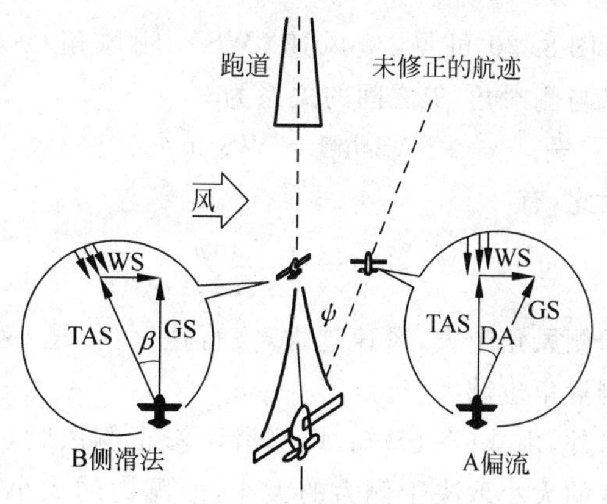

图 8.18　侧滑法修正侧风

下面以侧风着陆为例，分析直线侧滑下降修正侧风的受力平衡情况，如图 8.19 所示。

直线侧滑下降中，将重力 G 按气流轴分解成三个分力：沿升力方向的分力 G_1、沿气流方向的分力 G_2 和沿侧力方向的分力 G_3，这三个力之间的关系为

$$G_1 = G\cos\theta\cos\gamma \tag{8-1}$$

$$G_2 = G\sin\theta \tag{8-2}$$

$$G_3 = G\cos\theta\sin\gamma \tag{8-3}$$

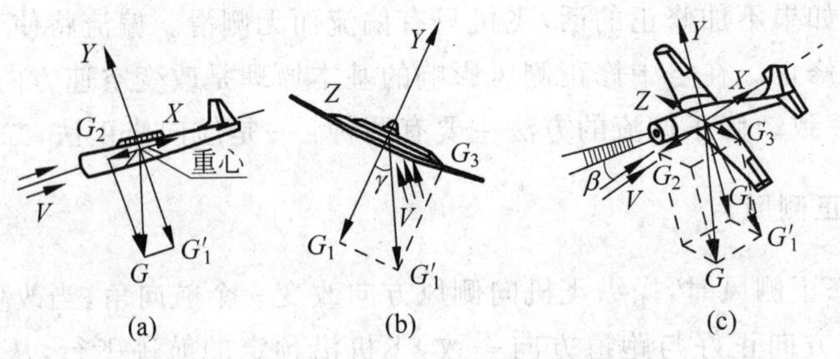

图 8.19 直线侧滑下降受力分析

式中，θ 为下降角；γ 为飞机的坡度。

根据等速、直线运动的要求，直线侧滑下降中力的平衡关系（忽略推力）为

$$X = G_2 = G\sin\theta \tag{8-4}$$

$$Y = G_1 = G\cos\theta\cos\gamma \tag{8-5}$$

$$Z = G_3 = G\cos\theta\sin\gamma \tag{8-6}$$

力矩平衡关系为：通过向风的来向压杆，使副翼产生的操纵力矩与侧滑产生的横向稳定力矩平衡，飞机保持坡度不变；通过向风的去向蹬住反舵，使方向舵产生的操纵力矩与侧滑产生的方向稳定力矩平衡，保持飞机航迹不变。

可见，采用侧滑法在侧风中下降时，当盘、舵量配合得当时，飞机可以沿预定航迹等速直线下降。

接下来，再来看一下用侧滑法修正侧风时，侧滑角(β)与侧风速(WS)、侧风角(ψ)和空速(TAS)之间的关系，见图 8.20。

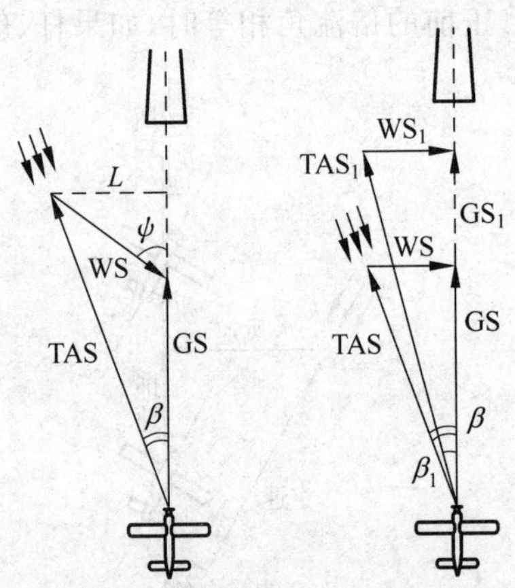

图 8.20 侧风速(WS)、侧风角(ψ)、空速(TAS)与侧滑角(β)之间的关系

由图 8.20 可见，侧风速(WS)、侧风角(ψ)、空速(TAS)与侧滑角(β)之间的关系为

$$\text{TAS}\sin\beta = \text{WS}\sin\psi \tag{8-7}$$

因此，有

$$\sin\beta = \frac{\text{WS}\sin\psi}{\text{TAS}} \tag{8-8}$$

即侧风角越大，风速越大，飞行速度(空速)越小，则所需侧滑角也越大。

另外，由式(7-40)知，用侧滑法修正侧风时，飞机所需坡度的大小取决于侧力的大小，而侧力的大小由侧滑角和飞行速度决定。当速度减小时，侧滑角会增加，但同时侧力又与速度的平方成正比，因此随速度减小，侧力总的来说还是减小的，因而所需坡度也减小，但压杆量反而增加。

这是因为：当飞行速度减小时，动压变小，操纵力矩和侧滑产生的稳定力矩都会减小，但是由于随速度减小，侧滑角要增加，因此操纵力矩的减小程度比稳定力矩的减小程度要大。所以，当飞行速度减小时，为保持飞机无侧向移动应增加压杆量；而为保持方向应增加蹬舵量。

着陆中用侧滑法修正侧风的影响时，在接地前的一瞬间须改平坡度，消除侧滑，使飞机

两主轮同时接地。改出方法是：先回杆，当坡度改平时，向侧风去向回舵，使飞机纵轴与跑道方向一致。

表 8.1 为两种侧风修正方法的比较。

表 8.1 侧滑法和航向法的比较

修正方法	优　点	缺　点
侧滑法	飞机的航迹与机体纵轴一致，便于根据纵轴保持飞机的运动方向	飞机在侧滑中气动性能变差，升力减小，阻力增大，升阻比减小；能修正的最大侧风速有限
航向法	飞机不带侧滑，升阻比较大，而且修正不受风速大小的限制	航迹与纵轴不一致，飞行员不便于根据纵轴方向保持运动方向

总之两种方法各有优劣，采取哪种方法应根据具体情况分析。小型飞机在除起飞和五边下降的其他飞行中，普遍使用改变航向法修正侧风。大型飞机一般采用航向法修正侧风。

3. 侧风极限

用侧滑法修正侧风，必须向上风方向压杆，向下风方向蹬舵。侧风速、侧风角越大，所需的侧滑角越大，则修正侧风所需的杆、舵量越大。当侧风增大到一定程度时，必须蹬满舵才能保持方向不变，这时所能修正的侧风就是侧风极限。

起飞中，飞机抬前轮时，空速小，保持方向所需的蹬舵量最大，此时蹬满舵能修正的侧风为理论上的“起飞侧风极限”。起飞中增大抬前轮速度，可提高起飞侧风极限。

飞机着陆两点接地时，空速小，保持方向所需蹬舵量最大，此时蹬满舵所能修正的侧风为理论上的“着陆侧风极限”。通过增加接地速度或放小角度襟翼，可适当提高着陆侧风极限。

在审定中经验证的最大侧风值称为“示范侧风速度”，其值小于理论值，实际飞行时不允许超过“示范侧风速度”。“示范侧风速度”可从各飞机飞行手册中的“风分量图”中查得，当实际侧风速度大于“示范侧风速度”时，应禁止起飞和着陆。图 7.28 为某飞机的风分量图。

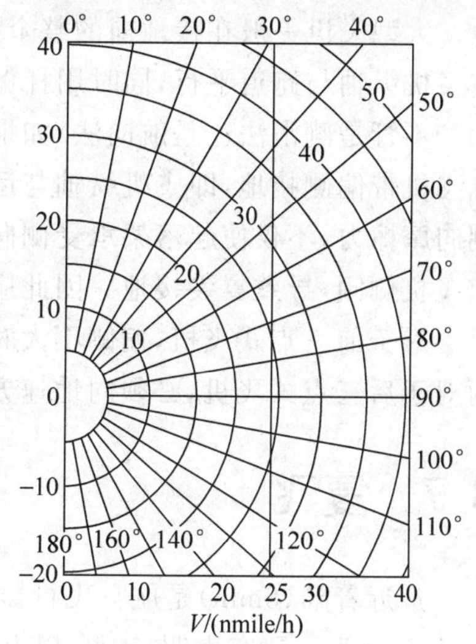

图 8.21 风分量图

由图 8.21 可见，当侧风角为 90°时，该飞机能修正的最大侧风速约为 24nmile/h。

8.6.4 侧风情况下的起飞和着陆

1. 侧风起飞

飞机在侧风中滑跑时，需压上风杆，防止上风机翼抬起并向下风侧移动、弹跳，同时抵住下风舵保持方向。随滑跑速度的增加，舵面效用增强，可适当减小杆、舵量。另外随着滑跑速度增加，飞机升力增加，飞机对地面的压力减小，机轮与地面间的侧向摩擦力减小，当侧风比较大时，有可能导致侧滑引起的侧力大于机轮与地面间的侧向摩擦力，飞机有可能侧移，这时要尽可能延迟抬前轮，同时向侧风方向多压一些杆，向侧风反方向偏转前轮，但是离地时，应将多余的杆量收回，以免飞机带坡度离地。

飞机抬前轮时，要注意杆位移，防止向下风带坡度。可适当增大抬前轮速度和离地速度，以提高操纵性和起飞安全裕度。

飞机离地后，机轮侧向摩擦力消失，飞机将顺侧风方向侧移，因此应及时向侧风方向压坡度，用侧滑法修正，防止飞机的侧向漂移，同时用舵保持方向。等飞机上升一定高度后改平坡度，转为航向法修正侧风以避免偏流的产生。

对大中型飞机，起飞速度和飞机质量都比小型飞机要大，侧风对其影响较弱，一般不使用带坡度离地和侧滑法修正侧风。

2. 侧风情况下的着陆

使用侧滑法着陆时，在进入拉平直至接地前，由于速度减小，需逐渐加大杆、舵量。接地前，应适当回杆，在接地瞬间一般应改平坡度，使两主轮同时接地或向上风方向带小坡度接地。另外因速度减小，侧滑角不断增大，在杆量不变的情况下，飞机在横向稳定力矩的作用下有改平坡度的趋势，因此改平坡度不用过多的回杆。在接地前回杆时，一般不应回舵，否则会造成接地瞬间机头向侧风方向偏转，飞机带偏侧接地。

如果五边上使用航向法修正侧风，可以在开始拉平前将飞机逐渐转入侧滑法修正。

大型飞机一般在接地前的整个飞行中都采用航向法修正。在接地前柔和地蹬下风舵，使飞机纵轴与跑道平行，同时用杆保证飞机不带坡度，改出航向法。

不管是侧滑法还是航向法，如果接地前的改出动作不正确，或改出时间不当，都容易造成飞机带偏侧接地，即飞机纵轴与运动方向不一致的接地。飞机带偏侧接地，机轮上会产生侧向摩擦力，不仅使起落架承受侧向载荷，严重时可能导致起落架支柱结构受损，还有可能使飞机侧倾，导致翼尖接地。因此应及时修正。

对于前三点式飞机，偏侧不大时，一般可不作修正，在接地瞬间，应注意用舵保持方向。而对于后三点式飞机，必须向地速方向蹬舵加以修正。

8.7 复飞

进近着陆(8min)是航空飞行器最容易发生重大事故的阶段之一，民航人将其视为“危险的 8min”。研究表明，50% 以上的进近着陆事故是没有“复飞”造成的。

复飞是指飞机在非精密进近和精密进近着陆过程中，由于着陆场地有障碍或有其他不宜着陆的条件(如发生较大偏差或由于发动机故障、气象条件恶化、飞行员没有着陆信心等)存在时，中断进近，增加马力，并按机型的复飞操作规定和复飞程序上升到指定高度的操纵动作。复飞是避免进近着陆时飞机进入危险状态的有力措施，是使飞机转危为安、安全飞行的最好保证。

复飞的主要特点是要在速度较小和高度较低的情况下，保证飞机能迅速增速和安全上升。

1. 复飞的前提和条件

ICAO 规定：飞机沿最后进近航迹下降到规定的高度时，如果不能建立目视参考或不处于能够正常进近着陆的位置时，精密进近应立即复飞；非精密进近则不能继续下降，应保持这一规定高度平飞至复飞点。如果改平飞至复飞点的过程还是不能转入目视进近，则应当按公布的复飞程序复飞。

复飞的最低高度是根据发动机的加速性、飞机的空气动力、飞机着陆气动外形在大迎角时飞机的稳定性和操纵性、飞机的惯性，以及改变下降运动轨迹的动态特性确定的。各型飞机都相应规定了最低允许高度，在该高度上全发或部分发动机故障复飞，确信飞机不会撞地。

2. 复飞程序

作出复飞决定后，应立即将油门推至起飞功率，同时柔和带杆使飞机转入规定的复飞姿态，以减小或停止下降；确保飞机有稳定的正的上升速率后，收起落架；增速、增高至规定值后，分次收起襟翼；收襟翼后继续上升到规定高度，并达到规定速度，操纵飞机进入复飞起落航线或飞往备降场。

复飞后的程序和路线，应按照机场使用细则中的规定执行。一般先飞往机场附近规定的区域上空进行等待飞行，根据管制员的指令再次进近着陆，或飞往预定备降场。

本章小结

本章主要介绍了在目视飞行条件下，轻型飞机飞行的基本操纵和技术，包括滑行、平飞、上升、下降和盘旋的操纵原理，起飞和着陆技术；介绍了着陆目测的基本原理和方法，以及风对起飞、着陆的影响及修正。

思考与练习

一、思考题

1. “平飞加速—加油门、顶杆；平飞减速—收油门、带杆”。这样操纵正确吗？

2. 螺旋桨飞机常以什么速度为界，把平飞速度范围分为两个速度范围，操纵上各有何特点？

3. 喷气式飞机常以什么速度为界，把平飞速度范围分为两个速度范围？

4. 上升的两个速度范围是如何划分的？

5. 试说明平飞与上升、平飞与下降间转换的操纵原理。

6. 操纵飞机进入水平转弯，为什么要加油门？

7. 在作中坡度或大坡度盘旋时，为保持高度为什么必须增加带杆量？

8. 油门一定，在水平转弯过程中，发现空速增大，必须采取什么措施来修正速度？

9. 有人说：“盘旋时，发现飞机向哪边侧滑，就向哪边蹬舵。”这种说法是否正确？

10. 飞机转弯时，为什么坡度有继续增大的趋势？

11. 正常盘旋中,如果出现内侧滑,飞机的高度会如何变化?

12. 盘旋时侧滑是如何产生的? 如何防止? 如何正确修正?

13. 试分析螺旋桨副作用对盘旋三个阶段的影响。

14. 起飞一般分为几个阶段,各阶段的操纵原理是什么?

15. 右转螺旋桨飞机在起飞滑跑过程中,螺旋桨滑流扭转使机头向左偏转,应如何操纵才能保持飞行方向?

16. 如何做好飞机的拉平和接地?

17. 如何处置飞机的着陆偏差如:拉高拉低、拉飘、跳跃、偏侧接地?

18. 着陆目测的基本原理是什么? 影响着陆目测的主要因素有哪些?

19. 分别说明航向法和侧滑法修正侧风的操纵原理。两种方法比较各有何优缺点?

20. 五边用侧滑法修正侧风时,所需坡度、杆舵量随速度减小应如何变化?

21. 直线侧滑下降的受力有什么特点? 如何操纵飞机做直线侧滑下降?

22. 侧风极限如何规定的?

23. 复飞的前提和条件是什么?

24. 请简要说明复飞程序。

二、练习题

1. 左侧风中起飞滑跑时,不考虑螺旋桨副作用,侧风有使飞机机头________的趋势。

2. 五边用侧滑法修正侧风时,如果侧风越大,则所需坡度________,相同表速和油门的下降率________。

3. 采用侧滑法修正侧风时,先向________压杆,同时向________蹬舵。

拓展阅读

波音 737-300 型 B2925 号飞机重大飞行事故

1. 事件回放

1997 年 5 月 8 日,某航空公司波音 737-300 型 B2925 号飞机执行重庆至深圳 3456 航班任务,着陆过程中失事。机上旅客 65 人,其中死亡 33 人,重伤 8 人,轻伤 20 人;空勤组 9 人,其中死亡 2 人,重伤 1 人,轻伤 6 人。

当天,2925 号机 19:45 自重庆江北机场起飞,预计 21:30 到达深圳黄田机场。

21:07,与深圳机场进近管制建立联系,按正常程序向 33 号跑道进近。

21:17,与塔台建立联系,塔台告诉机组“五边雨比较大”。

21:18:07,机组报告“已建立盲降”。

21:18:53,机组报告“看到引进灯”,塔台指挥飞机“检查好可以着陆”。在飞机过近台附近,塔台看见飞机着陆灯,但雨中灯光不清楚,地面雷达显示,飞机航迹、下滑高度正常。

21:19:33,飞机第一次在跑道南端接地,接地后飞机跳了三跳,然后复飞。复飞后左转上升到 1 200m,塔台提醒机组开应答机,但二次雷达上一直没有显示。

21:23:57,机组报告在三边位置,要求其他飞机避让。

21:23:40,机组再次要求其他飞机避让,并报告“有紧急情况”,驾驶舱内出现多种警

告。塔台告诉已让其他飞机避让。

21：24：58，机组要求落地后用消防车、救护车，塔台告诉机组都已经准备了。接着飞机又转了一圈，并报告准备向南落地，塔台同意向南落地，并告诉2925号机组，"前面落地的机组反映北面天气好，南面五边雨大"，机组回答明白，并说"我准备落地了"。

21：28：30，飞机着陆，着陆后飞机解体、起火。

2. 事故原因分析

1）没有果断复飞是最终导致事故的起因

当天晚上飞机由南向北着陆时雨很大、很密。由于夜间飞行遇到大雨，因此能见度差，跑道积水，灯光效果不好，看不清楚地面。在这种情况下，机组没有果断采取复飞措施，违反规定，继续进近下降高度，失去了主动，贻误了时机，这是造成不正常着陆的主要原因，也是最终导致事故的起因。

2）没有保持正确的接地姿态是造成飞机重着陆跳跃的直接原因

2925号飞机在五边进近过程中，在决断高度之前，飞机姿态、航迹、下滑道均保持正常，但速度偏大(142.5nmile/h，正常速度为136nmile/h)。机组报告看见引进灯，接着又报告看到跑道。决断高度后，因为当时飞机是在大雨中飞行，机组决定"灯晚点放"并使用了排雨剂。

当飞机过近台后高度170ft时，驾驶舱出现"下滑道低"警告，随后机组修正飞机恢复到正常下滑航迹，但未减小油门，认为"速度大点没事"，N_1 由60%加至70%，速度从142.5nmile/h增加至150nmile/h。

高度50ft进跑道后，由于"看不清地面"，机组没有及时拉杆退出下滑建立正常着陆姿态，致使飞机以153.5nmile/h的速度，水平姿态，前轮、主轮同时接地(波音737飞机停机角为$-0.79°\sim-1°$，而根据数据记录译码数据，接地时飞机的姿态在$-1.4°\sim1.7°$)。飞机接地前4s平均下降率9.3ft/s，接地时垂直过载达2.49g，并产生了第一次跳跃，使飞机受损。

飞机接地前2～3s，舱音记录曾有"带住点(驾驶杆)!"、"带住点!"的急促喊话，说明刚刚看清道面，但为时已晚。看清道面过晚，没有保持正确的接地姿态是造成飞机重着陆跳跃的直接原因。

3）第一次跳跃后操纵失误

飞机第一次跳起后，高度5ft，接地垂直过载1.9g，机组没有下决心收油门。N_1 转数不规则地有增有减，同时，有推杆动作。由于处置错误，致使飞机又连续产生两次跳跃。第二次跳起7ft，接地垂直过载2.54g，第三次跳起13ft。接连三次跳跃和超过载导致飞机结构严重损坏。

飞机第一次着陆时前轮接地后，左前轮爆破，碎片散落在跑道上。道面上有较多的铆钉(多数为剪切痕迹)，还有少量金属片、胶管、固定夹等散落物。上述情况表明，第一次着陆时，飞机结构受损。

4）着陆跳跃后在未判明飞机受损程序的情况下贸然复飞

飞机第三次跳起后由于高度高，加之夜间雨大，机组在未判明飞机受损程度的情况下复飞。

由于操纵系统受损，复飞时，飞机以183nmile/h的速度，2°小仰角离地(飞机离地后，机组感到驾驶杆很“轻”、“杆失去重量了”)。机组在飞机严重受损后复飞,给第二次着陆埋下了隐患。

5) 着陆跳跃使操纵系统失灵最终导致飞机着陆后解体

复飞后,驾驶舱出现了“主警告”和多种警告(液压系统、起落架和襟翼等)。受损的飞机在空中盘旋两圈后,机组决定由北向南反向落地。由于大雨仍未停止,飞机操纵系统失灵(驾驶杆的变化量与升降舵偏转角明显不匹配,拉杆量大,升降舵的偏转角度小),尽管机组落地前将驾驶杆拉到底,但未能改变飞机大角度下俯的姿态,最后飞机以7.56°的下俯角,227.5nmile/h的速度,41ft/s的下降率,带3.2°左坡度触地后解体、起火。

3. 事故结论

飞机在最后进近过程中遇到大雨,机组在看不清道面的情况下,违反规定,盲目下降;由于判断高度不准,致使飞机没有保持正确的接地姿态,造成重着陆跳跃,加之机长处置错误,是造成这次重大事故的直接原因。复飞后,由于飞机已严重受损,部分操纵系统失灵,机组控制不了飞机着陆姿态,以致飞机第二次落地时,大速度带下俯角触地,造成飞机解体失事。这是一起人为原因造成的重大责任事故。

思考题

1. 飞机着陆跳跃的原因是什么?
2. 着陆进近过程中在看不清地面的情况下,机组正确的处置措施是什么?

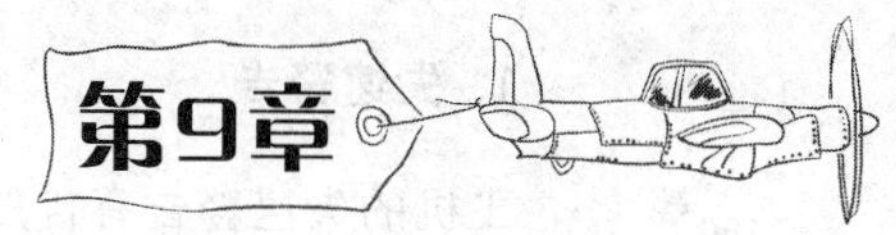

特殊情况下的飞行

关键词

失速(stall)	湍流(turbulence)
风切变(wind shear)	螺旋(spiral)
尾涡(wake)	积冰(icing)

飞行中的特殊情况是指突然发生的直接或间接威胁到飞行安全的情况。飞行中一旦遇到特殊情况,应根据情况的性质、飞行条件和可供处置的时间,沉着地进行处置。

本章介绍在特殊情况下的飞行操纵方法,包括失速、螺旋、风切变、飞机积冰颠簸飞行等。了解这些特殊情况对飞行的影响对确保飞行安全非常重要。

9.1 失速和螺旋

失速和螺旋是在飞行中,由于飞行员粗猛地拉杆使飞机迎角达到或超过临界(失速)迎角而出现的不正常的飞行现象。飞机进入失速,尤其是发展成螺旋,如不能正确判断、及时改出,将会严重危及飞行安全。

在飞机出现早期,由于人们对失速和螺旋的本质认识不足,飞行员在遇到失速和螺旋时,不能采取正确的处置措施,往往导致毁灭性的结果。因此有必要了解飞机失速和螺旋的本质,这样才能防止飞机进入失速和螺旋,或者即使飞机误进入失速与螺旋,也能正确及时地改出,保证飞行安全。

9.1.1 失速

当飞机的迎角超过临界迎角,升力急剧下降,阻力急剧增加,飞机减速并抖动,各操纵面传到杆、舵上的力变轻,随后飞机下坠,机头下俯,这种现象称为失速。

失速现象是迎角大于临界迎角后,飞机的上翼面上发生严重的气流分离,产生大量漩涡,导致升力急剧下降、阻力急剧增加而造成的。因此失速产生的根本原因是飞机的迎角超过临界迎角。

1. 失速警告

飞机的失速警告有自然(气动)失速警告和人工失速警告两类,可以提醒飞行员及时采取措施,避免进入失速。

自然失速(气动)警告是飞机在接近失速状态时表现出来的一些特征,主要包括以下一些现象:飞机抖动,左右摇晃;杆舵抖动,操纵变轻;速度迅速减小;飞机下降、机头下沉;发生噪声等现象。一旦飞行中出现这些现象,飞行员应该意识到飞机已接近失速或进入失速状态。

此外,飞机上还装有人工失速警告,包括触觉警告(抖杆器、推杆器)、视觉警告(信号灯)和听觉警告(语音)。

轻型通用航空飞机通过风标式失速传感器来触发失速警告喇叭、失速警告灯。大型运输机采用更为精确的迎角探测装置用于触发振杆器和自动顶杆装置。

2. 失速速度(V_s)

飞机刚进入失速时的速度,称为失速速度 V_s,即以临界迎角(或 $C_{y\max}$)飞行时所对应的速度,可按载荷因数的定义进行计算:

$$V_s = \sqrt{\frac{2n_y G}{C_{y\max}\rho S}} \tag{9-1}$$

式中,V_s为失速速度;n_y为载荷因数,平飞时,$n_y=1$;等速直线上升或下降时,$n_y<1$;盘旋时,$n_y>1$;G为飞行所受重力。

由式(9-1)可见,影响失速速度的因素有:气压高度、飞机质量、飞机构型、飞行状态等。

高度增加,空气密度减小,失速的真空速会增加;飞机质量增加,失速速度增大;放下襟翼等增升装置,飞机的最大升力系数增大,失速速度相应减小。不同飞行状态下,载荷因数不同,因此失速速度不同。

飞行手册中通常给出飞机在某一特定质量下,不同飞行状态、不同襟翼位置的失速速度。

3. 飞行中防止失速的措施

为防止失速,飞行时应注意以下几点。

1) 稳定飞行时飞行速度不要低于抖动速度

稳定飞行时,在其他条件固定的情况下,失速速度是固定值。只要不超过抖动速度,就不会失速。

2) 非稳定飞行时迎角不要超过临界迎角

非稳定飞行时,只要迎角超过临界迎角,飞机就会失速,失速可能会发生在任何飞行状态、速度和质量下。因此非稳定飞行时要确保迎角不超过临界迎角。

3) 飞行中不要过多、过猛地拉杆

正常飞行中、飞行员过多、过猛地拉杆,都可能导致失速。

此外飞行中一旦发现失速预兆应及时、准确地改出。

4. 失速的改出

飞机的失速是由于迎角超过临界迎角。因此,不论在什么飞行状态,只要判明飞机进入了失速,都要及时向前推杆减小迎角,当飞机迎角减小到小于临界迎角后(一般以飞行速度大于 $1.3V_s$ 为准),柔和拉杆改出。在推杆减小迎角的同时,还应注意蹬平舵,以防止飞机产生倾斜而进入螺旋。

如果是从俯冲中改出失速,则要注意的是:从俯冲中改出时机很重要。改出时机应以速度为准,而不能以姿态为准,以避免二次失速。

9.1.2 螺旋

螺旋是指飞机失速后出现的一种急剧滚转和偏转的下降运动,发生螺旋时,飞机机头朝下,飞机绕空中某一垂直轴,沿半径很小和很陡的螺旋线急剧下降。

1. 螺旋的成因

螺旋是飞机超过临界迎角后机翼自转所产生的。

当迎角超过临界迎角,只要飞机受一点扰动而获得一个初始角速度开始滚转,下沉机翼迎角增加,超过了临界迎角,升力系数急剧下降,而上扬机翼,虽然迎角变小,但其对应的升力系数大于下沉机翼的升力系数,因此上扬机翼的升力大于下沉机翼的升力,加剧飞机的滚转趋势,飞机就会以更大的滚转角速度绕纵轴自动旋转。同时由于失速后上扬一侧机翼的阻力系数比下沉侧的阻力系数小,阻力差促使飞机绕立轴向自转方向急剧偏转。

在机翼自转过程中,升力不仅下降且方向随着机翼的自转不断倾斜,飞机迅速掉高度,运动轨迹由水平方向趋于铅垂方向。升力分量起向心力作用,飞机作小半径的圆周运动。

因此在螺旋中,飞机会绕三个机体轴旋转,而重心沿陡直的螺旋线航迹急剧下降,如图 9.1 所示。螺旋的特点是:迎角大、旋转半径小、旋转角速度大、下沉速度快。

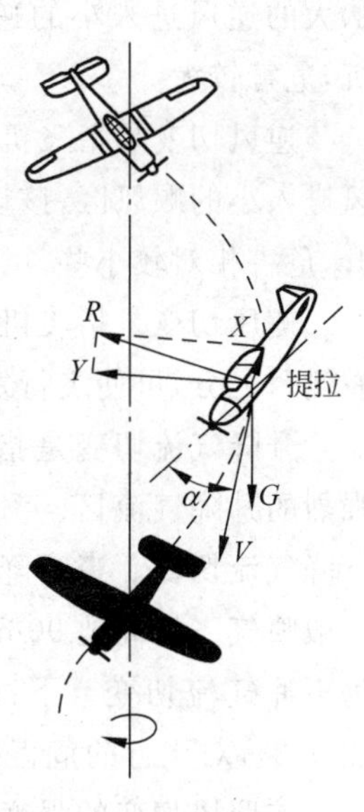

图 9.1 螺旋

2. 螺旋的改出

改出螺旋首先要制止飞机的旋转。由于发生螺旋时,飞机迎角已超过临界迎角,副翼已失去效能,因此不能靠压杆改出螺旋。而应首先蹬反舵制止飞机旋转,紧接着推杆迅速减小迎角,使之小于临界迎角;当飞机停止旋转时,收平两舵,保持飞机不带侧滑;然后在俯冲中积累到规定速度时,拉杆改出,恢复正常飞行。

9.2 低空风切变

风切变是一种大气现象,是指风向和风速在特定方向上的变化,一般特指在短时间、短距离内的变化。在航空气象学中,600m 以下空气层中风向和风速突然改变的现象称为低空风切变。低空风切变是目前国际航空界和气象界公认的对飞行有重大影响的气象现象之一，是航空界公认的飞机在起飞和着陆阶段的“杀手”。据美国国家运输安全委员会统计，自1975年以来，由于天气原因在美国发生的恶性空难事故中，有80%是低空风切变造成的。低空风切变由于发生突然、时间短、尺度小、强度大，当飞机遇上时，往往由于飞行高度太低，缺乏足够的空间进行机动而发生事故。为保证飞行安全，只有充分了解低空风切变的特性，才能避免和减小低空风切变对飞行的危害。

9.2.1 风切变的分类

风切变按照其类型、强度以及与飞行航迹之间的关系有不同的分类方法。

风切变按其类型可分为水平风切变和垂直风切变。水平风切变是指水平两点间风速或风向的突然变化；垂直风切变是指垂直两点间风速或风向的突然变化。

按照飞行航迹，风切变可分为顺风切变、逆风切变、侧风切变和升降气流切变。

顺风切变是指飞机从小的顺风进入大的顺风区域，或从逆风进入无风或顺风区域，以及从大的逆风进入小的逆风区域，突变的风速、风向使飞机空速迅速减小，升力下降，飞机下沉，危害较大。

逆风切变是指飞机从小的逆风进入大的逆风区域或从顺风进入无风区，以及从大的顺风进入小的顺风区，该切变与顺风切变对飞机产生的效果相反，会使飞机升力增加、飞机上升，危害相对较小些。

侧风切变是指飞机从有侧风或无侧风状态进入另一种明显不同的侧风状态，侧风有左、右侧风之分，可使飞行发生侧滑、滚转、偏转，对飞机起降有一定的危害。

升降气流切变是指飞机从无明显的升降气流区进入强烈的升降气流区。升降气流切变包括上升气流切变和下降气流切变。当下降气流速度大于3.6m/s时(相当于一般喷气飞机离地90m时的起飞上升率或着陆下降率)称为下冲气流切变。下冲气流切变会使飞机急剧下沉(见图9.2)，对飞行的危害很大。

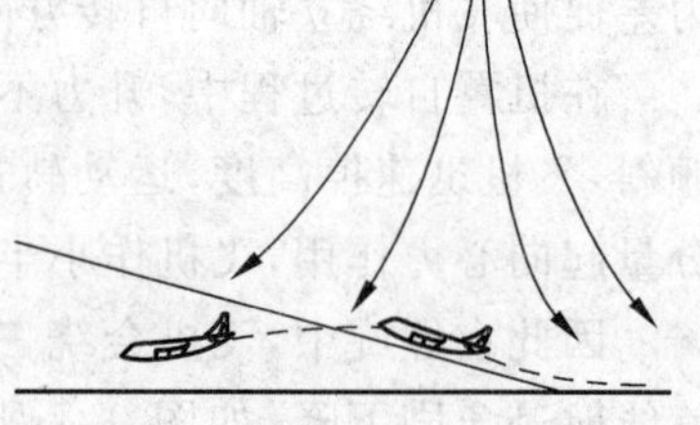

图9.2 下冲气流切变

按照风切变的强度，国际民航组织建议将低空风切变分为4类：轻度、中度、强烈和严重低空风切变，见表9.1。风切变的强度是指单位距离(或高度)上风速的变化值。

表9.1 低空风切变强度等级

等级	高度变化30m时风速的变化值/(m/s)	强度/s^{-1}
轻度	0～2	0～0.07
中度	2.1～4	0.08～0.13
强烈	4.1～6	0.14～0.19
严重	＞6	＞0.19

9.2.2 低空风切变对起飞、着陆的影响

起飞时遭遇风切变的危险是飞机失速，起飞中由于飞机不断加速，高度不断增加，飞行员无需判断，只需推大油门以争取飞机的速度和高度即可，处理上比着陆下降中遇到风切变更容易些。而着陆时遭遇风切变要求飞行员及早判断，并完全改变着陆操纵，着陆时由于风切变发生的事故更多。

1. 顺风切变对起飞、着陆的影响

在稳定风场中，飞机是随风飘移，飞机的飞行速度即为飞机相对于空气的速度。但当飞机遭遇风切变时，在飞行速度不变的情况下，飞机的空速要发生变化。当飞机起飞或下降过程中进入顺风切变时，如从强逆风突然转为弱逆风，或从逆风突然转为无风或顺风时，飞机的指示空速会降低，升力明显减小，从而使飞机不能保持高度而下掉。

当飞机在进近着陆过程中遇到顺风切变，飞行员应及时加油门增速，并带杆减小下降角。由于飞机迎角、速度增大，飞机升力增加，飞行轨迹向上弯曲，当飞机超过正常下滑线后，再松杆增大下降角，并收小油门，使飞机按原来的下降速度沿正常下滑线下滑，如图 9.3 所示。但是如果风切变的高度很低，飞行员可能来不及修正，或仅完成了一半的修正动作，飞机将以大速度接地(甚至可能撞地)，有可能导致冲出跑道，造成事故。因此顺风切变，危害较大。

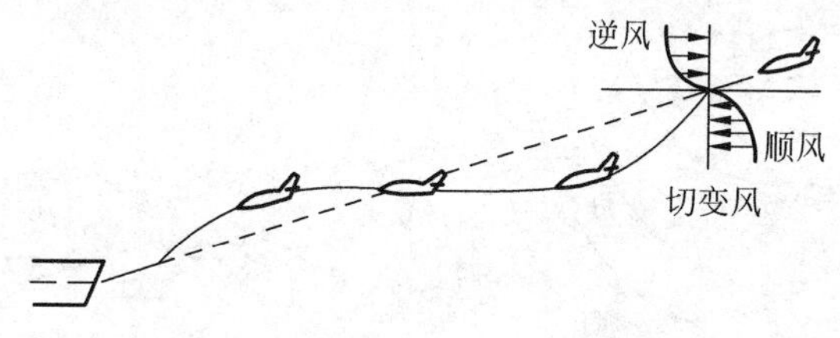

图 9.3　着陆时顺风切变的修正

2. 逆风切变对起飞、着陆的影响

飞机在起飞或着陆下降过程中进入逆风切变层时，如从强顺风突转为弱顺风，或从顺风突转为无风或逆风，这时飞机指示空速迅速增大，升力明显增加，飞机被突然抬升而脱离正常上升轨迹或下滑线。

着陆中遇到逆风切变，飞行员应及早收油门，利用侧滑等方法加大阻力，使飞机尽快减速，并顶杆加大下降角，使飞机下降到正常下滑线之下，然后再带杆回到正常的下滑线上，同时补些油门，使飞机沿正常下滑线下降，如图 9.4 所示。相比顺风切变，逆风切变的危害稍小。

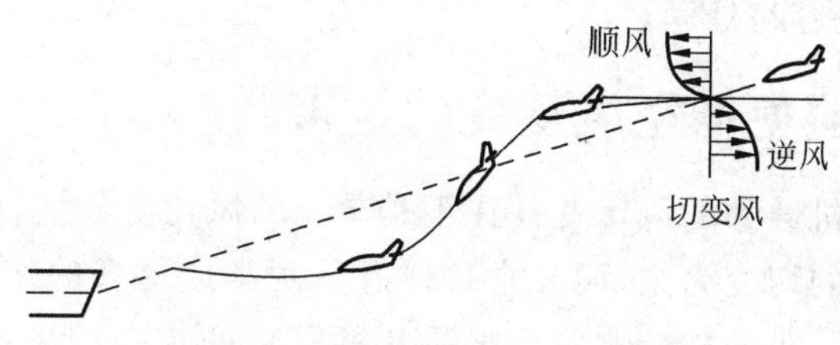

图 9.4　着陆时逆风切变的修正

3. 侧风切变对起飞、着陆的影响

飞机在起飞或着陆下滑时如果遭遇侧风切变，飞机将产生侧滑和带坡度，会使飞机偏离预定上升或下滑着陆方向。飞机着陆过程中若侧风切变层高度较低，飞行员来不及修正，飞机会带坡度或偏流接地，直接影响着陆后的滑跑方向。

4. 升降气流切变对起飞、着陆的影响

飞机在起飞和下滑着陆时，具有速度较小、迎角大的特点。飞机在起飞和着陆过程中如果遇到较强的上升气流切变，突然间迎角增大较多，有可能接近或超过飞机临界迎角状态，造成飞机抖动甚至失速下坠。

而下冲气流切变会使飞机迎角减小，升力下降，飞机突然下降，如果本来高度不高，就有触地危险，而且这时飞行员往往急于拉杆，造成迎角过大，会引起飞机失速。因此可以看出，上升气流切变未达到飞机失速程度的话，下冲气流切变比上升气流切变要危险得多。

遇到下冲气流切变，飞行员应立即加大油门，使飞机进入上升，但飞机能否克服下冲气流的影响，还取决于飞机本身的上升性能，要看飞机的上升率是否能大于下冲气流速度。

图 9.5 为下冲气流切变对着陆的影响。由图可见，飞机位于下冲气流的不同区域时所受的影响是不一样的。

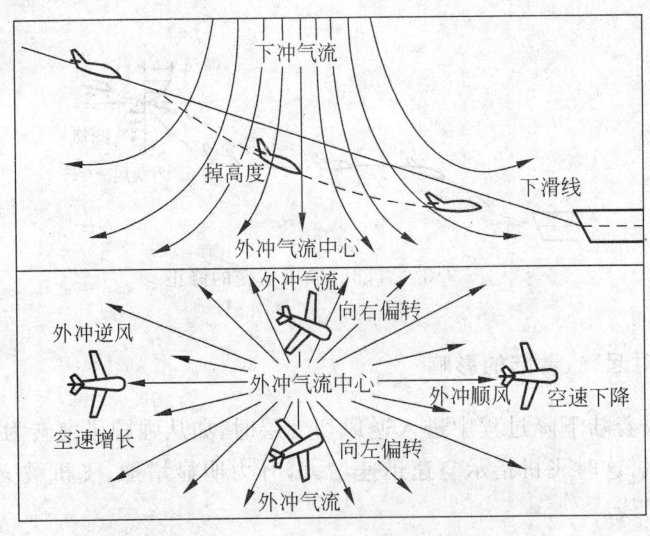

图 9.5　下冲气流切变对着陆的影响

由于起飞过程中飞机不断增速，高度不断增高，因此起飞中遇到下冲气流切变比着陆下降中遇到下冲气流切变容易处理。

9.2.3　如何避免低空风切变的危害

在实际飞行中，飞机遇到的风切变往往不是单一的风切变分量，可能是两个以上的风切变分量，它常以某类型的切变为主，而又常常伴有另两类或更多的切变分量，飞机受多种风切变的综合影响，所以飞机的初始响应也将是几种影响的综合结果，其影响是相当复杂的，

辨认风切变的情况相当困难。因此，为保证安全飞行，对风切变的防范是十分必要的。

对飞行员而言，首先要养成研究气象预报和天气形势报告的习惯，要会识别风切变即将来临的天气征候。其次，飞行中，在接近雷暴、锋面或飞过地形复杂区域等容易产生风切变的情况下，要提高警惕，做好应变准备。对于强度很大、区域较小的风切变，尽可能绕开，以保证飞行安全。

9.3 积冰条件下的飞行

飞行中，飞机的某些部位由于大气中冰晶体的沉积或水汽的直接凝固以及过冷水滴的冻结，出现霜或积有冰层的现象，称为飞机积冰。

飞机积冰是飞行安全中一个常见而且威胁很大的因素，几乎每年都会发生因飞机积冰导致的飞行事故：

(1) 1989 年 3 月 10 日，安大略航空公司一架福克 28 飞机，在暴雪中等待起飞 30min 后未除冰，翼面结冰造成飞机坠毁。

(2) 1990 年 2 月 17 日，瑞安国际航空公司一架 DC-9-10 飞机，在暴雪天气中装载邮件 35min 后未除冰，导致飞机失事。

(3) 1991 年 12 月 27 日，北欧航空公司一架麦道-81 飞机，在结冰天气条件下停放了一夜，机翼表面靠近机身处的薄冰破碎后被吸入发动机造成飞机失事。

(4) 1992 年 3 月 22 日，合众国航空公司一架福克 28 飞机在暴雪中起飞失事，联邦航空局认为是结冰造成的。

(5) 1993 年 3 月 5 日，马其顿航空公司一架福克 100 飞机，起飞后爬升失速坠地。经过调查，当时温度低、湿度大、下着中雪，飞机起飞前未除冰。

(6) 1994 年 10 月 31 日，美利坚鹰航空公司一架 ATR72 飞机，在结冰气象条件下等待批准下降高度 37min。向机场进近时，机翼除冰设备后面形成冰脊造成飞机急速滚转坠毁。

(7) 1995 年 12 月 13 日，巴纳特航空公司一架安-24 飞机，起飞后爬升到大约 500ft 时，失去高度并坠毁。当时机场下着雪并有强风，专家们分析，有可能是机翼结冰造成的。

(8) 2004 年 11 月 21 日，中国东方航空云南公司 CRJ-200 机型 B-3072 号飞机，执行包头飞往上海的 MU5210 航班任务，起飞后不久由于机翼积冰导致失速，在包头机场附近坠毁。

我国幅员辽阔，南北、东西气温变化很大，高寒地区、山地、大面积水域的国土面积占有相当大的比例，气象条件十分复杂，飞机积冰现象比较常见，如不及时发现并采取紧急处理措施，就可能危及飞行安全。

1. 飞行中飞机积冰的原理

云中尤其是积状云，如积云、积雨云和层积云等存在着过冷水滴，即水滴温度在冰点以下而不结冰仍保持液态水的状态。过冷水滴是不稳定的，稍受振动，即冻结成冰。当飞机在含有过冷水滴的云中飞行时，空气受到扰动，如果机体表面温度低于 0℃，过冷水滴就会在机体表面某些部位冻结，并聚积成冰。因此当飞机经过冷却的云层或云雨区域时，机翼、机尾及螺旋桨或其他部分，常会积聚冰晶。

由此可见，飞机积冰的条件是：气温和飞机表面的温度低于0℃，并且云中有温度低于0℃的过冷水滴存在。

飞机积冰的种类大致有以下4种。

(1) 明冰：光滑透明、结构坚实，多在0～－10℃的过冷雨中或大水滴组成的云中形成。

(2) 雾凇：不透明，表面粗糙，多形成在温度为－20℃左右的云中。

(3) 毛冰：表面粗糙不平，冻结得比较坚固，像白瓷，形成在温度为－5～－15℃的云中。

(4) 霜：飞机由低于0℃的区域进入较暖的区域，未饱和空气与温度低于0℃的飞机接触时，如果机身温度低于露点，水汽在机体表面直接凝华而成霜。霜是在晴空中飞行时出现的一种积冰。

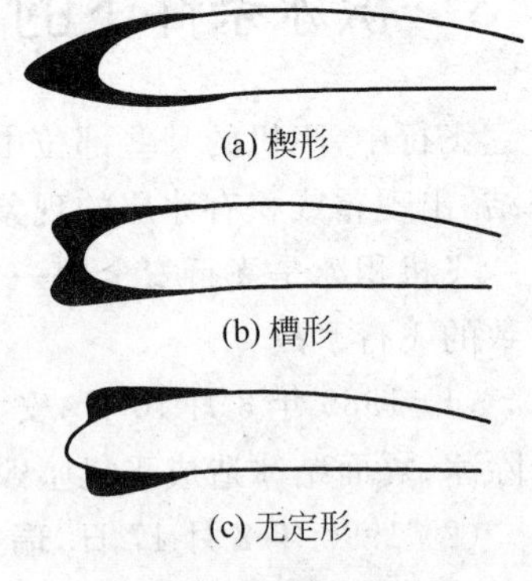

图9.6 飞机的积冰形状

飞机的积冰形状通常有三种：楔形平滑状积冰、槽形粗糙冰和无定形起伏状积冰，如图9.6所示。楔形平滑状积冰往往是明冰，一般表现为沿气流方向的积冰；槽形粗糙冰对飞机的空气动力学特征的损害最严重；无定形起伏状积冰多为在混合云中飞行时造成，积冰牢固，在长途飞行中有危险。

2. 飞机积冰对飞机气动性能和飞行性能的影响

飞机积冰，大致可以分为飞机外表结构上的结冰和飞机内部动力组上的结冰。飞机积冰会对飞机的气动性能和飞行性能产生极大的影响。

1) 机翼和尾翼积冰造成"失速"

在机翼或者尾翼表面的积冰，最直接的影响就是积冰会破坏环绕翼型四周的正常气流，所造成的结果是升力系数减小、阻力系数增加，临界迎角下降，失速速度增加，可能使飞机在飞行情况下发生失速。

机翼的前缘很容易结冰，会降低缝翼及前缘襟翼等装置的使用效能。通常一个沉重而且迅速累积的结冰，会增加飞机的质量，但仅仅是质量的增加，尚不至于使飞机出现下沉的情况，更为严重的问题是，只要机翼的前缘有半寸的结冰，就足以使飞机损失约50%的升力，并增加相同数量的阻力。所以在非常普通的情况下，当结冰发生时，可在2min内将结冰量累积到危险的程度，其结果会使飞机失速比预期的时间还要早发生，会将飞行员推向危险状况。

而尾翼更易积冰。据一项由FAA(美国联邦航空管理局)和NASA(美国国家航空航天总署)提供的有关危害飞行安全的资料分析，在任何足以快速累积结冰的天气状态中，由于尾翼的面积比机翼小，因此在其表面上的结冰时间要比机翼早且更快速。尾翼上的结冰厚度，通常是机翼结冰厚度的3～6倍。对具有稳定性设计的飞机而言，平尾必须以负的迎角产生向下的升力，当尾翼的负迎角超过某一极限值时，就会在其下表面发生气流分离的现象，而使平尾失速。平尾结冰使平尾临界迎角减小，会增加其失速的可能性，并影响飞机纵向稳定性，从而使飞机失去俯仰平衡而导致带杆也无法避免的俯冲现象。尤其是着陆放大角度襟翼时，下洗流增强，易导致平尾失速。垂尾结冰使垂尾临界迎角减小，使飞机修正侧风能力减小。

2）螺旋桨积冰会使飞机失衡

在螺旋桨轴和叶片上所累积的冰会破坏桨叶的气动外形，使拉力减小，降低螺旋桨的效率，并会造成空速减慢。这类结冰的最大潜在危险来自于桨叶上结冰的不均匀分布会造成螺旋桨的振动现象，这会使应力集中至引擎支撑点或装载架以及螺旋桨本身。当螺旋桨上的积冰有脱落情况发生时，除了会引发剧烈的振动，及引擎性能降低等问题外，更可能会直接击伤飞机其他部位，从而对飞机安全造成危害。

3）飞机其他部件积冰的影响

在飞机各种仪表中最重要的是空速指示器，它的读数是根据空气的动压和静压给出的。在皮托管和静压口的积冰，将会使高度、空速、垂直速度及各种仪表发出错误的数据指示，而直接威胁飞行安全。

压力传感器积冰也会引起错误的大功率指示，导致机组在起飞时使用比实际需要小的推力。

另外，天线积冰可能引起天线折断，严重干扰雷达通信，导致无线电及雷达信号失灵。

燃油系统通气管积冰堵塞，会影响燃油的流动，导致发动机功率的下降，也极易造成飞行事故。涡轮螺旋桨或涡桨风扇等发动机的进气道积冰，会使进气量减小，发动机的功率或推力降低，甚至造成更为严重的后果。

总之，飞机积冰不仅使气动性能恶化，阻力增大、升力减小导致失速，而且使发动机功率下降，风挡视界不清晰，有关仪表读数不准，因此结冰直接影响到飞行安全。虽然现在的飞机本身已有加温系统，可克服上述飞机结冰的问题，但是飞机仍然需要避开结冰区域以防止加温不及时而瞬间结冰，造成危险。

由于积冰后飞机气动性能恶化，对飞机飞行性能也产生了极大的影响。积冰后飞机阻力增大，平飞所需功率或所需推力增加；平飞最大速度、上升角、上升率和升限减小；失速速度和平飞最小允许速度增大，速度范围小；起飞滑跑和起飞距离增大；续航性能变差。

3. 积冰条件下飞行的操纵特点

飞行前要做好准备工作，认真研究航线天气及可能积冰的情况；确定避开或安全通过积冰区的最佳方案；检查防冰装置，清除已有积冰、霜或积雪。

飞行中要密切注意积冰的出现和强度，尽量绕开结冰区。一旦发现飞机积冰，应及早接通防冰装置，多发飞机要分段接通防冰装置；必要时应脱离积冰区。要注意使用防冰和除冰装置后飞机性能的变化。飞机积冰后，尽量保持平飞和安全高度。

在怀疑平尾有结冰情况下着陆时，应按规定放小角度襟翼或不放襟翼着陆，以增大进近速度，防止平尾失速。

9.4 在湍流中的飞行

大气湍流是大气中一种不规则的随机运动，湍流每一点上的压强、速度、温度等物理特性等随机涨落。引发湍流的原因可能是气压变化、急流、冷锋、暖锋和雷暴，甚至在晴朗的天空中也可能出现湍流。飞机的尾迹也会造成湍流。

飞机在湍流中飞行，如同船舶在风浪中航行、汽车在不平坦的路面上行驶一样，由于随机性外力的作用，飞机的姿态和轨迹会发生变化，产生颠簸、摇晃、摆动以及局部抖动等现象，称为飞机颠簸。颠簸会影响乘员的舒适程度，还会造成飞机的疲劳损伤。

湍流是一种肉眼无法看见的气流运动，而且经常不期而至。因湍流引发的飞行事故时有发生，因此有必要了解湍流对飞行的影响。

1. 湍流对飞行的影响

飞机在稳定气流中飞行，气团的移动速度不会影响到飞机的空速、迎角和侧滑角，飞机会随气团一起漂移。但大气经常是不稳定的，飞机在湍流中飞行，经常受到时大时小的水平气流（水平阵风）和升降气流（垂直阵风）的冲击，从而改变了飞机的空速、迎角和侧滑角，致使作用在飞机上的力和力矩发生不规则的变化，飞机产生上下颠簸、俯仰摆动、摇晃摆头等现象，这就是所谓的飞机颠簸。

水平阵风（不考虑侧风）不影响飞机迎角，只改变空速。例如飞机平飞时，升力等于重力。当突然遇到迎面水平湍流时，飞机的迎角未变，空速却突然增大，升力也随之增大。飞机在附加外力的作用下向上作曲线运动，飞机高度增加，飞行人员和乘客有压向座椅的感觉。同理，如果突然遇到与运动方向一致的水平湍流，飞机将向下作曲线运动，高度降低，飞行人员和乘客有离开座椅的感觉。

而垂直阵风不仅改变了空速大小，还改变了飞机的迎角。如果突然遇到上升湍流，一方面作用在飞机上的相对气流速度增加，另一方面迎角增加，导致飞机升力增加。相反，如果飞机突然遇到下降湍流，作用在飞机上的相对气流速度会增加，但飞机迎角会减小，由于迎角减小引起的升力变化大于速度增加引起的升力变化，最终导致飞机升力减小。

由此可见，不稳定的水平气流和垂直气流都能引起升力发生变化，从而造成颠簸。

一般将湍流分为 4 类：极端湍流、严重湍流、中等湍流和轻微湍流，如表 9.2 所示。

表 9.2 湍流的分类

湍 流 类 型	对飞行的影响
极端湍流（阵风±50ft/s）	飞机会出现剧烈颠簸，几乎无法控制，可能会造成结构伤害
严重湍流（阵风±35～±50ft/s）	飞机会间断失去控制；乘客会在安全带下被剧烈来回抛动；未固定的物体会被抛出
中等湍流（阵风±20～±35ft/s）	乘客被要求使用安全带，并偶尔被抛出；未固定的物体会移动
轻微湍流（阵风±5～±20ft/s）	乘客可能被要求使用座位安全带，但物体保持不动

2. 阵风引起的载荷因数

通常用载荷因数表示飞机的受力情况。

1）水平阵风载荷因数

设阵风风速为 Δu（逆风为正，顺风为负），则由于水平阵风的影响，升力变为

$$Y_{水平} = C_y \frac{1}{2}\rho(V+\Delta u)^2 S = Y_0\left(1+\frac{2\Delta uV+\Delta u^2}{V^2}\right) \tag{9-2}$$

式中，Y_0为无阵风时的升力，考虑到 Δu 比 V 小很多，水平阵风时的升力为

$$Y_{水平} = Y_0\left(1+\frac{2\Delta u}{V}\right) \tag{9-3}$$

由于平飞时，$Y_0=G$，因此水平阵风的载荷因数为

$$n_{y水平}=1+\frac{2\Delta u}{V} \tag{9-4}$$

水平阵风引起的载荷因数变化量为

$$\Delta n_{y水平}=\frac{2\Delta u}{V} \tag{9-5}$$

2）垂直阵风载荷因数

设阵风风速为 $\Delta u'$，垂直阵风主要导致飞机迎角发生变化，迎角变化量近似为

$$\Delta\alpha\approx\pm\frac{\Delta u'}{V} \tag{9-6}$$

由于速度变化很小，可近似认为不变。则垂直阵风的升力为

$$Y_{垂直}=Y_0\left(1+\frac{\Delta\alpha}{\alpha}\right)=Y_0\left(1\pm\frac{\Delta u'}{\alpha V}\right) \tag{9-7}$$

因此垂直阵风的载荷因数为

$$n_{y垂直}=1\pm\frac{\Delta u'}{\alpha V} \tag{9-8}$$

垂直阵风引起的载荷因数变化量为

$$\Delta n_{y垂直}=\pm\frac{\Delta u'}{\alpha V} \tag{9-9}$$

式中，α 是无阵风时飞机的迎角，按弧度计算。上升气流为"＋"，下降气流为"－"。

将式(9-9)除以式(9-5)，若 $\Delta u'\approx\Delta u$，则有

$$\frac{\Delta n_{y垂直}}{\Delta n_{y水平}}=\pm\frac{1}{2\alpha} \tag{9-10}$$

一般飞行迎角小于10°，所以式(9-10)中比值总是大于1，当迎角为10°时，比值为2.87；迎角为2°时，比值为14.37。可见垂直阵风的影响远比水平阵风大。

式(9-9)还可表示为

$$\Delta n_{y垂直}=\pm\frac{a\rho\Delta u' VS}{2G} \tag{9-11}$$

由式(9-11)可见，影响垂直阵风引起的载荷因数变化量的因素主要有：垂直阵风强度、飞行速度、空气密度、翼载荷、升力系数曲线斜率等。垂直阵风强度越大，载荷因数变化量越大；飞行速度越大，载荷因数变化量越大；高度高，空气密度减小，载荷因数变化量减小；翼载荷 G/S 增加，载荷因数变化量减小；升力系数曲线斜率 a 增加，载荷因数变化量增加。

根据载荷因数变化量的大小，我国将飞机颠簸分为三个强度等级：弱颠簸、中度颠簸和强颠簸，见表9.3。

表9.3 飞机颠簸强度等级

飞机颠簸等级	飞行状态	载荷因数变化量
弱颠簸	飞机轻微摇摆，被轻轻地抛上抛下，空速表指示时有改变	绝对值小于0.2
中度颠簸	飞机抖动，频繁地抛上抛下，左右摇晃，操纵费力，空速表指针跳动达10km/h	绝对值在0.2和0.5之间
强颠簸	飞机强烈抖动，频繁地、剧烈地抛上抛下，高度改变达20～30m，空速表指针跳动达15～20km/h，操纵困难	大于0.5

3. 湍流中的飞行特点

1）湍流对飞行性能的影响

（1）平飞最小允许速度增大。在稳定气流中飞行，飞机的平飞最小速度受临界迎角限制。在湍流中飞行，飞机若突然遇到上升气流，由于相对气流的方向改变，迎角突然增大。为了使增大后的迎角不大于临界迎角，在湍流中飞行时，使用的最大迎角应比临界迎角小一些，平飞最小速度也就要相应增大一些。湍流增强，所引起的迎角变化量增大，平飞允许使用的最大迎角就减小，平飞最小允许速度则增大。

（2）平飞最大允许速度减小。平飞中，若遇到不稳定的上升气流，由于迎角增大，使升力和载荷因数增大，而平飞最大允许速度要受到载荷因数的限制，因此颠簸飞行中的最大允许速度将减小。上升气流速度越大，它所引起的迎角变化量越大，升力变化量也越大，所以载荷因数变化量越大；此外飞行速度越大，在相同的上升气流作用下，虽然迎角变化量变小，但因相对气流速度大，升力变化量还是增加，载荷因数变化量也增加，相应的最大允许速度越小。

2）飞行速度的选择

在湍流中飞行，平飞最小速度增大、平飞最大速度减小，因而平飞速度范围缩小。升降气流速度越大，平飞速度范围越小。当升降气流速度增大到一定值时，平飞最小允许速度等于平飞最大允许速度，平飞速度范围缩小为零。因此在实际飞机中如遇到强烈湍流而颠簸，要及时绕开，或者返航备降。

在湍流中，选择平飞最小允许速度与平飞最大允许速度之间的任一速度平飞都是安全可靠的。但是，在该速度范围内，如果选择的速度比较小，当受湍流影响时，则迎角变化较大，飞机俯仰摆动和左右摇摆较明显，不利于按仪表保持飞机的状态。而如果选择的速度比较大，则遇到湍流时，载荷因数变化较大，飞机会产生明显的上下颠簸，也会给操纵带来困难。因此，湍流中飞行应该严格按照飞机机型规定的颠簸速度飞行。

3）最大飞行高度的限制

颠簸飞行的最大高度应低一些。因为抖动升力系数随马赫数增加而减小，高度升高，相同飞行速度下的马赫数增加，升力系数裕量减小，为了保证足够的升力系数裕量，要限制飞行高度的增加。

4. 湍流中的操纵特点

1）轻、中度湍流中飞行时不要急于修正

在湍流中飞行，在到达临界迎角前飞机仍具有较好的稳定性，因此在轻、中度湍流中飞行，不要急于修正。在强颠簸条件下应断开自动驾驶仪，采取人工飞行的方法，使用阻尼器，防止自动驾驶的信息延迟。人工飞行时，应该握住杆，抵住舵，防止舵面自由转动，以增强飞机的安定性。修正偏差时，应及时、柔和、有力，要往复修正，以免引起飞机来回摆动。

2）在湍流中操纵应柔和

阵风载荷系数会增加飞机的总过载，因此在湍流中操纵应柔和。如需改变航向，则坡度不要太大。因为强烈湍流会使飞机迎角增大，阻力增加，所需推力还要进一步增大，这就可能使发动机可用推力小于所需推力，引起速度减小，飞机掉高度。另外坡度大了一旦飞机两

边湍流不一致超过一定值，飞机会迅速增大坡度，危及安全。

3）飞行颠簸时应根据地平仪和发动机参数飞行

飞行颠簸时，仪表受到不规则的振动，指示常发生一些误差，特别是在颠簸幅度较大、飞机忽上忽下变动频繁的时候，升降速度表、高度表和空速表等飞行仪表就会产生比较明显的误差。因此飞行员应根据地平仪和发动机参数，保持飞行状态。短五边进近时要根据当时风向、风速，相对固定基准油门，根据仪表的平均值进行修正。

4）接近升限飞行时应绕开强上升气流

在接近升限时，飞机迎角已接近抖动迎角，因此应绕开强上升气流或降低高度飞行，要及时脱离中等强度的湍流区。

9.5 进入前机尾流的飞行

1. 尾流(涡)及其物理特性

飞行中飞机将动量传给空气，对飞机飞过后的空气形成强烈扰动，飞机机尾后的这种空气扰动就是尾流。尾流由发动机紊流、附面层紊流和尾涡三部分组成，其中尾涡对飞行的影响最大。有时尾流又专指翼尖涡流形成的尾涡。

1）尾涡的形成

正常飞行时，飞机下翼面的压强比上翼面高，在上、下翼面压强差的作用下，下翼面的气流会绕过翼尖流向上翼面，使得下翼面的流线由机翼的翼根向翼尖倾斜，上翼面反之。由于上、下翼面气流在后缘处具有不同的流向，于是在翼尖处形成两组旋转方向相反、向后流动的翼尖涡流，称为尾涡，如图 9.7 所示。

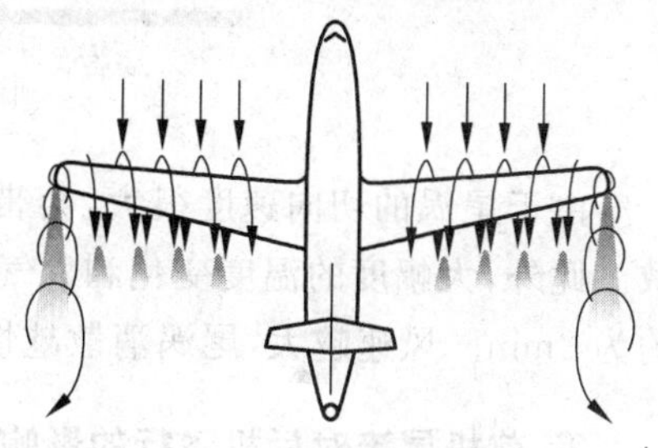

图 9.7 尾涡的形成

2）尾涡的物理特性

两条集中尾涡涡核中心之间的距离称为涡核距，它通常小于飞机的翼展(L)，在中等迎角下，涡核距约为 $0.8L$；大迎角下，涡核距为$(0.72\sim0.75)L$。尾涡的旋转强度与载荷因数 n_y、重力 G 成正比；与翼展 L、空气密度 ρ 及飞行速度 V 成反比。

两条尾涡运动的叠加，形成了飞机的尾流场。飞机尾流场的速度分布如图 9.8 所示，由图可见，两条尾涡中间的气流向下运动，这个向下的速度，根据对 C-5A 飞机的测定，在飞机后 2.4km 处可达 18.3m/s。而且这个速度与飞机质量成正比，与飞行速度成反比，因此大型飞机起飞、着陆时，其尾流场的向下速度会很大，对紧接其后的飞机的飞行有很大影响。

尾涡离开飞机后会向下移动，称为尾涡的下沉。尾涡的下沉量是指尾涡中心低下水平线的垂直高度。下沉量由两部分组成，第一部分是机翼的下洗作用造成的，通过机翼的气流有一定的下洗角，使整个气流向下倾斜，造成尾涡下沉。这部分下沉量与下洗角大小和尾涡离开飞机的距离成正比。第二部分下沉量是由于左右两旋转方向相反的涡的影响，使两个涡束都产生下移速度所致。大型飞机的尾涡大约以 2.5m/s 的速度向下移动，但下降到

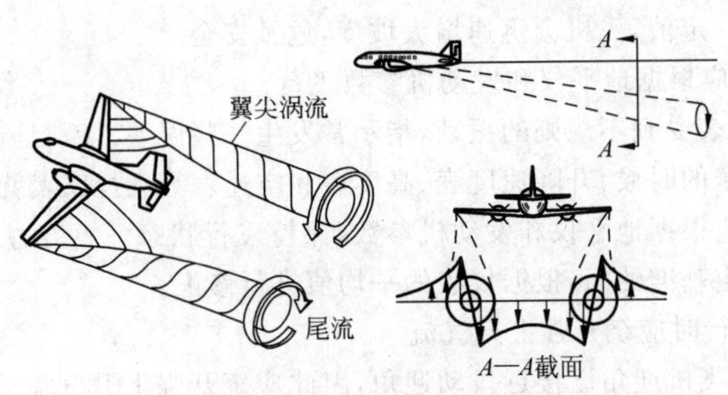

图 9.8　尾流的速度场

210m 就趋于水平。

尾涡在接近地面时，有地面效应。左右两股尾涡在接近地面一个翼展的高度时，受地面阻挡，逐渐转为横向移动，如图 9.9 所示。有侧风时，尾涡随风飘移。

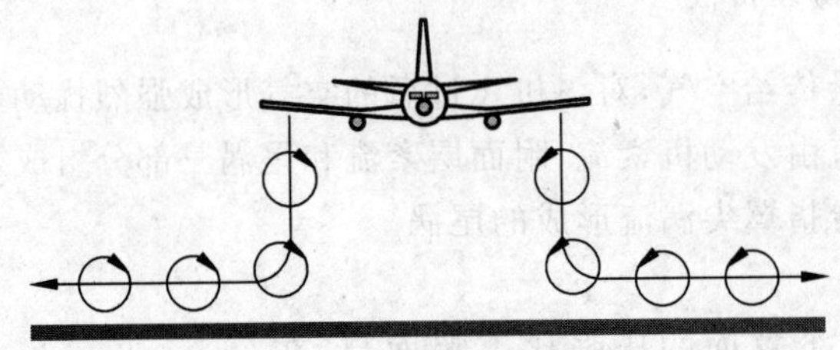
图 9.9　尾涡的地面效应

由于尾涡的切向速度很大，会带动大气中具有黏性的静止空气旋转，因而能量不断扩散。此外，大幅度的温度变化和大气波动也能导致尾流很快消散。尾涡的衰减和消散时间约为 2min。风速越大，尾涡消散越快。

2. 前机尾流对后机飞行的影响

如果飞机在很近的距离内进入前机尾流，会对飞行产生很大的影响。飞机从尾流的不同位置和方向进入，受到的影响是不同的，如图 9.10 所示。

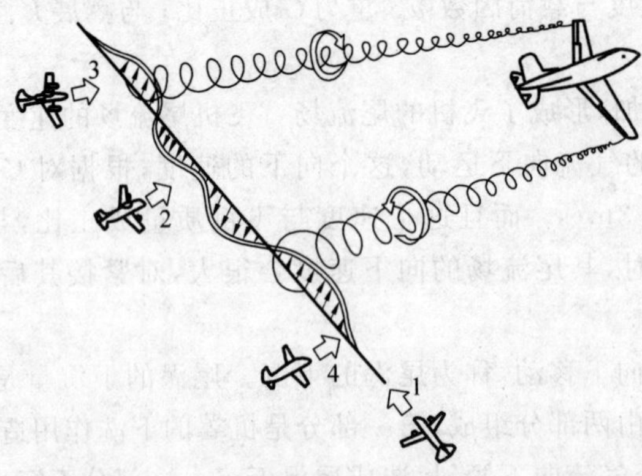

图 9.10　前机尾流对后机飞行的影响

1）横穿前机尾涡中心

当飞机横穿前机尾涡中心时，受尾涡流场的影响，飞机会忽上忽下，出现大幅度的颠簸，使飞机承受很大的载荷变化。如果飞行员操纵不当，会加大飞机的载荷，甚至使飞机的结构遭到破坏。

如果飞机不是从前机尾涡中心横穿，则影响会小很多。

2）从正后方进入前机的尾涡

当飞机从前机正后方进入前机的尾涡时，会受到尾涡下沉气流的影响，上升率降低，下降率增加，如果是着陆时进入，则飞机会突然掉高度。如果在中高空飞行，这种影响并不大，因为有足够的高度裕度让飞行员来重新调整和恢复。而在起飞和着陆阶段，出现这种掉高度的情况有可能是灾难性的。

3）从正后方进入前机一侧机翼的尾涡中心

当飞机从前机一侧机翼的尾涡中心的正后方进入时，飞机左右两翼的受到的气流作用不一样，两翼迎角相差很多，飞机会急剧滚转。飞行试验表明，重型宽体客机所形成的尾涡流场十分强烈。当小型机不慎进入尾涡中心区时，很容易产生 90°以上的滚转，导致飞机掉高度，如果在进近过程中发生这种情况将产生无可挽回的灾难性后果。

4）从前机旁边进入前机尾涡

当飞机从旁边进入前机尾涡时，由于两侧机翼受到的气流大小不一样，会导致飞机向尾涡外侧滚转，最终被推出尾涡区。

3. 预防进入前机尾流的措施

为防止进入前机尾流，飞机与前机之间要保持规定的高度、距离、时间间隔。

1）保持距离和高度间隔

机场附近仪表飞行，与其他飞机的距离应保持 5nmile 以上，大型飞机也应保持 3nmile 以上，高度差最少要保持 1 000ft；同一空域飞行，应保持 5nmile 的距离和 1 000ft 的高度差。

中、小型飞机应在大型飞机起飞离地 3 000ft 之后开始离地，在大型飞机着陆接地点之前 2 500ft 处着陆接地。

中、小型飞机与大型飞机的飞行轨迹的上、下距离不得少于 1 000ft，并应保持在大型飞机飞行轨迹的上风飞行。

2）保持时间间隔

机场附近目视飞行，应最少保持 2min 的时间间隔(相当于 5nmile)。

9.6 特殊情况下的起飞与着陆

1. 不放襟翼着陆

正常着陆时，为改善着陆性能，一般都放大角度襟翼着陆。在襟翼系统故障、侧逆风过大、紊流强度过大等条件下，需放小角度襟翼或不放襟翼着陆。

图 9.11 为某型飞机放襟翼前后的极曲线对比。

不放襟翼着陆主要特点是飞机的下降角小，下滑速度增加。这是因为不放襟翼，飞机的升阻比比较大，因此下降角小。另外由于不放襟翼，飞机升力系数小，为产生足够升力，飞机的下滑速度必须增加。下滑速度增加，提高了飞机的稳定性和操纵性，但增加了飞机的着陆滑跑速度。

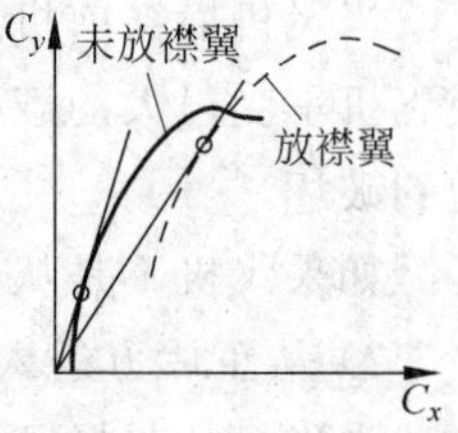

不放襟翼着陆时，由于飞机的下降角小，下滑速度大，飞机下降慢，减速慢，因此操纵中应降低拉平高度，要防止拉平高，而且在拉平到接地姿态后，应减慢拉杆，让飞机接地，不使它飘飞。另外，下滑速度大，使得舵面效应增加，拉平动作应更柔和。

图 9.11　襟翼放下前后的飞机极曲线

下降角小，下降速度增加，还会使下滑点前移，而且不放襟翼，飞机的阻力小，容易导致目测高。

飞机接地后，要立即放下前轮，使用最大刹车和最大允许的反推，以缩短着陆滑跑距离。

2. 在高温高原机场起飞与着陆

在高温高原机场，空气密度小，使飞机性能降低。一方面，空气密度减小，使发动机性能降低，推力减小，飞机增速慢，上升梯度减小；另一方面，空气密度减小，同样表速下，对应的真速和地速增大，使加速和减速所需时间增长，起飞滑跑距离和着陆滑跑距离都增长，起飞和着陆性能均变差。

1）起飞

在高温高原机场由于发动机推力小，因此飞机加速慢，加速到同一表速对应的真速大，使起飞滑跑距离增加，另外由于起飞后发动机的剩余推力减小，使飞机上升梯度减小。因此起飞前要做好确认工作，根据飞机的性能图表确认跑道满足要求，确保飞机有能力越障。

起飞时要尽量利用逆风、下坡等有利因素起飞，并严格按照性能图表上的抬前轮速度抬前轮。

2）着陆

在高原机场着陆，同一表速接地，飞机的真速大，因此滑跑距离长。着陆时要尽可能利用逆风、上坡等有利因素。飞机接地后，要立即放下前轮，使用最大刹车和最大允许的反推，正确使用减速装置以缩短着陆滑跑距离。

3. 在积水和冰雪跑道上起飞与着陆

硬质污染道面降低摩擦力，只影响刹车或减速效果。但是液态污染道面既降低摩擦力，又增加附加阻力和滑水可能性，不仅影响刹车也影响加速。与干道面相比，在污染道面上偏转前轮时所能得到的侧向摩擦力会明显降低，方向控制能力变弱。

1）积水跑道

积水跑道一般对起飞性能影响不大；而对着陆，由于轮胎与道面之间的摩擦系数降低，特别在出现“动态滑水”时，着陆滑跑距离将大大增长。

当水深超过 2.5mm、速度增加到临界滑水速度，飞机在积水跑道上滑跑时，水层挤入轮胎与道面之间，产生流体动力升力和流体动力阻力，流体动力升力将轮胎抬起，减小了机轮与道面之间的接触面积，使摩擦阻力减小，这种现象叫“动态滑水”。此时，刹车将不起作用，着陆滑跑距离明显增长。

预防动态滑水现象的最根本方法有四点：不在积水过深的跑道上起降；减小接地速度；充分利用空气动力减速，晚放前轮；速度减到“临界滑水速度”以下，再使用刹车。

2）冰雪跑道

在积雪跑道上飞机减速容易，增速难。当积雪很厚时，飞机阻力增大、起飞滑跑距离增加；起飞时应尽量减轻飞机质量，采用大油门起飞。避免大侧风起飞、着陆。

在半融雪跑道上，飞机高速滑跑时也会产生“动态滑水”现象。处置方法与积水跑道相似。

积冰跑道摩擦系数减小，着陆滑跑距离成倍增加。操纵中要避免顺风和大逆风着陆，要做到“扎实接地”，撞碎冰层，以增大摩擦力，并要及时使用刹车装置。在积冰跑道上起飞也比较困难，尤其在伴随侧风或道面不平的情况下，很难保持方向。

4. 在短跑道上起飞与着陆

短跑道的特点是可用跑道短，因此应尽量缩短起、降滑跑距离。

1）短跑道上起飞

起飞前，应根据飞行手册性能图表，确定飞机的最短起飞滑跑距离和起飞距离。此外，还需考虑飞机起飞后能否安全越障。

要确保跑道长度在飞机的极限起飞性能之内，尽量在跑道头起飞。起飞时，应先刹住车，加满油门后再松开刹车，使飞机一开始滑跑就有较大的剩余推力，有利于缩短滑跑距离；尽可能使用最大功率、逆风、下坡起飞并减小飞机起飞时的质量；升空后保持陡升速度爬升越障，直到起飞安全高度。然后，适当减小姿态，加速并保持以快升速度状态上升。

2）短跑道着陆

短跑道着陆时应尽量减小着陆时的飞机质量；最后进近使用全襟翼，较大的下滑角，速度不超过着陆进场参考速度，经过无飘飞拉平，使飞机以最小可操纵速度和无功率失速姿态接地。

有些跑道由于障碍物的限制，有效着陆可用距离短，也等同于短跑道着陆。

5. 在软道面上起飞与着陆

草地、沙滩、泥泞地、雪地等软道面的特点是：摩擦力大：飞机减速容易、增速难；滑跑方向不易保持；场地不平飞机易跳跃；前轮抬起高度不易控制。

1）软道面上起飞

在软道面上起飞应尽可能采用两点滑跑，尽早升空。起飞滑跑时，将油门加至最大功率，稍早向后带杆以减小前轮正压力，应尽可能早地用升降舵将飞机维持在较高姿态上进行两点滑跑，飞机最后将以较小速度升空。

飞机离地后，应柔和地降低机头，使飞机保持小角度飞行，平飞加速至快升速度后转入上升，如果净空条件不好，则平飞加速至陡升速度后转入上升。

2）软道面上着陆

在软道面上着陆应减小接地速度，尽可能保持两点滑跑。飞机接地前，尽可能保持在离地 1～2ft 的高度上飘飞减速，使飞机以最小速度接地。

主轮接地后，应带杆直到用气动力不能保持两点滑跑为止。滑跑中应避免使用刹车。

6. 起落架故障着陆

起落架故障着陆是指飞机着陆前，前或主起落架放不下来或放不好，处置后仍无效情况下的着陆。起落架故障可用信号灯、指示杆、飞行状态等加以判断。

1）单侧主起落架故障

在空中出现单侧主起落架故障，由于阻力不对称，飞机向起落架放下一侧偏转，这时应向未放下一侧蹬舵。同时由于飞机重心横移，飞机向起落架放下一侧滚转，这时应向未放下一侧压杆。

接地时出现单侧主起落架故障，由于地面对主轮的反作用力，飞机向起落架未放下一侧倾斜，因此应向放下一侧压杆；同时由于主轮地面摩擦阻力，使飞机向起落架放下一侧偏转，此时应向未放下一侧蹬舵。

飞行员处置单侧主起落架故障时，应注意以下 3 个问题：

(1) 防止拉高或拉飘，强调轻接地。为防止飞机倾斜，可向主轮放下一侧稍带坡度接地。

(2) 主轮接地后，应尽早放下前轮滑跑。随着速度减小，应不断增大压盘量，当盘压到尽头仍不能平衡时，再让翼尖接地。

(3) 单轮着陆，一般不宜使用刹车，以防止方向突然偏转。

2）前起落架故障

前起落架故障可按正常的着陆程序着陆。操纵中要强调轻两点接地。接地后随速度减小，应及时不断增加带杆量，使飞机尽可能保持上仰姿态。

两点滑跑阶段不应使用刹车，直到带杆到底也不能保持飞机两点滑跑，再让机头柔和接地。

7. 停车迫降

图 9.12 为某型飞机发动机工作和停车时的极曲线对比。

由图可见，发动机停车后，最大升阻比减小；同时对应的最小阻力速度减小。

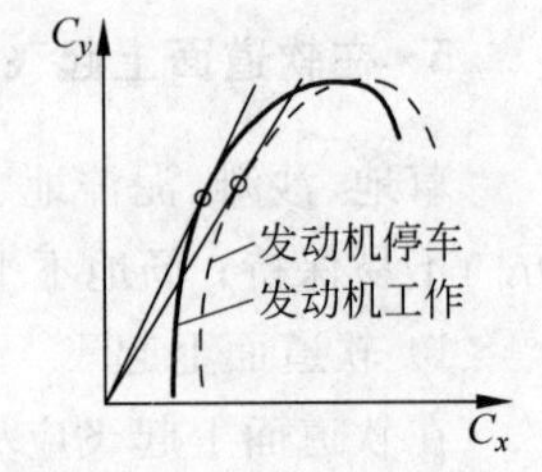

图 9.12 发动机停车前后的飞机极曲线

发动机停车后飞机必须选择场地进行迫降。迫降过程中如果放襟翼和起落架的话，会对飞机性能产生进一步的影响：襟翼放下后，飞机的最大升阻比将减小，对应的最小阻力速度再次减小；放下起落架后，阻力增加，最大升阻比减小，对应的最小阻力速度还要减小。

升阻比减小，下降角和下降速率都会增大，在停车迫降时要注意这个特点。

发动机停车后，如果高度较高，可以在 360°范围内选择迫降场地，如果高度较低(起飞中)，应选择前方 180°范围内迫降。如果可能，应尽量选择逆风方向迫降，逆风方向迫降不安全或无把握时，可采用侧风着陆或顺风着陆。

飞机停车后一般使用最小阻力速度下滑以减小下滑角，使下滑距离最长。如果停车时速度较大，一般采用先升后降的方法。

停车迫降要注意调整放襟翼的时机和角度。放襟翼的时机，一般应根据目测的高低来决定。场内迫降，放起落架的时机应根据目测进行。场外迫降，不放起落架。

停车迫降目测宁高勿低。当目测高时，可采用侧滑法、S形转弯来修正。在较宽的场地上迫降时，可利用四转弯改出的时机来控制高低。对于场内迫降，还可调整放起落架的时机来修正目测高。

本章小结

飞机飞行过程中，由于操纵上的问题或气象条件的变化，有时会碰到一些特殊情况如失速、螺旋、风切变、飞机积冰和颠簸飞行等，飞行员应了解飞机在这些特殊情况下的飞行性能，一旦遇上这些特殊飞行情况，应谨慎操作，及早改出或脱离。

思考与练习

一、思考题

1. 有人说："飞机失速的原因是油门太小、速度太小"。对吗？
2. 飞机上人工警告失速设备通常有哪些？
3. 如何防止飞机失速？如果飞机失速，飞行员应如何改出？
4. 失速速度的大小与哪些因素有关？平飞、上升、下降的失速速度有什么不同？
5. 机翼自转现象是在什么条件下产生的？如何产生的？
6. 螺旋的成因是什么？
7. 飞机如何改出螺旋？
8. 飞机进入螺旋时最有效的制止方法是什么？
9. 什么是低空风切变？低空风切变飞行有何影响？如何避免低空风切变的危害？
10. 飞机在着陆时遇到顺风切变，会出现何种现象？
11. 飞机积冰对气动性能、飞行性能有何影响？
12. 飞机在积冰条件下飞行时有什么操纵特点？
13. 尾涡是如何形成的？其运动形式有何特点？
14. 在湍流中飞行应注意哪些问题？
15. 飞机颠簸的三个强度等级是如何划分的？
16. 飞机的颠簸是如何产生的？垂直阵风引起的载荷因数变化量的影响因素有哪些？
17. 湍流中的平飞最小允许速度和平飞最大允许速度如何变化？
18. 如何预防飞机进入前机尾流？
19. 如何做好特殊条件下的起飞着陆？如：不放襟翼着陆，高温、高原机场起飞和着陆，在积水和冰雪跑道上着陆，在软道面上起飞、着陆，在短跑道上起飞、着陆。

二、练习题

1. 飞机接近失速，出现自然(气动)警告时飞机会________。
2. 飞机质量越大，失速速度________。
3. 放下襟翼，飞机的失速速度将________。

4. 水平转弯中飞机的失速速度(比平飞)________。

5. 飞机的重心靠前,失速速度________。

6. 飞机在特定构型和质量下平飞,失速速度为148km/h,当以45°坡度作水平转弯时,过载约为1.44,要使飞机在转弯中不失速,飞机的速度不得低于________。

7. 飞机平飞的失速速度为125km/h,载荷因数为4时的失速速度是________。

8. 飞机平飞的失速速度70km/h,转弯坡度为60°时的失速速度是________。

9. 飞机积有冰(雪、霜),失速速度________。

10. 垂直尾翼(方向舵)结冰将使________。

11. 尾翼(升降舵)结冰将使飞机的________。

12. 小飞机在落地时,为了避免进入前机尾流,接地点应该选在前机落地点________。

13. 翼载荷越大的飞机,相同阵风强度所形成的颠簸________。

14. 跑道积水或积冰后,使飞机着陆滑跑距离________。

拓展阅读

"11·21"包头空难

1. 事件回放

2004年11月21日8时21分,某航空公司的CRJ-200机型B-3072号飞机,执行包头飞往上海的MU5210航班任务,飞机在刚刚起飞离地时,突然出现异常的左右横向快速滚转,飞机难以控制。起飞后不久在包头机场附近坠毁,造成55人(其中47名乘客、6名机组人员和2名地面人员)遇难,直接经济损失1.8亿元。

B-3072号飞机当日飞行过程如下:

08:15:43,机组请求开车,管制员同意开车。

08:21:41,机组加油门,飞机开始起飞滑跑。

08:22:12.4,飞机前轮离地,空速152nmile/h。

08:22:17,飞机主轮离地后1s,驾驶盘向右达到6.8°,飞机俯仰角10°,迎角9.5°,右坡度0.7°,空速163nmile/h,无线电高度5ft,航向133°。

离地后2s,驾驶盘向右达到30.3°,飞机左坡度9.6°,俯仰角12.6°,迎角10.2°。

离地后2.5s,飞机出现失速抖杆警告,空速165nmile/h,左坡度19.3°,无线电高度22.5ft,俯仰角13.2°,迎角9.9°。驾驶盘向右压满至32.5°,方向舵脚蹬向右蹬至2.88°。

离地后3s,方向舵脚蹬向右进一步蹬至4.75°,飞机空速166nmile/h,无线电高度35ft,航向126°,俯仰角13.7°,迎角11.5°,左坡度26°。机组加油门。

离地后3.5s,飞机推杆器开始工作,驾驶盘向右保持在32.5°,空速166nmile/h,俯仰角15.5°,迎角12.7°增至14.6°后开始减小,左坡度29.8°。

2. 事故原因分析

飞机失事原因是失速。失速是指飞机迎角超过其临界迎角,飞机升力急剧减小、阻力急剧增大的现象。由于升力减小,小于重力,飞机迅速掉高度,机头下沉,飞机不能保持正常飞行。

飞机的临界迎角除和机翼翼型有关外，还受机翼表面粗糙度的影响。机翼表面有污染，则粗糙度较大，气流更容易分离，飞机的临界迎角将减小。CRJ-200飞机机翼前缘存在相当于40号砂纸粗糙度的污染，可使失速迎角比未污染的机翼降低7°之多；80号砂纸粗糙度的污染，可使失速迎角比未污染的机翼降低5°。此外飞机离地时的地面效应也会使失速临界迎角降低。

飞机机翼结冰、结霜会使机翼表面粗糙化，特别是机翼的前缘如果结冰，飞机的临界迎角减小，飞机更容易失速。

飞机在包头机场过夜时存在结霜的天气条件，机翼污染物的最大可能是霜，而飞机虽然有除霜除冰装置，但在起飞前没有进行除霜(冰)。飞机起飞过程中，由于机翼未除霜，表面粗糙使机翼失速临界迎角减小。

CRJ-200型飞机8°襟翼清洁机翼的失速迎角为16°左右，由于机翼污染和地面效应，使临界迎角减小6.5°，实际失速迎角为9.5°；脱离地面效应后飞机失速迎角约为11.5°。

而失事飞机刚起飞只有200～300m的高度，速度较小，处于低空低速状态，飞机迎角较大，容易使飞机处于失速状态。

事实上，飞机离地后，左侧机翼即失速，左侧升力大大降低，飞机升力不对称，飞机开始向左滚转。机组没有意识到飞机处于失速状态，本能地操纵飞机(向右压杆)试图控制滚转，但机组采取的压盘、蹬舵操作动作不能使飞机改出失速。改出失速的有效方法是推杆减小迎角，使机翼气动力恢复正常，消除升力不平衡产生的滚转力矩，并使副翼恢复效能，有效控制滚转。

由于机翼失速和飞机坡度大造成升力损失使飞机下沉，为防止飞机撞地，机组本能地向后拉杆，引起俯仰角和迎角的增加，从而使推杆器工作而改出失速的飞机再次进入失速，最后导致飞机坠毁。飞机晃荡了几下后，一头就栽到湖里。

3. 事故结论

飞机在包头机场过夜时存在结霜的天气条件，机翼污染物最大可能是霜。飞机起飞前没有进行除霜(冰)。飞机起飞过程中，由于机翼污染使机翼失速临界仰角减小。当飞机刚刚离地后，在没有出现警告的情况下飞机失速，飞行员未能从失速状态中改出，直至飞机坠毁。

思考题

1. 什么原因导致飞机失速？
2. 机翼积冰对飞机气动性能有哪些影响？

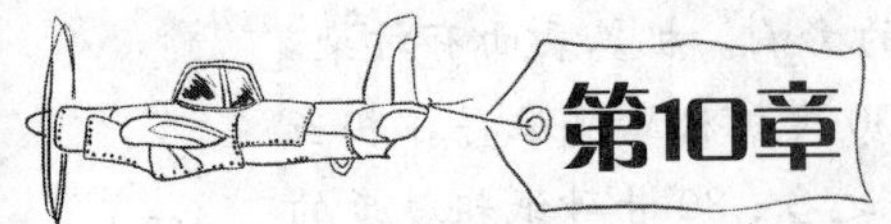

第10章

不对称动力飞行

关键词

不对称动力(asymmetric power)　关键发动机(key engine)
多发飞机(multiengine aircraft)　单发(single engine)
发动机停车(engine off)　飞行性能(flight performance)

飞机的一台或多台发动机空中停车,形成左右动力(拉力或推力)不对称的飞行,称为不对称动力飞行。

不管是喷气式飞机还是螺旋桨飞机,也不管是多发飞机还是双发飞机,当其一台或多台发动机停车后,所引起的飞机状态反应、飞机气动特性和飞行性能的变化规律是一样的,不对称动力飞行的操纵原理也基本相同。但对螺旋桨飞机而言,由于螺旋桨的影响,使得螺旋桨飞机一台或多台发动机停车后产生的阻力以及对重心形成的偏转力矩和绕纵轴的滚转力矩比喷气式飞机大,也就是说,飞行状态和飞行性能的变化更剧烈。本章主要分析多发飞机一台发动机或多台发动机停车后,飞行性能和飞行状态的变化,以及在不对称动力情况下的操纵原理。

10.1　多发飞机一发或多发停车后飞行性能的变化

1. 平飞功率曲线和推力曲线

多发飞机一台或多台发动机停车后,拉力(或推力)减小。同样是一台发动机停车,发动机多的飞机,拉力(或推力)减小占的比例小,对飞机性能的影响相对减轻。发动机停车后,发动机会产生内阻,另外对螺旋桨飞机,螺旋桨还会产生阻力,从而使飞机阻力增大。螺旋桨若处于自转状态产生负拉力,则飞机阻力增大更显著。为了保持无侧滑的不对称拉力(推力)飞行,需要额外偏转方向舵和副翼,这也增大了阻力。如果保持带侧滑的不对称拉力(或推力)飞行,增加的阻力还要大一些。

一台或多台停车,飞机的阻力增大,可用拉力(或推力)和可用功率减小,这将引起平飞的拉力曲线、功率曲线和推力曲线发生变化。图 10.1 和图 10.2 分别为某四发飞机四发、三发、二发平飞的功率曲线和某双发飞机双发与单发平飞推力曲线($H=0$m)。

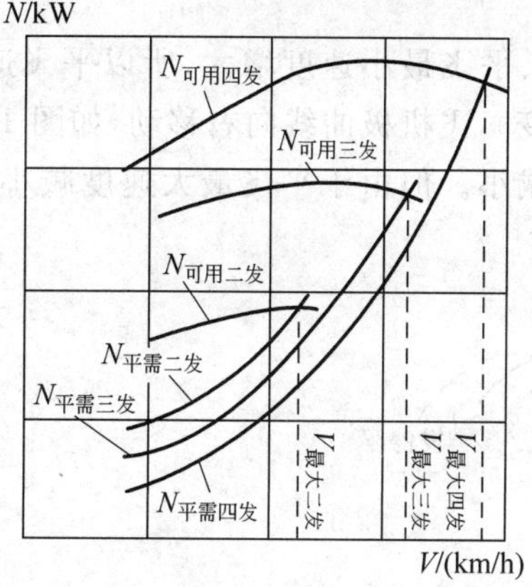

图 10.1 四发、三发、二发平飞功率曲线的变化

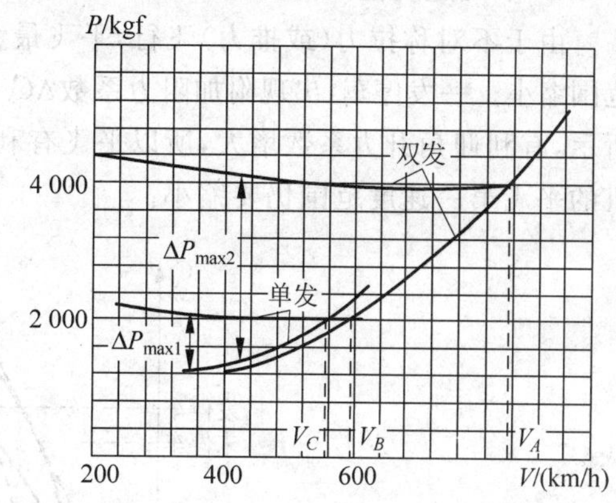

图 10.2 某飞机双发与单发平飞推力曲线(H=0m)

2. 平飞性能的变化

双发飞机飞行中，当一台发动机停车后，由于拉力(或推力)减小、阻力增大，飞行性能显著变差。特别是当停车发动机螺旋处于自转状态，产生很大的负拉力时，飞行性能将进一步恶化。

1) 平飞最大速度减小

双发飞机飞行中，当一台发动机停车后，平飞最大速度将减小，见图 10.2。假设一发停车后飞机阻力系数不增加，以双发飞机为例，由于可用拉力(或推力)减小一半，则平飞最大速度减小的百分数可接下式估算：

$$V_{\max,2} = \sqrt{2P_{\max}/(C_x\rho \cdot S)}$$

$$V_{\max,1} = \sqrt{2(P_{\max}/2)/(C_x\rho \cdot S)}$$

两式相除，可得

$$V_{\max,1} = 0.7V_{\max,2}$$

也就是说单发飞行，平飞最大速度减小了 30%，在图 10.2 上从 V_A减小到 V_B。同理，三发飞机一发停车，平飞最大速度减小 18%；四发飞机一发停车，平飞最大速度减小 13%。当然，把发动机停车后的附加阻力考虑进去，平飞最大速度减小得更多一些。在图 10.2 上将从 V_A减小到 V_C。

2) 平飞最小速度的变化

对螺旋桨飞机，不对称拉力(或推力)飞行时，由于停车发动机螺旋桨后面的气流速度小于未停车发动机螺旋桨后面的气流速度，若螺旋桨处于自转状态，气流速度相差更大，这就使得相同迎角对应的升力系数减小，最大升力系数当然也就减小，而临界迎角对应的平飞失速速度增大，平飞最小速度增大。若停车发动机台数多，则最大升力系数减小得也多，平飞失速速度增大更多。对喷气飞机，一台发动机停车，最大升力系数基本不变，平飞失速速度也基本不变。但发动机停车，可用推力减小，所以由发动机推力特性确定的平飞最小速度增大。

3）平飞速度范围的变化

由于不对称拉力（或推力）飞行，平飞最大速度减小、平飞最小速度增大，所以平飞速度范围缩小。一发停车，出现附加阻力系数ΔC_x（不随迎角变），飞机极曲线向右移动，如图 10.3 所示，有利迎角升力系数增大，所以平飞有利速度有所减小。但由于平飞最大速度减小，飞机的平飞第一速度范围仍要缩小。

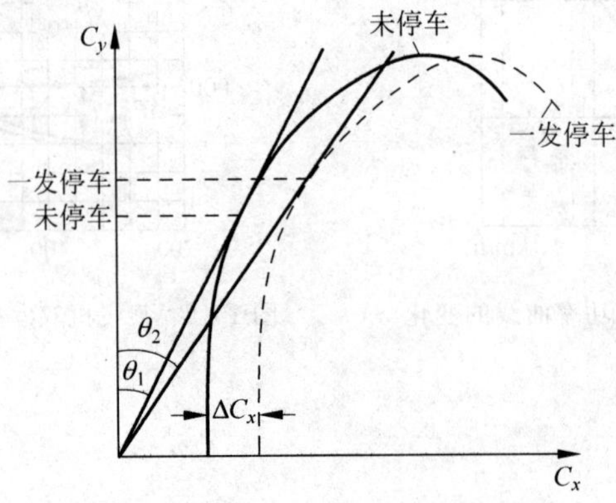

图 10.3　发动机停车与工作时的飞机极曲线

3. 上升性能的变化

1）上升角和上升梯度的变化

由于发动机停车，在同样的上升速度下，飞机最大剩余拉力（或推力）减小，所以最大上升角和最大上升梯度都减小。对喷气飞机，陡升速度为有利速度，平飞有利速度由于一发停车而略有减小，所以陡升速度也随之减小。

2）上升率和升限的变化

发动机停车，可用功率减小，而平飞所需功率增大（见图 10.1），因而剩余功率减小，上升率也跟着减小，最大上升率和快升速度也减小。因此，飞机的实用升限和理论升限大大降低。

4. 机动性能的变化

一发停车，由于剩余拉力（或推力）减小，所以加速性能变差；同时由于阻力增大，所以减速性能变好，即减速容易增速困难，所以不对称拉力（或推力）飞行，要注意防止速度过小。

一发停车，可用拉力（或推力）减小，极限盘旋坡度（过载）减小，盘旋半径增大，盘旋时间增长，导致水平机动性能变差。

10.2　不对称动力飞行的操纵原理

双发飞机，当其中一台发动机停车时，会产生不对称力矩，飞机要向停车发动机一边偏转和倾斜，本节讨论分析飞行员应如何操纵，才能继续保持力矩平衡，作等速直线飞行。

10.2.1 一发空中停车后飞机的运动

一般将由于停车使飞机的动态特性、操纵性和起飞剩余功率产生最不利变化的那台发动机称为关键发动机。对喷气飞机，左发动机或右发动机停车，对飞机影响差别极小，可按发动机对液压系统或电气系统的影响程度来确定哪台是关键发动机。右转螺旋桨飞机，左边外侧发动机停车比对称的右边外侧发动机停车产生的偏转力矩要大。这是因为右转螺旋桨，只有左边发动机的螺旋桨扭转气流能吹在垂直尾翼上，产生使飞机左偏的力矩。当右发动机停车时，此力矩可抵消一部分不对称拉力对重心形成的右偏力矩，使飞机向右的偏转减弱。当左边发动机停车时，停车发动机螺旋桨滑流消失，此力矩不存在，飞机向左偏力矩增强。所以左发动机为关键发动机。

另外，发动机布局不同的飞机，发动机空中停车对飞机的影响也不同，发动机安装在两边机翼的飞机，发动机空中停车对飞机的影响比发动机安装在尾部的飞机要严重。

一台发动机空中停车，如图 10.4 所示，左发停车，工作发动机的拉力与停车发动机的附加阻力，形成偏转力矩(M_y)，迫使飞机向停车发动机一边(左侧)偏转。飞机偏转，形成侧滑，在侧向稳定力矩的作用下，产生滚转力矩(M_x)，会向停车发动机的一侧滚转(见图 10.4)。同时在机头左偏时，相对飞机重心来说，右机翼向前转动，速度增大，升力较大；左机翼向后转动，速度较小，升力较小，左右两翼升力差，也形成左滚力矩。另外螺旋桨飞机左边发动机停车时，由于工作发动机的螺旋桨滑流仍然存在，而停车发动机螺旋桨滑流消失，使右翼升力大于左翼升力，迫使飞机向左滚转。对有些发动机拉力还会产生一部分升力的飞机，工作发动机拉力同飞行速度方向垂直的分力仍存在，而停车发动机拉力的垂直分力没有了，也迫使飞机向左滚转。

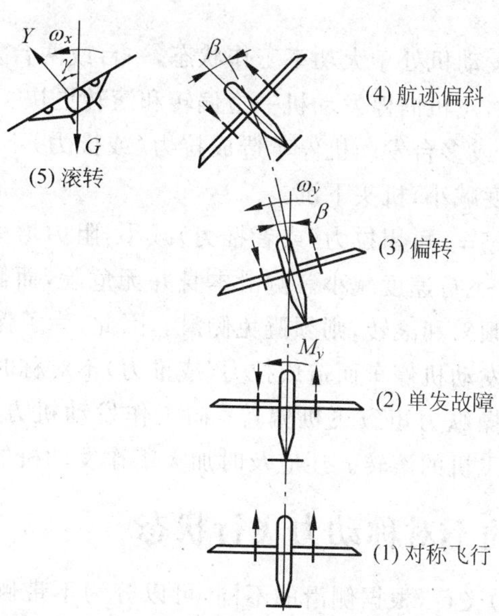

图 10.4 一台发动机停车后的偏转和滚转

此外，一台发动机停车后，一方面飞机的总拉力减小；另一方面由于飞机侧滑、航向偏转、发动机产生内阻、螺旋桨产生阻力等原因，飞机的阻力增大，螺旋桨若处于自转状态产生负拉力,则飞机阻力增大更显著。拉力减小、阻力增大,导致飞行速度减小,飞机升力减小,飞机会掉高度。飞机在下降过程中,相对气流从飞机前下方吹来,迎角有增大趋势,在俯仰稳定力矩作用下,机头还要下沉。

特别是关键发动机停车,螺旋桨又处于自转状态时,飞行状态变化就更加剧烈。所以在关键发动机停车,而螺旋桨又处于自转状态下,若飞行员不及时操纵飞机进行修正,飞机的侧滑角和坡度在几秒钟内就可能达到很大数值,飞行速度很快减小,飞机会进入盘旋下降,图 10.5 是某飞机平飞中,关键发动机停车后,侧滑角和坡度随时间的变化曲线。从图上可看出,当螺旋桨处于自转状态下时,侧滑角和坡度都增大得特别快。

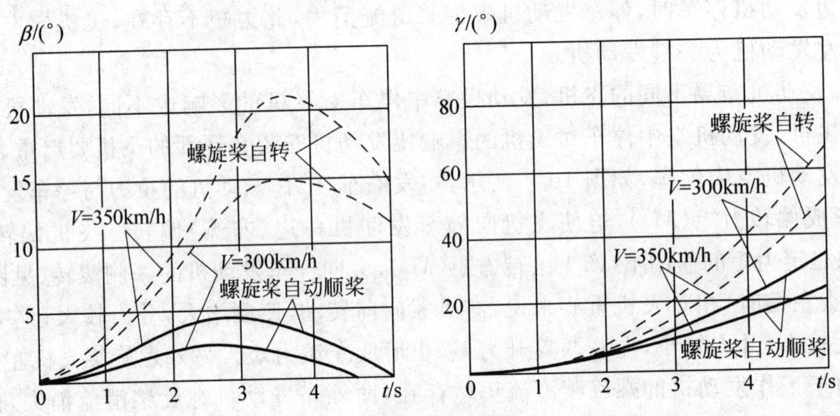

图 10.5　某飞机平飞中,右发停车时侧滑角和坡度随时间的变化($H=6\,000$m)

如果一边两台发动机同时停车,则偏转力矩更大,飞机向停车发动机一边偏转和倾斜更猛。

起飞和上升过程中,发动机处于大功率工作状态,一台或两台发动机停车后产生的偏转力矩和滚转力矩也就越大,飞机向停发动机一边偏转和滚转更快。

总之,多发飞机,一台或多台发动机停车造成拉力(或推力)不对称时,飞机会向停车发动机一边偏转和滚转,速度减小,机头下沉。

飞行中,一边发动机停车,可用拉力(或者推力)减小,阻力增大,飞机出现侧滑,进而引起飞机的倾斜和滚转以及飞行速度减小。侧滑本身并无危险,而侧滑所引起的飞机倾斜和滚转却是危险的,要避免倾斜和滚转,则须避免侧滑。因此,为了保持侧向平衡,保持速度不变,当其判明一台或多台发动机停车而造成拉力(或推力)不对称时,飞行员应果断地向工作发动机方向蹬舵,用方向操纵力矩致飞机偏转;向工作发动机方向压杆(盘),使飞机带坡度,用侧向操纵力矩克服飞机的滚转。还应及时加大工作发动机的油门。

10.2.2　典型的不对称动力飞行状态

不对称拉力(或推力)飞行,根据侧滑的不同,可以分为不带侧滑、向停车发动机一边侧滑和向工作发动机一边侧滑三种典型的飞行状态。

1. 不带侧滑、向工作发动机一边带坡度的平飞

这种平飞的操纵方法是:向工作发动机一边蹬舵和压盘,飞机向工作发动机一边带一

些坡度，同时加大工作发动机油门，保持速度不变。

参看图 10.6，左侧发动机停车后，右侧发动机的拉力和左侧停车发动机的阻力，对飞机重心形成左偏力矩。飞行员应立即蹬右舵，使方向右偏，垂直尾翼上产生侧力(Z_R)，对飞机重心形成右偏力矩，制止飞机偏转。

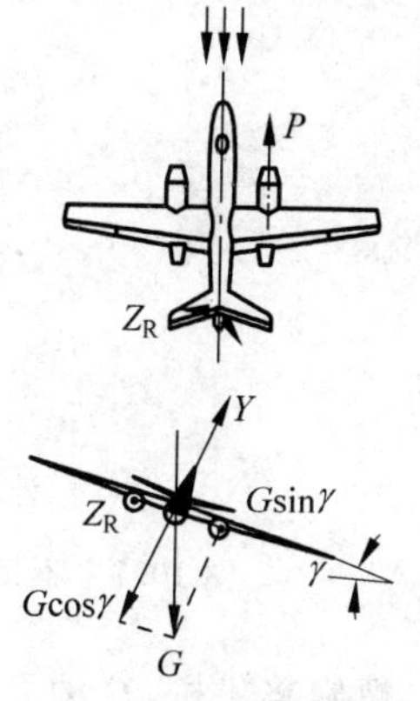

图 10.6 不带侧滑的不对称拉力平飞作用力

蹬舵后，偏转力矩虽然取得平衡，但力并不平衡，垂直尾翼上产生的侧力(Z_R)，要使飞机向停车发动机一边作曲线运动。因此，还必须同时向工作发动机一边压杆(盘)，使飞机向工作发动机一边带适当坡度，用重力分力来平衡垂直尾翼上的侧力(Z_R)，以保持飞机直线运动。到达规定坡度后，要使飞机保持一定的坡度不变，螺旋桨飞机还必须继续向工作发动机一边压住杆(盘)，使压杆(盘)后副翼产生滚转力矩($M_{x副翼}$)与螺旋桨滑流引起的滚转力矩($M_{x滑流}$)互相平衡。

此时，要保持飞行速度一定，拉力(或推力)同飞机的阻力应相平衡，故要加大工作发动机油门。

保持无侧滑、向工作发动机一边带坡度的不对称拉力(或推力)平飞，所需方向舵偏角、副翼偏角和坡度，可根据运动方程求出。但实际飞行中，为了方便，各类飞机的飞行手册对所带坡度的大小给出了具体数值，例如，安-24 飞机向工作发动机一边带 3°～4°坡度，Ty-154M 飞机向工作发动机一边带 1°～2°坡度。

这种不对称拉力(或推力)飞行的特点是：飞机不带侧滑，平飞阻力小，工作发动机负荷较小；航向和飞行速度方向一致，便于保持飞行方向；飞行性能较好。但是由于飞机向工作发动机一边带坡度，侧滑仪小球在自身重力作用下，滚向工作发动机一边，飞行员不便于根据小球位置判断飞机有无侧滑和飞机坡度是否恰当。

2. 无坡度，向停车发动机一边带侧滑的平飞

同不带侧滑的不对称拉力(或推力)平飞相比，这种不对称拉力(或推力)平飞的操纵特点是：多蹬一些舵，少压些杆(盘)(或向停车发动机一边压杆)，保持飞机不带坡度，并加大工作发动机的油门，保持速度不变。多蹬舵的目的，一是制止飞机向停车发动机一边偏转，二是向停车发动机一边带侧滑。利用侧滑产生的侧力(Z_f)，对重心形成向停车发动机偏转的力矩。当飞机侧滑产生的侧力、右边发动机拉力和左侧停车发动机阻力对重心形成的偏转力矩之和，与垂直尾翼上方向舵偏转产生的侧力对重心形成的偏转力矩相等时，侧滑角即保持一定。向停车发动机一边压杆(盘)，是消除由于侧滑引起的坡度。作用力如图 10.7 所示。

螺旋桨飞机由于飞机向停车发动机一边侧滑，由侧滑产生的使飞机向工作发动机一边滚转的力矩($M_{x侧滑}$)，可以平衡一部分螺旋桨滑流产生的使飞机向停车发动机一边滚转的力矩($M_{x滑流}$)，保持侧向平衡所需副翼产生的滚转力矩较小，故少压些杆(盘)即可保持侧向平衡而使飞机不带坡度。

保持飞机有侧滑而无坡度的不对称拉力(或推力)平飞，所需方向舵偏角、副翼偏角和当时的侧滑角，可根据运动方程求得。

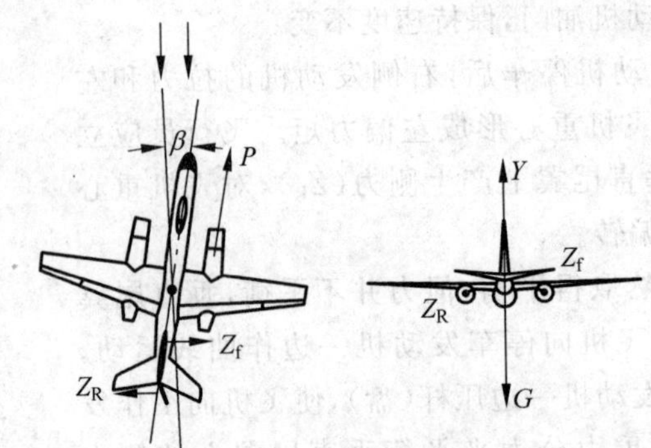

图 10.7　不带坡度，向停车发动机一边侧滑的不对称拉力下平飞时的作用力

螺旋桨飞机，这种无坡度不对称拉力平飞侧滑角的大小还取决于不对称拉力偏转力矩的大小。停车发动机螺旋桨处于自转状态，或与之对称的工作发动机拉力增大，或同一边多台发动机停车，都使偏转力矩增大，需多蹬舵才能保持方向平衡，侧滑角和侧力也就相应增大。反之，侧滑角减小。

无坡度、向停车发动机一边侧滑的不对称拉力（或推力）平飞的特点是：机翼水平，侧滑仪小球在中央位置，地平仪小飞机处于水平状态，便于飞行员按仪表操纵飞机。但蹬舵量增加，比较费力。飞机带侧滑，平飞阻力增大，飞行性能变差。

3. 向工作发动机一边倾斜和侧滑的平飞

与不带侧滑的不对称拉力（或推力）平飞相比，这种不对称拉力平飞的操纵特点是：少蹬一些舵，多压一些盘，向工作发动机一边多带坡度。

如图 10.8 所示，由于向工作发动机一边少蹬了一些舵，飞机产生向工作发动机一边的侧滑。这时飞机侧滑产生的侧力（Z_f），其方向与垂直尾翼上方向舵偏转产生的侧力（Z_R）的方向相同，因此要向工作发动机一边多压一些杆（盘），以产生较大的重力分力，才能平衡上述两个侧力。此时，不对称拉力（或推力）形成的偏转力矩，是由飞机侧滑侧力和垂直尾翼侧力所形成的力矩之和来平衡的。

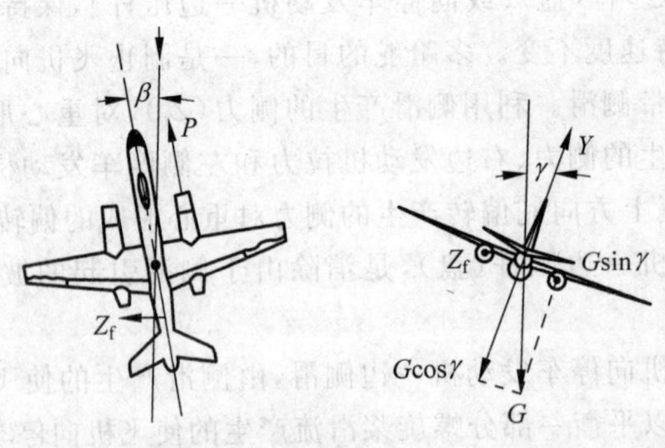

图 10.8　向工作发动机一边倾斜和侧滑的不对称拉力下平飞时的作用力

对螺旋桨飞机，由侧滑引起的滚转力矩（$M_{x侧滑}$），以及螺旋桨滑流引起的滚转力矩（$M_{x滑流}$），都要使飞机向停车发动机一边滚转。为了保持侧向平衡，保持一定的坡度，向工作

发动机一边压杆(盘)的量比喷气飞机还应多一些。

向工作发动机一边倾斜和侧滑的不对称拉力(或推力)平飞,所需副翼偏转的角度和坡度,可根据运动方程求得。

这种不对称拉力(或推力)平飞的特点是:用舵量少,蹬舵轻,方向舵的剩余操纵范围较大。但坡度较大,侧滑仪小球偏离中央位置较多,不易根据小球保持恰当坡度。且飞机向工作发动机一边带有侧滑阻力较大,飞机性能变差。

上述三种不对称拉力平飞的方法各有优点,在飞行中都有使用价值,究竟应该采用哪一种方法,要根据当时的具体情况而定。例如,在剩余拉力(或推力)不足的情况下,为了尽可能地减小飞机阻力,增大剩余拉力(或推力)或为了得到最大剩余拉力(或推力)(如起飞和上升)。最好采用第一种方法,即不带侧滑,向工作发动机一边带些坡度的不对称拉力(或推力)平飞。

又如在剩余拉力(或推力)足够的情况下,为了增加方向舵的活动余量,减少蹬舵量,可采用第三种方法,即向工作发动机一边倾斜和侧滑的不对称拉力(或推力)平飞。

再如,在剩余拉力(或推力)和舵面活动余量都较大的情况下,为了适合飞行员的操纵习惯,便于按仪表保持飞机姿态(如在夜间和云中飞行),可采用第二种方法,作不带坡度向停车发动机一边侧滑的不对称拉力(或推力)平飞。

从上述对三种不对称拉力(或推力)平飞方法的分析可以看出,以不对称拉力(或推力)平飞,都是向工作发动机一边压杆(盘)和蹬舵,只是由于压盘量和蹬舵量的不同,使最终的飞行状态也不同。如果飞行员向工作发动机一边多压些杆(盘),少蹬些舵,飞机就会向工作发动机一边倾斜和侧滑(第三种方法);如果飞行员逐渐回杆(盘),增加蹬舵量,侧滑角和坡度就会减小,当向工作发动机一边的侧滑角减小为零,飞机就只向工作发动机一边带一定坡度(第一种方法);当向工作发动机一边的坡度减小到零,飞机就只向停车发动机一边带一定的侧滑,这就是第二种方法。同时,这也可以看出,压杆(盘)蹬舵的作用是可以互相支援的。要减小蹬舵量和蹬舵力,飞行员就应向工作发动机一边多压些杆(盘),增加压杆(盘)力和坡度。反之,要减少压杆(盘)量和压杆(盘)力,飞行员就必须增加蹬舵力,多蹬些舵。

10.3 单发或双发故障时飞机的操纵方法和飞行特点

10.3.1 发动机故障时的起飞

起飞过程发动机故障,是飞行员遇到的最危险情况之一。最危险的是关键发动机故障,此时重点考虑的是确定中断起飞还是继续起飞,关键发动机故障后的继续起飞常常是被迫的,只是在故障速度超过决断速度(或称起飞临界速度)V_1,中断起飞已不可能或比继续起飞有更大危险情况下才能继续起飞。

发动机故障时的起飞驾驶,要求飞行员精力集中、细致果断和反应敏捷。情况的复杂性还由于通常不是立即发现发动机故障,而是在推力(拉力)减小、不对称推力(或拉力)引起飞机品质急剧变化以后才发现。飞行员按飞机增速缓慢、带坡度和偏转趋势来发现故障发动机,之后再根据故障发动机的仪表来验证原来的预测。

发动机故障,由于推力(或拉力)减小,故障发动机产生阻力,形成很大的偏转力矩

(M_y),迫使飞机向故障发动机一边偏转,产生侧滑,导致飞机很快地向故障发动机一边增大坡度。

在判明故障发动机之后,飞行员应尽快制止坡度的危险增加。非对称动力飞行下消除坡度的基本措施是消除侧滑。飞行员在偏转副翼的同时,应强有力地向工作发动机方向蹬舵。蹬舵平衡飞机之后,可采用不对称推力(或拉力)飞行的三种典型飞行状态,驾驶飞机继续飞行。

飞机发动机故障时,中断起飞和继续起飞的具体操纵方法在各型飞机的技术说明书、飞行训练手册和有关资料上都有具体规定。飞行员须按照有关规定操纵飞机。

10.3.2 发动机故障时的上升、平飞和下降

飞机上升、平飞和下降过程中,发动机发生故障,飞机的平衡受到破坏,飞机将向故障发动机一边转弯倾斜、减速和机头下沉。飞行员断定发动机故障后,需用方向舵和副翼恢复飞机平衡,并根据飞行状态和条件建立最有利的平衡。一般情况,在上升或下降时发生单发,都要转入平飞或小角度上升状态处置,防止高度下降过多,不利于安全,可采用不带侧滑、向工作发动机一边带微小坡度或不带坡度、向故障发动机一边侧滑的飞行。

上升中油门大,发生单发时状态变化明显,易发现,操纵量也较大。飞机在上升中,发动机发生故障,可采用不带侧滑、向工作发动机一边带微小坡度的飞行状态飞行,飞机的阻力较小,能保证飞机以较大上升率上升。

如果发动机的故障发生在下降时,那么在不带侧滑的飞行中飞机具有较小的下降率。而采用不带坡度、向故障发动机一边侧滑的飞行状态飞行时,飞机两翼水平,地平仪小飞机在水平姿态、侧滑仪小球位置在中央位置,便于按仪表保持飞机姿态,操纵简单。

对于不同的飞机和不同的飞行状态可采用不同的方法。例如 Ty-154M 飞机,离地后的上升采用第一种方法(即不带侧滑、向工作发动机一边带 1°～2°坡度的飞行),在复杂气象条件、巡航和进场着陆则采用第二种方法(即不带坡度、向故障发动机一边带 2°～3°的侧滑角飞行)。对于伊尔-18 飞机,在上升、平飞和下降过程一般都可采用第一种方法。不同飞机在不同的飞行状态发动机发生故障,采取哪一种方法在各型飞机的飞行训练手册和技术说明书都有规定,飞行员可按规定飞行。

发动机在上升、平飞中发生故障时,根据情况继续沿航线飞行或返回起飞机场(或附近机场)着陆,这在各类飞机的飞行资料上也都有具体规定。

10.3.3 发动机故障时的着陆和复飞

关键发动机故障后的着陆,与不对称推力(或者拉力)巡航飞行相比,飞行员要消耗更多的体力和精力。此时可用推力减小,放襟翼和起落架使飞机阻力增加,比之巡航气动外形,所需推力增加很多(见图 10.9)。在放起落架、襟翼时出现不对称推力(或拉力)会使飞机操纵恶化。不对称推力(或者拉力)着陆进场,最好保持无侧滑、向工作发动机一边带不大坡度的飞行状态。不对称推力(或拉力)越大,所需坡度也越大,否则飞机会向故障发动机一边偏离跑道轴线,许多飞机为了改善带故障发动机着陆进场的操纵性,建议提高速度。

带故障发动机着陆进场,不能全放襟翼,大约仅能放到起飞位置,不放阻力襟翼。这样飞机以较大升力系数、较小速度下降,阻力增加不多,在发动机故障可用推力(或拉力)减小

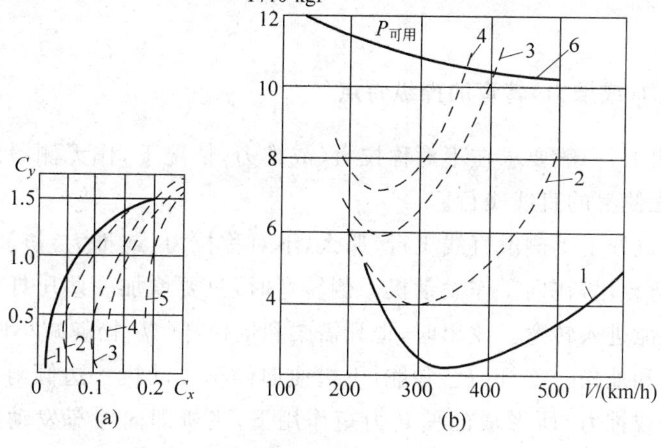

图 10.9 现代飞机放襟翼和起落架阻力变化图例

1—全收；2—起飞外形；3—着陆外形；4—放下机身下部阻力襟翼；
5—滑跑中放下扰流板；6—双发起飞工作状态(计及损失)的可用推力

情况下还能保证复飞。民用飞机带故障发动机未全放襟翼下降的储备速度按适航条例要求为20%,代替全发下降中的30%,接地速度则等于全发接地速度。拉平过程收完其余工作发动机油门,应把原来修正的杆舵收回。推力消失继续蹬舵,会使飞机偏转。所以收回油门应同时收回杆舵。飞机发动机故障着陆的具体操纵方法,在各型飞机的飞行训练手册和有关的资料上有具体的规定。

不对称推力(或拉力)复飞(带故障发动机中断着陆)相当困难。因为复飞时不对称发动机推力(或拉力)处于起飞工作状态,而速度却比较小,要求蹬舵压杆(盘)量很大。应该指出,带故障发动机下降,工作发动机的转速大于全发下降的发动机转速,所以进行复飞时的速度应大于复飞最小操纵速度 V_{MCR}。

带故障发动机复飞最低高度,对所有类型飞机来说,要比动力装置正常工作时高。比如Ty-134 为 70m(代替原来的 50m),这是由于此时剩余推力(或拉力)减小(双发动机则更为甚),致使飞机增速性能变化,复飞时间和下沉量增加。

带故障发动机复飞必须收起落架,否则增速和上升太慢,但也不能在决断复飞时立即收起落架,因为此时工作发动机的推力(或拉力)尚未完全发挥出发,收起落架会使飞机急剧减速下沉,甚至撞地。只有随着速度增大,柔和带杆(过载比正常小,为 1.1～1.15),飞机转入上升以后,再收起落架。起落架收起以后,为了进一步增速上升,有利状态(最小阻力状态)是向工作发动机一侧带 2°～3°坡度。上升高度不低于 100m,改平飞,分 2～3 次收襟翼,然后把发动机调整到额定,继续增速上升实施再次着陆前的机动。飞机发动机故障复飞的条件和复飞的具体操纵方法,在各类飞机手册和有关资料上也有具体规定。飞行员须按条件和规定操纵飞机复飞。

10.3.4 不对称动力转弯

不对称拉力(或推力)转弯与对称拉力(或推力)转弯在操纵上基本相同。但因拉力(或推力)不对称,又使其不对称拉力(或推力)转弯有不同的特点,向工作发动机一边转弯和向停车发动机一边转弯，操纵方法也不相同。下面就不对称拉力(或推力)转弯有关的几个问题作一些分析。

1. 不对称拉力(或推力)转弯的操纵特点

为减小飞机阻力，一般要求在不对称拉力(或推力)情况下，作无侧滑的协调转弯，转弯前须操纵飞机作无侧滑的直线飞行。

转弯前，若飞机处于无侧滑直线飞行，那么，不对称拉力(或推力)协调转弯与对称拉力(或推力)协调转弯相比，在向工作发动机一侧转弯时，只要增加一些压杆(盘)蹬舵量，增大飞机坡度，飞机就能进入转弯。改出时，也只需柔和地松杆(盘)松舵减小坡度。向停车发动机一边转弯时，柔和地松一些杆(盘)和舵，飞机便向停车发动机一边倾斜，在升力的水平分力和不对称拉力(或推力)所形成的偏转力矩作用下，飞机即向停车发动机一侧进入转弯；改出时，应增大向工作发动机一侧的压杆(盘)和蹬舵量。

不对称拉力(或推力)转弯中，操纵动作更应柔和，以防止因动作粗猛而形成过大的偏转力矩和滚转力矩，影响速度和高度的保持。

2. 不对称拉力(或推力)转弯时的作用力

不对称拉力(或推力)转弯中，方向舵总是偏向工作发动机一边，在垂直尾翼上产生侧力(Z_R)。此时，作用在飞机上的力有：升力、重力、拉力(或推力)、阻力(包括发动机停车后的附加阻力 X')、垂直尾翼侧力(Z_R)。为便于分析问题，可将侧力(Z_R)与升力(Y)合成一个空气动力(Y')，再将这个合力(Y')分解为水平方向和垂直方向的两个分力，即 Y'_2和 Y'_1，如图 10.10 和图 10.11 所示。

要使飞机作稳定的水平转弯，各作用力应满足如下关系，即

(1) 为保持高度一定，$Y'_1=G$；

(2) 为保持速度一定，$P_1+P_2+P_3=X+X'$；

(3) 为保持一定的转弯半径，Y'_2应不变。

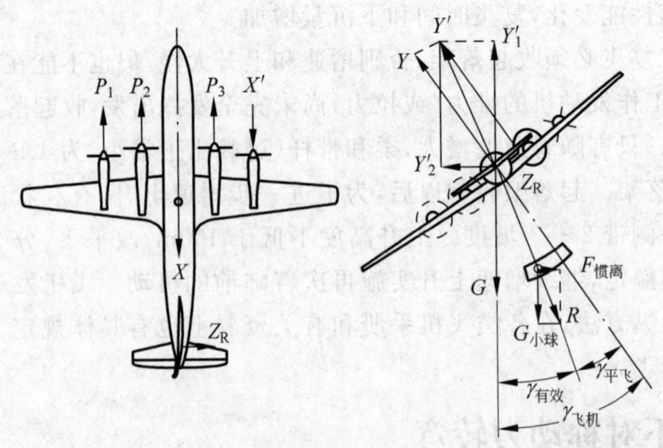

图 10.10　向工作发动机一边转弯的作用力

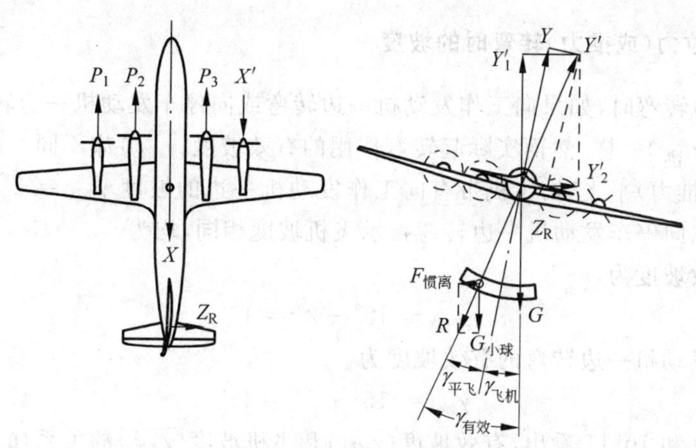

图 10.11 向停车发动机一边转弯的作用力

从图 10.10 和图 10.11 中看出，在向工作发动机一边转弯时，垂直尾翼上的侧力(Z_R)起减小向心力的作用，而向停车发动机一边转弯时，垂直尾翼上的侧力(Z_R)起增大向心力的作用。因此，在飞机转弯坡度等条件相同的情况下，向停车发动机一边转弯要比向工作发动机一边转弯来得快，即转弯半径小，转弯时间短。

3. 不对称拉力(或推力)转弯中侧滑仪小球的指示

在不对称拉力(或推力)转弯中，飞行员仍应根据侧滑仪小球的指示位置，来操纵飞机作无侧滑的协调转弯。但是不对称拉力(或推力)转弯时，侧滑仪小球的指示情况和拉力(或推力)对称转弯时是不一样的。

在拉力(或推力)对称情况下转弯时，只要飞机无侧滑，侧滑仪小球总是在中央位置，若小球不在中央位置，小球偏向那边，就指示出飞机带有向那一边的侧滑。而不对称拉力(或推力)转弯时，不论是向工作发动机一边转弯，或是向停车发动机一边转弯，在没有侧滑的情况下，侧滑仪小球都要向工作发动机一边偏转一定的距离，例如 Ty-154M 飞机侧滑仪小球均向工作发动机一侧偏移 1/2～1/3 小球直径的距离。这是因为，小球的位置取决于小球的重力与惯性离心力的合力的方向。对称拉力(或推力)转弯时，只要飞机无侧滑，小球的重力与惯性离心力的合力总是在飞机对称面内，因此小球总是在中央位置。不对称拉力(或推力)转弯时，由于垂直尾翼上产生指向停车发动机一边的侧力，在向工作发动机一边转弯时，这个侧力减小了向心力，向心力减小，惯性离心力也减小，重力与惯性离心力的合力就不在飞机对称面内，而要偏向工作发动机一边。使小球向工作发动机一边偏移，如图 10.10 所示。向停车发动机一边转弯时，这个侧力增大了向心力，因而惯性离心力也增大，这样小球的重力与惯性离心力的合力也要偏向工作发动机一边，也使小球向工作发动机一边偏移，如图 10.11 所示。所以，不论向哪一边作无侧滑的不对称拉力(或推力)转弯，小球都要向工作发动机一边偏移一定的距离。若小球偏离此位置，就表示飞机带有侧滑。比如，向工作发动机一边转弯时，若小球处在中央位置，这说明飞机带有外侧滑，舵蹬多了；而向停车发动机一边转弯时，若小球处在中央位置，这说明飞机带有内侧滑，松舵少了。

4. 不对称拉力(或推力)转弯时的坡度

不对称动力转弯时,如果向工作发动机一边转弯或向停车发动机一边转弯,地平仪指示出的飞机坡度($\gamma_{飞机}$)一样,然而实际起转弯作用的有效坡度($\gamma_{有效}$)却不同。假如在无侧滑的不对称拉力(或推力)平飞时,飞机带有向工作发动机一边的坡度 $\gamma_{平飞}=2°$;如果向工作发动机一边转弯和向停车发动机一边转弯指示飞机坡度相同,均为$\gamma_{飞机}=15°$,则向工作发动机一侧转弯的有效坡度为

$$\gamma_{有效}=15°-2°=13°$$

而向停车发动机一边转弯的有效坡度为

$$\gamma_{有效}=15°+2°=17°$$

从图 10.10 和 10.11 看出,有效坡度($\gamma_{有效}$)和飞机坡度($\gamma_{飞机}$)的关系如下

(1) 向工作发动机一边转弯时,有

$$\gamma_{有效}=\gamma_{飞机}-\gamma_{平飞}$$

(2) 向停车发动机一边转弯时,有

$$\gamma_{有效}=\gamma_{飞机}+\gamma_{平飞}$$

从上两个关系式看出,飞机坡度相同,由于向工作发动机一边转弯的有效坡度小,而向停车发动机一边转弯的有效坡度大,所以向工作发动机一边转弯的半径大,时间长;向停车发动机一边转弯的半径小,时间短。若要得到相同的转弯半径和时间,就必须使飞机向工作发动机一边转弯的坡度比向停车发动机一边转弯的坡度要大,即两者的有效坡度要相同。

此外,与对称拉力(或推力)相比,不对称拉力(或推力)转弯的最大允许坡度较小。从盘旋一章知道,转弯坡度越大,需要的功率越大。然而在一台或多台发动机停车,拉力(或推力)不对称情况下,飞机最大可用功率减小,如果坡度过大,发动机功率不够,就不能够保持转弯时的速度和高度。此时如勉强转弯,飞机会因速度小,升力不能平衡重力而掉高度。如果为防止掉高度而过多拉杆,则又可能因迎角过大而引起失速。所以,不对称拉力(或推力)转弯时,坡度不允许大于15°~20°。例如 Ty-154M 飞机一台或两台发动机故障条件下进行转弯,坡度不能超过15°。

本章小结

多发飞机一台或多台发动机停车后,拉力(或推力)减小,而飞机阻力增大,飞行性能变差。多发飞机,一台或多台发动机停车造成拉力(或推力)不对称时,飞机会向停车发动机一边偏转和滚转,速度减小,机头下沉。不对称拉力(或推力)飞行,根据侧滑的不同,可以分为不带侧滑、向工作发动机一边侧滑和向停车发动机一边侧滑三种典型的飞行状态。飞行员要根据具体情况确定采用哪一种操纵方法。

思考与练习

一、思考题

1. 多发飞机一台发动机停车时,飞机的飞行性能有何变化?

2. 如何操纵飞机作不对称动力平飞(三种状态)?

3. 无侧滑与无坡度的不对称动力平飞状态各有什么特点?能否作既无侧滑又无坡度的不对称动力平飞?为什么?

4. 什么叫不对称动力转弯的有效坡度?有效坡度与飞机坡度、平飞坡度之间有什么关系?

二、练习题

1. 多发飞机一台或多台发动机停车后,拉力(或推力)________,而飞机阻力________,飞行性能变________。

2. 双发飞机飞行中,当一台发动机停车后,平飞最大速度将________,平飞最小速度将________。

3. 飞机飞行中发动机发生故障,飞机的平衡受到破坏,飞机将向________一边转弯倾斜、减速和机头下沉。

4. 以不对称拉力(或推力)平飞,都是向________一边压杆(盘)和蹬舵。

5. 不对称拉力(或推力)转弯中,方向舵总是偏向________一边。

拓展阅读

Ty-154M 和伊尔-18 飞机发动机故障起飞的操纵方法

中断起飞时,Ty-154M 飞机操纵方法是:把所有发动机油门杆收到慢车位置,接通发动机反推,此时内侧扰流板自动伸出;全刹车直至飞机停止;处理故障发动机。蹬舵和偏转前轮保持滑跑方向。在滑跑后段必须使用应急刹车。当出现与正面障碍物相撞的威胁时,应操纵前轮偏转飞机避开。使用应急刹车使飞机停住之后,为防止主轮损坏,应接通机轮风扇或用水冷却。

伊尔-18 飞机的操纵方法是:将油门杆调到“地面慢车”位置(油门$=0°$),将对称工作的两台发动机螺旋桨中间限动器转换开关置于“解除限动”位置并使用刹车。确实判明飞机在作直线运动后,使第三台工作发动机的螺旋桨解除限动。

在飞机运动过程中用方向舵、前轮,必要时用刹车保持方向。

继续起飞时,因 Ty-154M 飞机,一台故障时,偏转和倾斜都不明显,用蹬舵修正。在到达上升安全高度 450m 之前不关闭故障发动机(如果不是非常必要的话,非常情况是指,比如发动机失火,危险振动)。当速度到达抬前轮速度(V_R)时柔和连续平稳而有力地拉杆抬前轮使飞机离地,飞机离地后增速上升,高度不低于 3m,收起落架,并继续增速上升,为的是当高度增到 10.7m 时速度不小于起飞安全速度(V_2)。起飞质量为 92t,V_2 应达到 280km/h,保持 V_2 速度,向工作发动机一侧带 $1°\sim2°$ 坡度作等速度上升,上升率接近 3.3m/s。到达高度 120m 或超越故障物之后,平飞增速到(V_3),起飞质量为 92t,V_3 为 330km/h,之后收襟翼。在高温、高原机场进行大质量起飞,收襟翼阶段增速是缓慢的。为了使襟翼全收时的速度不小于收襟翼的上升安全速度,收襟翼分两段进行,在两段之间使飞机继续增速,进一步以接近但不小于收襟翼安全速度的速度继续上升。起飞质量 92t,该速度为 390km/h。

高度 450m,把工作发动机油门收到额定状态,处置故障发动机。下一步应根据具体情

况，或者飞往目的机场，或者在起飞机场着陆，或者飞往备降场。Ty-154M 飞机飞行指南指出，一台发动机故障，允许继续进行航线飞行。

上述实施起飞的方法，是飞机在最大允许起飞质量条件下的正规操纵方法。

伊尔-18 飞机一发故障继续起飞时，飞行员需强制放下前轮、蹬舵和操纵前轮制止飞机转弯，必要时对工作发动机一侧的主轮进行柔和的点刹车。飞机在速度为 240～245km/h 时离地，如果跑道长度允许的话，可在速度为 250～255km/h 时离地。

飞机离地后，向工作发动机一边带不大于 5°的坡度大致不带侧滑地继续飞行。在速度为 250～260km/h 和高度不低于 5m 时收起落架，随高度的升高逐渐增速到 300km/h。

要增大上升角，就要使速度稳定在 280km/h。在相对障碍物有了必需的高度时，增速到 300km/h，然后先收襟翼至 7°～8°，再全收，并增速到 350km/h。

思考题

1. 试述 Ty-154M 飞机中断起飞的操纵方法。
2. 伊尔-18 飞机一发故障继续起飞时应如何操纵？

附 录 A

A.1 常用英制单位与国际单位的换算

1ft(英尺)=0.305m

1m=3.281ft

1nmile(海里)=1.852km=1 852m

1kt(节)=1.852km/h

1km/h=0.539kt

1lb(磅)=0.454kg

1kg=2.205lb

1inHg=33.86hPa(百帕)

1hPa=1mbar(毫巴)

1hp(马力)=745.699 9W

A.2 国际标准大气的属性

标高 h/km	温度 t/℃	压强 P/Pa	密度 ρ/(kg/m^3)	运动粘度 ν/(10^5 m^2/s)	导热系数 k/(10^2(W/m·K))	声速 C/(m/s)
0	15.0	101 325	1.225	1.461	2.534	340.3
1	8.5	89 876	1.112	1.581	2.483	336.4
2	2	79 501	1.007	1.715	2.431	332.5
3	−4.5	70 121	0.909	1.863	2.379	328.6
4	−11	61 660	0.819	2.028	2.327	324.6
5	−17.5	54 048	0.736	2.211	2.275	320.5
6	−24	47 217	0.660	2.416	2.222	316.5
7	−30.5	41 105	0.590	2.646	2.169	312.3
8	−37	35 651	0.526	2.904	2.115	308.1
9	−43.5	30 800	0.467	3.196	2.061	303.8
10	−49.9	26 499	0.414	3.525	2.007	299.8
11	−56.4	22 699	0.365	3.899	1.953	295.2
12	−56.5	19 339	0.312	4.557	1.952	295.1
13	−56.5	16 579	0.267	5.333	1.952	295.1
14	−56.5	14 170	0.228	6.239	1.952	295.1

续表

标高 h/km	温度 t/℃	压强 P/Pa	密度 ρ/(kg/m³)	运动粘度 ν/(10^5 m²/s)	导热系数 k/(10^2(W/m·K))	声速 C/(m/s)
15	−56.5	12 111	0.195	7.300	1.952	295.1
16	−56.5	10 352	0.166	8.540	1.952	295.1
17	−56.5	8 850	0.142	9.990	1.952	295.1
18	−56.5	7 565	0.122	11.686	1.952	295.1
19	−56.5	6 467	0.104	13.670	1.952	295.1
20	−56.5	5 529	0.089	15.989	1.952	295.1
22	−54.6	4 047	0.065	22.201	1.968	296.4
24	−52.6	2 972	0.047	30.743	1.985	297.7
26	−50.7	2 188	0.034	42.439	2.001	299.1
28	−48.7	1 616	0.025	58.405	2.018	300.4
30	−46.7	1 197	0.018	80.134	2.034	301.7

附录 B　练习题参考答案

第 1 章

1. 658.5km/h

第 2 章

1. 0.083km
2. 0.3km
3. 8
4. 19 993N
5. 最大平飞速度：118m/s；最小平飞速度：33.8m/s
6. 飞机不能平飞；飞机以 $\theta=13.6°$ 的航迹角作定常直线上升
7. 上升角为 2.86°；上升角变化了 2.425°

第 3 章

1. 3.747
2. 2 800m
3. 3.14m/s^2
4. 需要的推力为 63 550.4N；盘旋半径：532.4m；盘旋一周的时间为：35.2s

第 4 章

1. 千米耗油量：1.2kg/km；小时耗油量：936kg/h
2. 1 328.9km
3. 830.3kg/h

第 5 章

1. 不变，增加
2. 缩短，比正常稍大
3. 越长
4. 越长
5. 增加
6. 467.2m
7. 81.88m/s
8. 3 335m；2 928m

第 6 章

1. 前面
2. 下俯
3. 上仰
4. 不变

5. 升力增量的作用点
6. 好
7. −0.001 25(1/°)

第 7 章

1. 增加；增大
2. 立轴
3. 下偏、增加、增加；上偏、减小、减小
4. 蹬舵
5. 压杆

第 8 章

1. 左偏
2. 越大；减小
3. 风的来向；风的去向

第 9 章

1. 出现抖动，左右摇晃；杆舵抖动，操纵变轻；速度迅速减小；飞机下降、机头下沉；发生噪声等现象
2. 越大
3. 减小
4. 大
5. 不变
6. 177.6km/h
7. 250km/h
8. 99km/h
9. 增大
10. 垂尾临界迎角减小，使飞机修正侧风能力减小
11. 纵向操纵性
12. 前 2 500ft 处着陆接地
13. 减弱
14. 增加

第 10 章

1. 减小；增大；差
2. 减小；增加
3. 停车发动机
4. 工作发动机
5. 工作发动机

参考文献

[1] 王大海，杨俊，余江. 飞行原理[M]. 西安：西南交通大学出版社，2004.

[2] 王小宛，张永顺，等. 航线飞行工程学[M]. 北京：北京航空航天大学出版社，2005.

[3] 方振平，等. 航空飞行器飞行动力学[M]. 北京：北京航空航天大学出版社，2005.

[4] 徐明友，丁松滨. 飞行动力学[M]. 北京：科学出版社，2003.

[5] 方振平. 飞机飞行动力学[M]. 北京：北京航空航天大学出版社，2005.

[6] 刘汉辉，焦延津，等. 安全飞行原理[M]. 北京：中国民航出版社，1993.

[7] 刘同仁，肖业伦. 空气动力学与飞行力学[M]. 北京：北京航空航天大学出版社，1987.

[8] 范立钦. 飞机空气动力学[M]. 北京：北京航空航天大学出版社，1987.

[9] 黄太平. 飞机性能工程[M]. 北京：科学出版社，2005.

[10] 刘晓明，苏彬，孙宏. 飞行性能与计划[M]. 西安：西南交通大学出版社，2003.

[11] 乐卫松. 创建飞机生命密码（力学在航空中的奇妙地位）[M]. 北京：高等教育出版社，2008.

[12] 徐建安. 私人轻型飞机飞行基础[M]. 北京：中国科学技术出版社，2004.

[13] 王西洋. 航空概论[M]. 北京：航空工业出版社，2006.

[14] 刘得一. 民航概论[M]. 修订版. 北京：中国民航出版社，2005.

[15] 谢础，贾玉红. 航空航天技术概论[M]. 北京：北京航空航天大学出版社，2005.

[16] http://www.carnoc.com.

[17] http://www.air-safety.com.

[18] http://www.faa.gov.

[19] http://www.hangkongnet.com.